Willem Günnemann

Agrarpolitik in der EG – Markt oder Lenkung?

Beiträge zur sozialwissenschaftlichen Forschung

Band 22

Springer Fachmedien Wiesbaden GmbH

Willem Günnemann

Agrarpolitik in der EG – Markt oder Lenkung?

Die Ursachen des Versagens der EG-Agrarpolitik und mögliche Alternativen

Springer Fachmedien Wiesbaden GmbH

Diese Arbeit hat dem Promotionsausschuß Dr. rer. pol der Universität Bremen als Dissertation vorgelegen. An dem Promotionsverfahren haben Prof. Dr. Onno Poppinga (Gesamthochschule Kassel) und Prof. Dr. Herbert Schui (Hochschule für Wirtschaft und Politik, Hamburg) als Gutachter mitgewirkt. Gegenüber der Originalfassung, abgeschlossen im Juni 1980, ist diese Veröffentlichung nur leicht und lediglich redaktionell gekürzt.

Günnemann, Willem:
Agrarpolitik in der EG - Markt oder Lenkung? : Die Ursachen d. Versagens d. EG-Agrarpolitik u. mögl. Alternativen / Willem Günnemann. - Opladen: Westdeutscher Verlag, 1981.
(Beiträge zur sozialwissenschaftlichen Forschung; 22)

NE: GT

Ursprünglich erschienen bei Westdeutscher Verlag, Opladen 1981.

Umschlaggestaltung: Hanswerner Klein, Opladen

ISBN 978-3-531-11565-8 ISBN 978-3-663-14515-8 (eBook)
DOI 10.1007/978-3-663-14515-8

Inhaltsverzeichnis

Verzeichnis der Tabellen und Schaubilder

Tabelle

Schaubild

Verzeichnis der Abkürzungen mit Erläuterungen

Agrarbericht	=	Agrarbericht der BRD; jährlicher Bericht des BML zur Lage der Landwirtschaft
AK	=	Arbeitskraft
BML	=	Bundesministerium für Ernährung Landwirtschaft und Forsten der BRD
BRD	=	Bundesrepublik Deutschland; gemäß Abkürzung in: Das Große Duden-Lexikon, Band 1, Mannheim 1969, S. 817 ff.
COPA	=	Ausschuß der landwirtschaftlichen berufsständischen Organisationen der EG; Abkürzung der französischen Bezeichnung: Comité des Organisations Professionelles de l'Agriculture de la Communaute Economique Europénne
c.p.	=	ceteris paribus
DIHT	=	Deutscher Industrie- und Handelstag
EAG	=	Europäische Atom-Gemeinschaft, am 25. März 1957 zusammen mit der EWG gegründet
EAGFL	=	Europäischer Ausrichtungs- und Garantiefonds für die Landwirtschaft
EG	=	Europäische Gemeinschaft, am 5. Juni 1965 durch Vertrag über die Fusion der EWG, der EGKS und der EAG von den sechs Gründerstaaten der EWG gegründet
EG-Bericht	=	Jährlicher Bericht der EG-Kommission: Die Lage der Landwirtschaft in der Gemeinschaft
EGKS	=	Europäische Gemeinschaft für Kohle und Stahl (auch Montanunion genannt), am 18. April 1951 von den späteren Gründerstaaten der EWG gegründet
EG-NGG	=	Europäischer Gewerkschaftsausschuß der Gewerkschaft Nahrung, Genuß, Gaststätten
ERE	=	Europäische Rechnungseinheit
EWG	=	Europäische Wirtschaftsgemeinschaft, am 25. März 1957 von der BRD, Frankreich, Italien, Belgien, Holland und Luxemburg gegründet
EWGV	=	EWG-Vertrag vom 25. März 1957
EWS	=	Europäisches Währungs-System
Familien AK	=	Familieneigene Arbeitskräfte eines landwirtschaftlichen Betriebsinhabers
LF	=	Landwirtschaftlich genutzte Fläche. Dieser Begriff ist mit der Ausnahme, daß die nicht mehr bewirtschaftete Nutzfläche (Sozialbrache) unberücksichtigt bleibt, mit der LN identisch
LN	=	Landwirtschaftliche Nutzfläche (Ackerland, Wiesen, Weiden, Hutunge, Streuwiesen, Gartenland, Obst- und Sonderkulturen). Ab 1970 wurde der Begriff der LN durch die LF im Interesse einer Harmonisierung auf EG-Ebene in die Statistik übernommen

Materialband	=	Materialband zu den jährlichen Agrarberichten des BML
OECD	=	Organisation for Economic Co-operation and Development (Organisation für wirtschaftliche Zusammenarbeit und Entwicklung)
StBE	=	Standardbetriebseinkommen (gemäß Materialband 1979, S. 164)
VAK	=	Vollarbeitskraft
ZE	=	Zuerwerbsbetrieb

1. Problemstellung und Zielsetzung

Diese Arbeit soll sich schwerpunktmäßig mit den Ursachen für das Versagen der EG-Agrarpolitik beschäftigen. Daneben sollen aber auch - unter Berücksichtigung der zuvor konstatierten Ursachen von Fehlentwicklungen auf dem Agrarsektor der EG - alternative Konzeptionen und ihre möglichen Auswirkungen der bisher praktizierten Agrarpolitik gegenübergestellt werden.

(1) Zur Relevanz der Fragestellung

Die EG-Agrarpolitik stellt sich dem unbeteiligten Betrachter als ein kompliziertes System von Markt- und Preisbestimmungen dar. Mit jährlich etwa 2.500 Verordnungen (vgl. Kroll, 71, S. 94 ff.) ist diese gemeinsame Agrarpolitik für den Einzelnen nicht mehr überschaubar. Formal erwecken die Verordnungen, Instrumente und Konzepte den Anschein, als könnte mit ihnen eine perfekte Regulierung des gemeinsamen Agrarmarktes und des Einkommens der Landwirte erreicht werden. Anhaltende Ungleichgewichte auf den Agrarmärkten, enorme Einkommensdisparitäten innerhalb der Landwirtschaft, divergierende Produktionsbedingungen, verbunden mit uneinheitlichen Markt- und Erzeugerpreisen, machen allerdings die Problematik dieser gemeinsamen Agrarpolitik evident.

Ohne grundlegende Analysen der Funktionsweise von überwiegend marktregulierenden Lenkungskonzepten der EG-Agrarpolitik werden jedoch immer neue Überlegungen auf der gleichen Grundlage zur Beeinflussung der Entwicklung auf dem Agrarsektor der Europäischen Gemeinschaft in die offizielle Diskussion gebracht.

In Anbetracht ständig ansteigender Zuschüsse der Mitgliedsländer für die Regulierung des gemeinsamen Agrarmarktes sowie der unbefriedigenden sozialen Lage der weit überwiegenden Mehrheit der Landwirte stellt sich nicht nur die Frage nach den Ursachen dieser Erscheinungen, sondern auch nach dem Sinn und Zweck dieses gemeinsamen Regulierungsapparates für den Agrarsektor.

(2) Zur Vorgehensweise

Aus einem Vergleich der Zielsetzung der EG-Agrarpolitik in den Römischen Verträgen und den proklamierten Absichten verschiedener Förderungsprogramme mit der heutigen Situation auf dem Agrarsektor läßt sich auf den weitaus meisten und vor allem wichtigsten Gebieten - wie z.B. der Markt- und Preispolitik - nur ein eindeutiges Scheitern der EG-Agrarpolitk konstatieren.

Es soll deshalb untersucht werden, welche Ursachen für dieses Scheitern verantwortlich sind. Dabei ist vorab die Frage zu klären, welche Resultate der EG-Agrarpolitik und von welchem Standpunkt aus als Fehlentwicklungen zu betrachten sind.

Bei der Definition von Fehlentwicklungen muß zunächst analysiert werden, inwieweit systemimmanente Gesetzmäßigkeiten und Entwicklungstendenzen und inwieweit agrarpolitische Einflußnahmen verantwortlich sind, wobei auch die Interdependenzen dieser beiden Einflußgrößen zu untersuchen sein werden.

Danach erst soll anhand der konkreten Anwendung und Funktionsweise agrarpolitischer Konzeptionen analysiert werden, ob die Fehlerquellen in einer unsachgemäßen Anwendung des agrarpolitischen Instrumentariums oder in der Funktion dieser Lenkungsmechanismen, in einem sonst kapitalistisch ausgerichteten Wirtschaftssystem begründet sind.

Im Anschluß an diese Untersuchung sollen dann alternative agrarpolitische Systeme dargestellt und in ihrer Zielfunktion dem bestehenden System der EG-Agrarpolitik gegenübergestellt werden.

2. Begründung und Intentionen der EG-Agrarpolitik

2.1. Warum EG-Agrarmarkt?

Die prekäre Situation auf dem Agrarsektor, die Zunahme divergierender nationaler Interessen als Folge diffenrenzierter gesamtökonomischer Entwicklungen in den einzelnen Mitgliedsländern (vgl. Köster, 59) verlangt zunächst eine Beantwortung der Frage nach dem Sinn und Zweck des Gemeinsamen Agrarmarktes.

In den "Grundsätzen" des EWG-Vertrages (EWGV) ist folgendes festgelegt:

(1) "Aufgabe der Gemeinschaft ist es, durch die Errichtung eines Gemeinsamen Marktes und die schrittweise Annäherung der Wirtschaftspolitik der Mitgliedsstaaten eine harmonische Entwicklung des Wirtschaftslebens innerhalb der Gemeinschaft, eine beständige und ausgewogene Wirtschaftsausweitung, eine größere Stabilität, eine beschleunigte Hebung der Lebenshaltung und engere Beziehungen zwischen den Staaten zu fördern, die in dieser Gemeinschaft zusammengeschlossen sind" (Artikel 2 EWGV).

(2) Zur Erfüllung dieser Aufgabe hat die Gemeinschaft unter Berücksichtigung der dafür vorgesehenen Zeitfolgen u.a. nachstehende Tätigkeiten gemäß Artikel 3 EWGV durchzuführen:

- "... Abschaffung der Zölle und mengenmäßigen Beschränkungen bei Ein- und Ausfuhr von Waren sowie alle sonstigen Maßnahmen gleicher Wirkung zwischen den Mitgliedsstaaten;
- ... Einführung eines gemeinsamen Zolltarifs und einer gemeinsamen Handelspolitik gegenüber dritten Ländern; ...
- ... Einführung einer gemeinsamen Politik auf dem Gebiet der Landwirtschaft ... (und) ... auf dem Gebiet des Verkehrs".

Weitere Bereiche der Volkswirtschaften der Beitrittsländer werden nicht gesondert aufgeführt. In den Grundsätzen des EWGV werden außer Landwirtschaft und Verkehr nur sehr unspezifiziert auch noch andere Gebiete durch Bestimmungen tangiert, wie z.B. durch die beabsichtigte "Errichtung eines Systems, das den Wettbewerb innerhalb des Gemeinsamen Marktes vor Verfälschungen schützt" und "die Anwendung von Verfahren, welche die Koordinierung der Wirtschaftspolitik der Mitgliedsstaaten und die Behebung von Störungen im Gleichgewicht ihrer Zahlungsbilanzen ermöglichen" sowie "die Angleichung der innerstaatlichen Rechtsvorschriften, soweit dies für das ordnungsgemäße Funktionieren des Gemeinsamen Marktes erforderlich ist" (Artikel 3 EWGV).

Aus der Rangstellung und der besonderen Hervorhebung der "gemeinsamen" Agrarpolitik und der erdrückenden Zahl von Bestimmungen zur Gestaltung dieses Gemeinsamen Marktes mag zum Teil die verbreitete Auffassung hergeleitet werden, daß der Agrarsektor der am stärksten integrierte und synchronisierte Bereich der Volkswirtschaften der Mitgliedsländer ist (vgl. Everling, 27, S. 167). Es wird auch oft von der Vorreiterrolle des Agrarsektors im Prozeß der europäischen Einigung gesprochen (vgl. Waltermann, 138, S. 160) oder von der Agrarpolitik als "Schrittmacher der europäischen Integration" (Agrarprogramm der Bundesregierung von 1968, zitiert nach: Engel/Fendt, 24, S. 40).

Dieser Argumentation ist entgegenzuhalten, daß die gewerblichen Bereiche, mit Ausnahme des Verkehrswesens, bereits früher und wesentlich stärker integriert wurden (vgl. Willgerodt, 150, S. 9). Die Unternehmen in Handel und Industrie hatten schon "lange bevor die Rede von einem gemeinsamen Markt war, diesen Markt in großem Umfang für sich selbst geschaffen ... (und) ... ihre Macht über die Grenzen hinweg" (Mansholt, 77, S. 22) ausgedehnt. Es genügte deshalb "zur Verwirklichung des gemeinsamen Industriemarktes ... im wesentlichen, nach und nach die Zollschranken zwischen den Mitgliedsstaaten abzubauen", während "zum Zeitpunkt der Unterzeichnung des

Vertrages von Rom ... die Agrarpolitik der sechs Unterzeichnerstaaten ... äußerst verschieden, ja widersprüchlich (war)" (186, S. 10).

Hier sei auch auf Zusammenschlüsse auf europäischer Ebene hingewiesen, die schon vor der EWG entstanden sind. Z.B. wurde schon 1948 die OEEC (Organisation for European Economic Co-operation) gegründet, eine Vereinbarung "zwischen jenen 17 Ländern, die am Marshallplan (ERP - European Recovery Program) partizipierten" (160, S. 80). Ziel dieser Vereinbarung war es, mit Hilfe der von den USA zur Verfügung gestellten Mittel, "die wirtschaftliche Zusammenarbeit in einem europäischen Großraum zu fördern und zu organisieren" (160, S. 80).

Ein weiterer Vorgänger der EWG und damit des gemeinsamen Agrarmarktes war die Europäische Gemeinschaft für Kohle und Stahl (EGKS), die bereits 1951 gegründet wurde. Hier handelt es sich um ein Herauslösen bestimmter Wirtschaftsbereiche aus den nationalen Volkswirtschaften und ihre Unterstellung unter eine supranationale Behörde, der Hohen Behörde in Luxemburg (vgl. Baade/Fendt, 5, S. 20 und 22). Auf dem Gebiet von Kohle und Stahl wurde damit bereits sechs Jahre vor der Vertragsunterzeichnung zur Gründung der EWG ein gemeinsamer Markt geschaffen, auf dem "Ein- und Ausfuhrzölle oder Abgaben gleicher Wirkung sowie mengenmäßige Beschränkungen des Warenverkehrs" und "Maßnahmen oder Praktiken, die eine Diskriminierung zwischen Erzeugern oder Käufern oder Verbrauchern herbeiführen ..." untersagt waren (4, EGKS, Artikel 4, S. 20 f).

Die Nachteile der Beschränkung des gemeinsamen Marktes auf einzelne Teilgebiete führten dazu, daß sich die Bestrebungen in Richtung auf einen umfassenden gemeinsamen Markt verstärkten (vgl. Baade/Fendt, 5, S. 22), in dem nicht nur für Waren, sondern auch "für die anderen wichtigen Ströme, den Strom der menschlichen Arbeitskraft und den Strom des Kapitals, ein einheitliches Wirtschaftsgebiet geschaffen wird" (vgl. Baade/Fendt, 5, S. 23). Dies wird in zwei Gutachten des wissenschaftlichen Beirates beim Bundesministerium für Wirtschaft im Mai und Oktober 1953 vorgeschlagen (vgl. 5, S. 22) und vier Jahre später in den Römischen Verträgen auch festgelegt.

Nach Müller-Armack war auch "eine Ausklammerung der Landwirtschaft aus vorwiegend politischen Gründen kaum zu vertreten" (Müller-Armack, 84, S. 19 f.), weil zwischen den beitrittswilligen Ländern ein Interessenausgleich derart notwendig war, daß Agrarexportländer und industriell ausgerichtete Länder gegenseitig auf die Einbeziehung aller Bereiche der Volkswirtschaften bestanden. So haben beispielsweise Frankreich und die Niederlande "die volle Einbeziehung der Landwirtschaft in den Gemeinsamen Markt von vornherein zur Bedingung für ihren Beitritt gemacht" (Baade/Fendt, 5, S. 37).

Vor allem wegen dieser Forderung Frankreichs, dessen Selbstversorgungsgrad bei den wichtigsten Agrarprodukten bereits 1956 teilweise weit über 100 % lag (vgl. Siebels/Lenke, 126, S. 363 und Baade/Fendt, 5, S. 9) und der Bestrebungen des westdeutschen Industriesektors nach einer Erweiterung des nach der Wiederaufbauphase zu eng gewordenen Binnenmarktes, wird die Gründung der EWG vielfach als ein sogenanntes "Grundgeschäft" zwischen der BRD und Frankreich angesehen (vgl. Siebels/Lenke, 126, S. 363).

Dem widerspricht aber die Tatsache, daß Frankreichs industrieller Export in die EWG-Länder als Folge der Integration um 31 % in der Zeit von 1959 bis 1965 und um 92,3 % in der Zeit von 1959 bis 1970 gestiegen ist. Die BRD erreichte dagegen nur jeweils 23,9 % bzw. 68,1 % (vgl. Koester, 59, S. 41). Es ist deshalb wohl eher die Formulierung zutreffend, daß Frankreich und auch die Niederlande aufgrund ihrer, neben der Industrieproduktion, hohen Agrarproduktion einer Integration nur unter Einschluß des Agrarsektors zustimmen konnten (vgl. Engel/Fendt, 24, S. 40). Es kommt besonders hinsichtlich der Forderung Frankreichs nach Einbeziehung des Agrarmarktes noch der Aspekt der Abgrenzung dieses Marktes gegenüber den mächtigen Agrarexportinteressen der USA hinzu (vgl. Frenz, 29, S. 8).

In dem unter dem Vorsitz des seinerzeitigen belgischen Außenministers Spaak verfaßten Bericht eines vom Ministerrat der EWG eingesetzten Ausschusses wird, analog zu den Forderungen von Frankreich und den Niederlanden, die Auffassung vertreten, daß die Errichtung eines Gemeinsamen Marktes "ohne die Einbeziehung der Landwirtschaft nicht vorstellbar ist" (Spaak-Bericht, 216, Kap. 4, Abschnitt 1).

Aus einem Beitrag des seinerzeitigen französischen Staatspräsidenten Georges Pompidou in der französischen Tageszeitung "Le Monde" vom 29.7.1965 wird die effektive Interessenlage hinsichtlich einer Einbeziehung der Landwirtschaft in den Gemeinsamen Markt noch deutlicher: "Der Vertrag von Rom, so wie er abgeschlossen worden ist, hat in Wirklichkeit nur den gemeinsamen industriellen Markt geschaffen. Der so konzipierte Gemeinsame Markt setzte jedoch die französische Industrie direkt der ausländischen Konkurrenz, insbesondere der mächtigen deutschen Industrie, aus. Er war nur erträglich, wenn er durch einen gemeinsamen Agrarmarkt kompensiert wurde, der unserer Landwirtschaft bedeutende Absatzmöglichkeiten zu angemessenen Preisen erlaubte und dadurch dem Staat die Möglichkeit gab, sich von der Notwendigkeit der Unterstützung der Landwirtschaft zu befreien und ihn in die Lage versetzte, die Industrie zu entlasten" (202, 29.7.1965, S. 2, eigene Übersetzung).

Der Gemeinsame Agrarmarkt muß deshalb als eine notwendige Ergänzung der Integration der anderen Wirtschafts-Sektoren der Beitrittsländer gesehen werden. Die Bedeutung und die scheinbare Vorreiterrolle des Agrarsektors bei der europäischen Integration erklärt sich allein aus der Tatsache, daß die Agrarpolitik in allen Beitrittsländern ein "geradezu klassisches Instrument nationaler Politik" (Nass, 86, S. 95) darstellte. Dies ist auch mit ein Grund dafür, daß gerade auf dem Agrarsektor sehr unterschiedliche Ausgangssituationen vereinheitlicht werden mußten. Gerade dehalb aber wurde die Einbeziehung der Agrarpolitik und ihre Unterordnung unter gemeinsame wirtschaftliche und politische Zielvorstellungen "besonders sichtbar" (Nass, 86, S. 95).

Die gemeinsame Agrarpolitik als "Integrationsklammer" oder als Ausdruck des Willens "zur politischen Integration Europas" anzusehen (Waltermann, 138, S. 159), wäre eine völlige Verkennung der realen Interessenlage innerhalb der Gemeinschaft. Hier würde eher die Charakterisierung des Gemeinsamen Agrarmarktes als ein lästiges Anhängsel und ständiger Störfaktor der übrigen Wirtschafts- und Währungspolitik zutreffen. Die akuten Schwierigkeiten der Aufrechterhaltung eines gemeinsamen Agrarmarktes sind dafür sichtbare Zeichen (vgl. Willgerodt, 151, S. 5 ff.). Nur mit Hilfe der Grenzausgleichsbeträge zur Abschwächung der Auswirkungen unterschiedlicher wirtschafts- und währungspolitischer Entwicklungen in den einzelnen Mitgliedsländern wurde ein Auseinanderbrechen dieses gemeinsamen Agrarmarktes verhindert. Es wird noch im Laufe dieser Arbeit die Frage beantwortet werden müssen, ob nicht durch diese Maßnahme (unter Berücksichtigung ihrer Ursachen) der gemeinsame Agrarmarkt bereits zu einer Fiktion verkommen ist. Angesichts der Feststellung der EG-Kommission in ihren Preisvorschlägen für 1979/80, daß die eingeführten Währungsausgleichsbeträge "künstliche Wettbewerbsverzerrungen schufen, (die) zu einer regelrechten Abkapselung des Agrarbereichs innerhalb der Gesamtwirtschaft der Gemeinschaft geführt (haben)" (67, S. 52) kann wohl von Vorreiterrolle keine Rede sein.

2.2. Zielsetzungen der EWG - bzw. EG-Agrarpolitik

Neben den bereits aufgeführten "Grundsätzen" (Artikel 2 und 3 EWGV) werden speziell auf dem Agrarsektor folgende Ziele gemäß Artikel 39 EWGV verfolgt:

(1) Produktivitätssteigerung der Landwirtschaft "durch Förderung des technischen Fortschritts, Rationalisierung der landwirtschaftlichen Erzeu-

gung und den bestmöglichen Einsatz der Produktionsfaktoren, insbesondere der Arbeitskräfte";

(2) durch diese Produktivitätssteigerung "der landwirtschaftlichen Bevölkerung, insbesondere durch Erhöhung des Pro-Kopf-Einkommens der in der Landwirtschaft tätigen Personen, eine angemessene Lebenshaltung zu gewährleisten";

(3) Stabilisierung der Märkte;

(4) Sicherstellung der Nahrungsmittelversorgung;

(5) angemessene Verbraucherpreise.

Bei einer Betrachtung dieser Ziele, vor allem bezüglich der Forderung nach einer höheren Produktivität und nach ausreichender Nahrungsmittelversorgung, muß man sich zunächst in die Zeit ihrer Formulierung zurückversetzen. Die seinerzeit effektiv noch vorhandenen Befürchtungen über evtl. auftretende Versorgungsengpässe können dabei nicht übersehen werden (Siebels/ Lenke, 126, S. 360 f.). Ein weiteres Moment der beabsichtigten Forcierung der Produktivitätssteigerung begründet sich sicherlich nicht nur aus der Überlegung einer Einkommenssteigerung für die in der Landwirtschaft tätigen Arbeitskräfte. Hier dürften auch Interessen der übrigen Wirtschaftszweige eine relevante Rolle gespielt haben, ihren wachsenden Arbeitskräftebedarf mit den aus der Landwirtschaft ausscheidenden Erwerbspersonen zu decken. Auch waren und sind die übrigen Wirtschaftssektoren daran interessiert, die Nahrungsmittelpreise möglichst niedrig zu halten, um die Reproduktionskosten der Arbeitnehmer und damit deren Lohnforderungen drücken zu können.

Die zwischenzeitlich in Erscheinung getretenen Symptome der Überproduktion, die in dieser Arbeit noch zu untersuchen sind, lassen einige Zielprojektionen der Römischen Verträge heute etwas unverständlich erscheinen. Andererseits lassen sich aus den Bestimmungen über die "Gestaltung der gemeinsamen Agrarpolitik und der hierfür anzuwendenden besonderen Methoden" in Artikel 39 des EWGV auch bereits gewisse Befürchtungen über mögliche Konflikte bei der Durchsetzung geeigneter Politiken zur Erreichung der zuvor formulierten Ziele erkennen. Es wird dort z.B. ausgeführt, daß folgendes zu berücksichtigen ist:

"a) die besondere Eigenart der landwirtschaftlichen Tätigkeit, die sich aus dem sozialen Aufbau der Landwirtschaft und den strukturellen und naturbedingten Unterschieden der verschiedenen landwirtschaftlichen Gebiete ergibt;

b) die Notwendigkeit, die geeigneten Anpassungen stufenweise durchzuführen;

c) die Tatsache, daß die Landwirtschaft in den Mitgliedsstaaten einen mit der gesamten Volkswirtschaft eng verflochtenen Wirtschaftsbereich darstellt"
(Art. 39, EWGV).

In den Vereinbarungen des EWGV sind keine eindeutigen Bestimmungen über den Weg zur Erreichung der gemeinsamen Ziele enthalten. Die Richtlinien sind vielmehr "so weit gefaßt ..., daß damit jede Agrarpolitik gedeckt werden kann" (Heuss, 49, S. 112; vgl. auch Baade/Fendt, 5, S. 50).

In Artikel 40 Absatz 1 EWGV heißt es: "Die Mitgliederstaaten entwickeln die gemeinsame Agrarpolitik schrittweise während der Übergangszeit und legen sie noch vor deren Ende fest." Die Übergangszeit sollte zwölf Jahre betragen, also am 31.12.1969 enden.

In Artikel 43, Abs. 1 EWGV wurde vereinbart, daß "die Kommission unmittelbar nach Inkrafttreten" des EWGV eine Konferenz der Mitgliederstaaten einberuft, "zur Erarbeitung der Grundlinien für eine gemeinsame Agrarpolitik". Diese Konferenz fand vom 3. bis 12. Juli 1958 in Stresa statt. Es wurde eine Entschließung verabschiedet, auf deren Grundlage die Kommission [x)] eine Konzeption für die gemeinsame Agrarpolitik entwickelte.

Wesentliche Bestandteile dieser Konzeption waren:

(1) Produktionsvolumen und Absatzmöglichkeiten müssen in ein Gleichgewicht gebracht werden;

(2) ähnlich den bisher nationalen Verhältnissen soll auf dem Agrarsektor der Gemeinschaft ein freier Warenverkehr stattfinden;

(3) ein angemessener, an anderen Wirtschaftsbereichen orientierter Vergleichslohn soll in der Landwirtschaft über die Erzeugerpreise landwirtschaftlicher Produkte erreicht werden;

(4) Preisschwankungen sollen abgemildert werden. Das Absatz- und Preisrisiko soll für die Landwirte jedoch nicht völlig entfallen.

Die Gemeinsame Preispolitik gehörte anfänglich noch nicht zu den Zielen der EG-Agrarpolitik. In Artikel 40 EWGV wird lediglich ausgeführt, daß "Eine etwaige gemeinsame Preispolitik ... auf gemeinsamen Grundsätzen und einheitlichen Berechnungsmethoden beruhen (muß)." Erst bei der Festlegung der ersten Marktorganisationen (Gedreite, Milch und Zucker) wurde die Notwendigkeit einer Gemeinsamen Preispolitik erkennbar, die dann stufenweise mit der Angleichung der einzelstaatlichen Preise auf ein gemeinsames Niveau installiert wurde. Die Probleme dieser beabsichtigten Preisnivellierung traten besonders deutlich bei der Vereinheitlichung des Getreidepreises hervor. Denn mit dem Wegfall der Zölle waren erhebliche Preisdifferenzen zwischen den einzelnen Mitgliedsländern zu überwinden. Die gemeinsame Preispolitik wurde mit der Einführung gemeinsamer Agrarmarktordnungen sehr schnell zum Hauptinstrument der Gemeinsamen Agrarpolitik hochstilisiert und gehört mittlerweile auch gleichzeitig zu den umstrittensten Bestandteilen des Gemeinsamen Agrarmarktes.

[x] Die Kommission ist das Exekutivorgan der Gemeinschaft. Sie ist gemäß EWGV für die Einhaltung und Durchführung der Verträge und der Entscheidungen des Rates verantwortlich. Sie hat ferner "Empfehlungen oder Stellungnahmen" auf den im EWGV festgelegten Gebieten abzugeben, "soweit der Vertrag dies ausdrücklich vorsieht oder soweit sie es für notwendig erachtet". Außerdem hat die Kommission "Am Zustandekommen der Handlungen des Rates und der Versammlung mitzuwirken" und "... Befugnisse auszuüben, die ihr der Rat zur Durchführung der von ihm erlassenen Vorschriften überträgt" (EWGV, Art. 155).

Neben der Kommission wurden noch drei weitere Organe zur Wahrnehmung von Aufgaben, die der Gemeinschaft zugewiesen werden, durch Artikel 4 des EWGV geschaffen. Dies sind:

- Die Versammlung
- Der Rat (auch Ministerrat genannt)
- Der Gerichtshof

Die VERSAMMLUNG (Europäisches Parlament) "übt die Beratungs- und Kontrollfunktion aus" (Artikel 137).

Der RAT "Sorgt für die Abstimmung der Wirtschaftspolitik der Mitglieder" und hat Entscheidungsbefugnisse. Der Rat setzt sich zusammen aus Regierungsvertretern der Mitgliedsstaaten. Diese Regierungsvertreter sind im allgemeinen die Ressortminister für das jeweils zu behandelnde Fachgebiet. Der Rat entscheidet abschließend über die von der Kommission vorgeschlagene Politik der EG (vgl. Artikel 145 - 153 EWGV).

Der GERICHTSHOF "sichert die Wahrung des Rechts bei der Auslegung und Anwendung" des EWGV (Artikel 164).

3. Gegenwärtige Situation

3.1. Differenzen in der Beurteilung

Bei der Beurteilung der bisherigen EG-Agrarpolitik und ihren Ergebnissen muß zunächst der Standort der Betrachtung berücksichtigt werden. Es ist durchaus nicht so, daß allgemein erkennbare Fehlentwicklungen von allen Betrachtern auch so gesehen werden. Das Problem wachsender Ausgaben zur Regulierung des Agrarmarktes wird z.B. von vielen verantwortlichen Politikern mit dem Hinweis auf gesamtwirtschaftliche Vorteile zum Positiven gewendet. So stellte der ehemalige BRD-Landwirtschaftsminister Höcherl in Anbetracht dieser Tatsache 1970 fest, daß demgegenüber "die deutsche Industrie bereits 40 % ihrer Gesamtexporte im Gemeinsamen Markt losschlagen (könne)" (zitiert nach 173, Nr. 14/1970, S. 54).

Es muß also die Frage gestellt werden, was aus welcher Sicht als Fehlentwicklung anzusehen ist.

Betrachtet man die Einkommenssituation der Landwirtschaft, so wird diese von den Agrarpolitikern der EG und ihren Mitgliedsländern überwiegend als befriedigend dargestellt. Gemäß Agrarbericht der BRD von 1979 wird z.B. für die Zeit von 1968/69 bis 1977/78 eine durchschnittliche Verbesserung des Reineinkommens (Gewinn) je Familien-Arbeitskraft (Familien-AK) in den Vollerwerbsbetrieben von 8 % erreicht. Nach Prof. Priebe sind "die Arbeitseinkommen in der deutschen Landwirtschaft ... im zwanzigjährigen Durchschnitt mit Wachstumsraten von 12 v.H. gestiegen"(107, S. 12). Sogar von Berufsvertretern wird darauf hingewiesen, daß "die deutsche Landwirtschaft ... in den letzten Jahren ihre wirtschaftliche und soziale Stellung kontinuierlich verbessern und festigen" konnte (Dobler, 116, zitiert nach Schmidt-Gellersen, S. 11410). Daß diese Entwicklung nur für die Vollerwerbsbetriebe zutrifft, und auch nur deshalb so günstig erscheint, weil laufend Betriebe als Vollerwerbsbetriebe und damit aus dem Einkommensvergleich, zumindest gemäß der offiziellen Berichterstattung, herausfallen, wird nicht ihrer Bedeutung entsprechend dargestellt.

Es wird zwar darauf hingewiesen, daß die "innere und äußere Aufstockung sowie Verminderung des Arbeitskräftebesatzes ... gerade der Vollerwerbsbetriebe ... den aufgezeigten längerfristigen Einkommensanstieg vorzugsweise bewirkt haben" (Agrarbericht 1979, S. 15). Es wird aber nirgendwo darauf verwiesen, daß eine solche Entwicklung gleichzeitig auch bedeutet, daß ständig Betriebe an den unteren Rand des Existenzminimums gedrängt werden und also auch eine Einkommenssituation herrschen muß, die eine längerfristige Existenzfähigkeit landwirtschaftlicher Betriebe nicht bzw. nur für einen ganz geringen Prozentsatz der Betriebe garantiert (vgl. hierzu Abschnitt 3.2.1.2. dieser Arbeit). Da dieses "Abwandern" von Arbeitskräften aus der Landwirtschaft die Basis für eine positive Darstellungsmöglichkeit der Einkommenssituation auf dem Agrarsektor ist (und wohl auch bleiben wird), werden auch Bedenken laut, daß bei anhaltender Arbeitslosigkeit in den anderen Sektoren der Wirtschaft, der Strukturwandel früherer Jahre "kaum wieder zu erreichen sein (dürfte)" (Schmidt-Gellersen, 116, S. 11412, vgl. auch Agrarbericht 1979, S. 15).

Dieser Strukturwandel, also die Konzentration der Produktion auf weniger Betriebe und Landwirte, wurde Ende der 60er Jahre sowohl auf nationalstaatlicher als auch auf EG-Ebene durch entsprechende Förderungsprogramme forciert. Die Bedeutung der Verminderung der AK in der Landwirtschaft für das Einkommen der Landwirte und für das Wachstum der gesamten Volkswirtschaft wird auch vom Bundesernährungsminister Ertl in einem Bericht für den Bonner Informationsdienst "Wirtschaft - und Sozialpolitik" wie folgt hervorgehoben: "Die Landwirtschaft hat, nicht zuletzt dank des durch die EG geschaffenen großen Verbrauchermarktes, an der allgemeinen Einkommens- und Wohlstandsentwicklung teilgenommen. Der Strukturwandel in der Landwirtschaft wurde dabei nicht gehemmt. Vielmehr wurden in der Bundesrepublik seit 1960 ca. 50 000 landwirtschaftliche Betriebe über 1 Hektar aufgegeben. Mehr als 1 Million Voll-Arbeitskräfte sind im gleichen Zeitraum in andere Wirtschaftsbereiche abgewandert und haben damit einen wesentlichen Beitrag zum Wachstum unserer Volkswirtschaft geleistet" (zitiert nach 169, Nr. 5/78, S. 43).

Daß das Ausscheiden von Erwerbspersonen und landwirtschaftlicher Existenzen auf diesem Sektor auch soziale Konflikte und psychische Belastungen für die ausscheidenden Landwirte und ihre Familienangehörigen mit sich bringt, ist einleuchtend, ist aber mit Zahlen nicht zu belegen und wird auch in den Agrarberichten nirgendwo entsprechend gewürdigt.

Von verschiedenen Agrarökonomen wird allerdings darauf hingewiesen, "daß dieser Anpassungsprozeß nicht unter sozial unerträglichen Spannungen" ablaufen darf (Schmitt, 120, S. 19). Es wurden daher in den Förderungsprogrammen auch entsprechende "soziale Ergänzungsmaßnahmen" für die ausscheidenden Landwirte vorgesehen. Zur Einhaltung einer angemessenen "Fließgeschwindigkeit", der Abwanderung von Arbeitskräften aus der Landwirtschaft, hat deshalb Henrichsmeyer unter Berücksichtigung der Wachstumsraten exogener Größen bereits 1970 eine komplizierte Modellrechnung entwickelt (vgl.

44). Diese baute allerdings auf mehreren unsicheren Annahmen gesamtwirtschaftlicher Daten auf, die, wie die meisten Prognosen über wirtschaftliche Entwicklungen, erhebliche Abweichungen ihrer Zielgrößen nach sich ziehen, sobald sich auch nur eine oder einige der Basisdaten ändert bzw. ändern. Dies ist aber gerade bei konjunkturell abhängigen Basisdaten, wie sie von Henrichsmeyer verwandt wurden, überwiegend der Fall. So konnte auch die "Gleichgewichts-Abwanderungsrate" von 4,8 % (Henrichsmeyer, 44, S. 4), die für erforderlich gehalten wurde, um die bestehende Einkommensdisparität zwischen Landwirtschaft und übriger Wirtschaft nicht größer werden zu lassen, seit dem Konjunktureinbruch von 1974 nicht mehr erreicht werden. Die Abwanderungsrate sank 1974/75 auf 2,4 % und verringerte sich bis zum Wirtschaftsjahr 1977/78 auf 1,9 % (vgl. Agrarbericht 1979, S. 8).

Bei den Einkommensvergleichen zwischen Landwirtschaft und übriger Wirtschaft wird fast ausnahmslos von "durchschnittlichen" Einkommen in der Landwirtschaft ausgegangen. Den enormen intrasektoralen Einkommensdifferenzen der Landwirtschaft wird erst in neuerer Zeit größere Beachtung geschenkt (vgl. Priebe, 107, S. 12), wobei in den Agrarberichten der EG und der BRD dieses Problem immer noch zu gering eingeschätzt wird. Denn speziell diese Einkommensdiskrepanzen sind die Basis einer weiteren Einkommensdifferenzierung aufgrund progressiv steigender Akkumulationskraft höherer Einkommensgruppen und stellen ein Problem für eine zutreffende Prognose der weiteren Entwicklung des Agrarsektors, aber auch seiner derzeitigen realen Lage dar. Nach offizieller Darstellung der EG-Kommission sind "die ersten beiden Ziele des Vertrages von Rom, (die Produktivität zu steigern und den Beschäftigten in der Landwirtschaft eine angemessene Lebenshaltung zu gewährleisten) auf unterschiedliche Weise und nur zum Teil erreicht worden" (186, S. 23).

Lediglich im Marktbereich werden auch von offizieller Seite Fehlentwicklungen uneingeschränkt zugegeben, und deshalb "verstärkt Bemühungen fortgesetzt, die bei einigen Produkten bestehenden strukturellen Marktungleichgewichte zu reduzieren" (Agrarbericht 1979, S. 3). In einer Veröffentlichung der EG-Kommission (186, S. 33) heißt es dazu: "Die Markt- und Preispolitik ihrerseits vermochte schwerwiegende Ungleichgewichte auf bestimmten Agrarmärkten nicht zu verhindern". Aber auch diese Marktungleichgewichte, die sehr oft, wie unter 4.3.1.3. noch aufgezeigt werden soll, auf einen fehlerhaften (oder sogar bewußt in dieser Weise gehandhabten) Einsatz des agrarpolitischen Instrumentariums zurückzuführen sind, werden von den dafür Verantwortlichen häufig noch als Tribut für eine ausreichende Versorgung der

Bevölkerung mit Nahrungsmitteln deklariert. So heißt es beispielsweise in einer Veröffentlichung der EG-Kommission zu den finanziellen Aufwendungen der Marktstützungen, dies sei "in gewissem Sinne der Preis für die Unabhängigkeit der Nahrungsmittelversorgung" (186, S. 27).

Ähnliche Darstellungen, die die Kostenbelastung der EG-Agrarmarktordnungen als Preis für die "Nahrungssicherheit" ansehen, finden sich in sehr vielen Veröffentlichungen zum Thema Agrarpolitik (vgl. Grüneisen, 38, S. 94). Diese Kosten der Markt- und Strukturregelungen, die ja den Lebensmittelkosten hinzugerechnet werden müßten, wären also als Negativposten bei der Beurteilung des erreichten Standes in der EG-Agrarpolitik gegenüber der Zielsetzung hinsichtlich der angestrebten Versorgung der Bevölkerung zu "angemessenen" Preisen zu berücksichtigen.

3.2. Problemfelder

3.2.1. Unbefriedigende Einkommenssituation

Eines der Hauptziele der EG-Agrarpolitik besteht gemäß EWG-Vertrag darin, "der landwirtschaftlichen Bevölkerung, insbesondere durch Erhöhung des Pro-Kopf-Einkommens der in der Landwirtschaft tätigen Personen eine angemessene Lebenshaltung zu gewährleisten" (Art. 39 EWGV, Abs. 1 b). Die einzig konkrete Aussage in dieser Zielsetzung ist, daß das Pro-Kopf-Einkommen der in der Landwirtschaft tätigen Personen erhöht werden soll, woraus zu schließen ist, daß zumindest zum Zeitpunkt der Formulierung dieser Forderung das Einkommen der Landwirte keine "angemessene Lebenshaltung" erlaubte.

3.2.1.1. Welche Einkommenshöhe ist angemessen?

Hier muß zunächst gefragt werden, welcher Maßstab angewandt werden soll. Welcher Betrieb in welcher Größe bzw. Produktionsstruktur wird als Maßstab genommen und welches Vergleichseinkommen aus der übrigen Wirtschaft wird herangezogen? Auf die Frage, welches Einkommen notwendig ist, um den in der Landwirtschaft Beschäftigten eine "angemessene Lebenshaltung" zu gewährleisten, wird kaum irgendwo konkret eingegangen. Auch was eine angemessene Lebenshaltung bedeutet oder darstellt, ist nicht ausgeführt.

Nach Roderich Plate (101, S. 241) kann man "mit Sicherheit ... von der Tatsache ausgehen, daß ein erheblicher und zunehmender Teil der zur Zeit (also 1974, W.G.) vorhandenen Landwirte außerstande ist, in ihren Betrieben

Einkommen zu erwirtschaften, die mit der gesamtwirtschaftlichen Einkommensentwicklung Schritt halten". Die "unbefriedigenden Einkommensverhältnisse" in der Landwirtschaft sieht Plate darin bestätigt, daß sich die Landwirte "außerhalb der Landwirtschaft zusätzliche oder andere Einkommensquellen zu erschließen (suchen)" (101, S. 241). Aber auch eine solche Begründung für ein zu niedriges Einkommen vieler Landwirte läßt die Forderung nach einem "angemessenen Einkommen" nicht konkreter werden. Es sei denn, man würde ein angemessenes Einkommen der Landwirte dann als erreicht ansehen, wenn keiner oder nur ein minimaler Prozentsatz der Landwirte versuchen würde, außerhalb ihrer Betriebe ein zusätzliches Einkommen zu erzielen. Dies wäre sicherlich ein absurder Maßstab.

Eine andere Möglichkeit eines Indikators für ein ausreichendes Einkommen wird zwar nicht im EWGV formuliert, doch "hat der Rat ... in Artikel 4 der Richtlinien über die Modernisierung der landwirtschaftlichen Betriebe ... das vergleichbare Arbeitseinkommen in der Landwirtschaft als den durchschnittlichen Bruttolohn außerlandwirtschaftlicher Arbeitnehmer in dem betreffenden Gebiet definiert" (168, S. 16). Hierzu muß allerdings gesagt werden, daß ein solches Einkommen für einen Landwirt nicht ausreicht, um eine den Lohnabhängigen vergleichbare Lebenshaltung in dem jeweiligen Raum längerfristig zu sichern. Hierzu müßten vom Landwirt Investitionen in seinem Betrieb getätigt werden, um oberhalb der rasch steigenden Lebensfähigkeitsschwelle zu bleiben. Es müßte deshalb zutreffender vom "konsumfähigen" Einkommen der Landwirte im Vergleich mit den Bruttolöhnen anderer Berufe ausgegangen werden (vgl. v. Witzke, 153, S. 175).

Nach dem Landwirtschaftsgesetz der BRD wäre für die Feststellung, ob ein ausreichendes Einkommen erwirtschaftet wurde, nicht nur der durchschnittliche Bruttolohn außerlandwirtschaftlicher Arbeitnehmer" zum Vergleich heranzuziehen. Es muß vielmehr zunächst "ein den Löhnen vergleichbarer Berufs- und Tarifgruppen entsprechender Lohn für die fremden und familieneigenen (notwendigen) Arbeitskräfte" und darüber hinaus noch ein Betriebsleiterzuschlag und "eine angemessene Verzinsung des betriebsnotwendigen Kapitals" erreicht werden (Materialband 1979, S. 158). Doch sind für einen solchen Vergleich im Bereich des gewerblichen Mittelstandes, der hierfür am geeignetsten wäre, nach Darstellung des Agrarberichts keine entsprechenden "Aufzeichnungen über die Ertragslage" vorhanden (vgl. Materialband 1979, S. 157 und 159). Es wird daher von einem fiktiven gewerblichen Vergleichseinkommen ausgegangen, dem dann das Einkommen solcher landwirtschaftlicher Betriebe gegenübergestellt wird, "die bei ordnungsgemäßer Führung die wirtschaftliche Existenz einer bäuerlichen Familie nachhaltig gewährleisten (Materialband 1979, S. 158). Dies können naturgemäß nur Betriebe mit günstigen Einkommensverhältnissen sein, wobei es bei der Auswahl solcher Betriebe auch noch erhebliche Schwierigkeiten gibt (vgl. Materialband 1979, S. 158 ff. und Agrarbericht 1979, S. 19 f.). Bei einer Betrachtung der ständig steigenden Lebensfähigkeitsschwelle der Betriebsgrößen (vgl. Kap. 4.1.3. dieser Arbeit) stellt sich zusätzlich noch generell die Frage, ob und in welcher Zeitspanne im voraus definiert werden kann, welche Betriebe "nachhaltig" existenzfähig sind.

Obwohl die Definition eines vergleichbaren Einkommens in den Richtlinien der EG wesentlich einfacher klingt, wurde bezeichnenderweise auch von der EG bisher noch keine exakte Untersuchung der Frage angestellt, in welchem Umfang das von ihr selbst gesteckte Ziel bezüglich eines angemessenen Einkommens bzw. einer "angemessenen Lebenshaltung" der in der Landwirtschaft tätigen Personen erreicht wurde.

Die Angaben in den jährlichen Berichten der EG-Kommission zur "Lage der Landwirtschaft in der Gemeinschaft" sind wegen der fehlenden Datengrundlagen hinsichtlich der Einkommensverhältnisse immer noch wenig aussagefähig (vgl. EG-Bericht 1979, S. 122 ff.).

3.2.1.2. Wie ist die reale Einkommenssituation?

Im Rahmen dieser Arbeit ist eine eigene Untersuchung der Einkommensverteilung in der Landwirtschaft der EG nicht leistbar. Hier muß deshalb größtenteils auf offizielle Darstellungen zurückgegriffen werden, wobei auf die darin möglicherweise enthaltenen Fehlerquellen hingewiesen werden und die Verwendung dieser Unterlagen nur insoweit erfolgen soll, als sie die Aussage für die hier anstehende Fragestellung nicht beeinflußt.

Im Bericht 1978 der EG zur "Lage der Landwirtschaft in der Gemeinschaft" heißt es bezüglich der Einkommensentwicklung, daß auf der Grundlage der landwirtschaftlichen Gesamtrechnung "die jährliche Zunahme der Nettowertschöpfung zu Faktorkosten (je Erwerbstätigen in der Landwirtschaft) ... zwischen 1973 und 1977 im Schnitt nominal 9,9 %, real infolge der hohen Inflationsrate jedoch - 0,2 % (betrug)" (EG-Bericht 1978, S. 124). Nun müssen von der Nettowertschöpfung noch die Zinsen und Pachten abgezogen werden, um das landwirtschaftliche Einkommen zu erhalten. Dieses landwirtschaftliche Einkommen ist "in der Zeit von 1973 - 1977 in sechs Mitgliedsstaaten real gesunken, wobei der stärkste Rückgang in Belgien mit minus 6,9 % eingetreten ist" (EG-Bericht 1978, S. 125). Aufgrund der niedrigen Ausgangslage der Produktivität in Irland (vgl. 180, 22/77, S. 1) wurde hier in erster Linie durch Erhöhung der Produktion ein Anstieg der landwirtschaftlichen Einkommen um 5,6 % erzielt (vgl. EG-Bericht 1978, S. 125). Für Italien und Dänemark liegen keine Angaben vor (vgl. EG-Bericht 1978, S. 125). In dieser Darstellung der EG-Kommission wird jedoch nur ein kurzer Zeitraum behandelt und außerdem noch von der landwirtschaftlichen Gesamtrechnung ausgegangen. Allerdings wird auch in den Vorschlägen der Kommission für 1980/81 angemerkt, daß trotz der Berichtigung der grünen Kurse und des bedeutenden Umfangs der Erzeugung ... das Realeinkommen der Landwirte rückläufig (war)" (69, S. 3).

Der EG steht zwar auch ein "Informationsnetz landwirtschaftlicher Buchführungen (INLB)" zur Verfügung. Dieses liefert aber erst von "seit 1973/74 jährlich beobachteten 5.534 identischen Betrieben" entsprechende Daten (EG-Bericht 1978, S. 125). Die letzte Auswertung dieses Teilbereiches einer Stichprobe liegt für 1976/77 vor. Die in Landeswährung ausgedrückten Buchführungsergebnisse sind in ERE umgerechnet. Vergleiche zwischen Einkommensentwicklungen der einzelnen Mitgliedsländer wären nur bedingt möglich (vgl. EG-Bericht 1978, S. 125 - 127). Im übrigen werden in allen Berichten der EG (wie auch in den Agrarberichten der BRD) überwiegend nur durchschnittliche Einkommensentwicklungen entweder für die gesamte Gemeinschaft (vgl. EG-Bericht 1978, S.122 ff.) oder für die Regionen bzw. Mitgliedsländer und Betriebsformen dargestellt (vgl. 64, S. 5 ff.). Diese Durchschnittsangaben, die zumeist noch von der Gesamtrechnung und nicht von den realen Einkommensverhältnissen ausgehen, haben nur eine geringe Aussagekraft. Wie im Bericht der EG-Kommission vom 9.3.1978 bezüglich der landwirtschaftlichen Einkommen treffend ausgeführt wird, "verbergen sich ... hinter der Entwicklung der statistischen Mittelwerte - ob diese nun nach Ländern oder nach Betriebstypen erstellt werden - ... häufig enorme Unterschiede auf Ebene der einzelnen Betriebe" (64, S. 7). So hat z.B. Hrubesch für drei Mitgliedsländer der EG, nämlich BRD, Frankreich und Italien, eine Untersuchung der regionalen Streuung der Nettowertschöpfung zu Faktorkosten je Erwerbstätigen in der Landwirtschaft für das Jahr 1970 vorgenommen (siehe Schaubild 1). Bei dieser "Durchschnittsbetrachtung aller drei Länder" ergibt sich ein Verhältnis von 5 : 1 (Hrubesch, 52, S. 230). Auf die Problematik der als Grundlage dieser Untersuchung herangezogenen Gesamtrechnung soll hier nicht weiter eingegangen werden (vgl. dazu Poppinga, 106, S. 77 ff.).

Da hier auch nur die d u r c h s c h n i t t l i c h e n Einkommen

Schaubild 1

Regionale Streuung der Nettowertschöpfung zu Faktorkosten je Erwerbstätigen in der Landwirtschaft der BRD, Frankreichs und Italiens im Jahr 1970

Durchschnitt der drei EG-Länder = 100

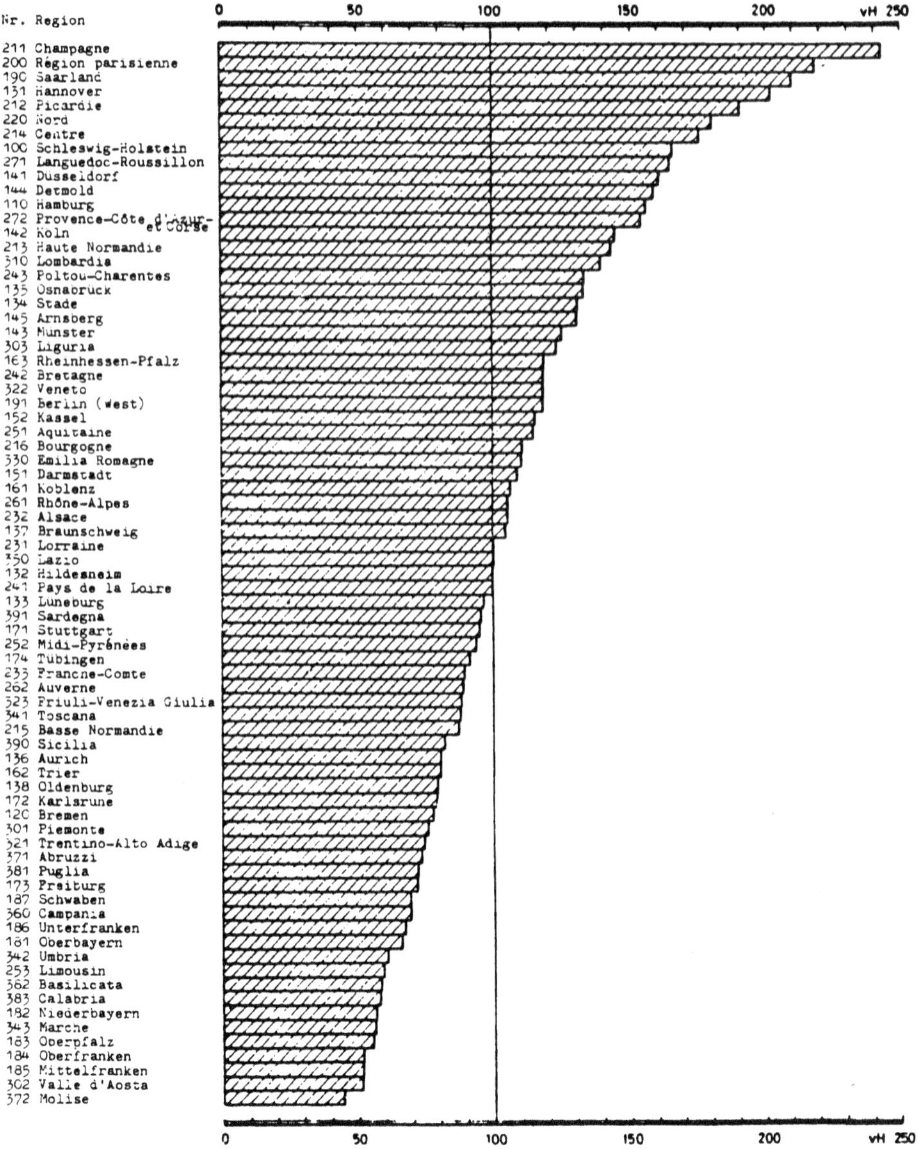

Quelle: Berechnungen des DIW, zitiert nach Hrubesch, 52

einzelner Regionen miteinander ins Verhältnis gesetzt werden, dürften die tatsächlichen Diskrepanzen noch weit größer sein. Wie soll aber gemessen werden, ob das "durchschnittliche Vergleichseinkommen" erreicht wurde, wenn z.B. die Produktionsform Milchviehhaltung, die in der EG am stärksten verbreitet ist, folgendes Bild aufweist: Allein in den beiden Bundesländern Bayern und Niedersachsen wurden im Dezember 1977 55 % der Milchkühe der BRD gehalten. Davon befanden sich aber nur 3 % in Beständen mit 30 Kühen und mehr (vgl. EG-Bericht 1978, S. 34). Auf EG-Ebene schwanken die durchschnittlichen Bestandsgrößen der Milchkuhhalter zwischen 6,5 Kühen in Italien, 46,2 im Vereinigten Königreich, 26,9 in den Niederlanden, 10,4 in der BRD, 12 in Frankreich und 19,7 in Dänemark. Die Durchschnittsgröße der Bestände innerhalb der EG beträgt 12,9 Milchkühe (vgl. EG-Bericht 1978, S. 33 ff.). Vergleicht man einzelne Regionen, so ergeben sich noch größere Differenzen in den Bestandsgrößen. So umfassen in Teilen des Vereinigten Königsreiches (im Osten, Südosten, in Westmidland und Schottland) 40 % der Milchviehbestände 50 Kühe und mehr. In Schleswig-Holstein werden in 22 % der Milchviehbestände 30 Kühe und mehr gehalten. In verschiedenen italienischen Regionen wurden folgende Bestandsgrößen festgestellt: Lombardei 12, Emilia Romagna 8 und in Piemont sowie in Venezien jeweils 6. Im größten Teil Süditaliens und in Ligurien, Toskana, Marken und Latium haben weit über die Hälfte, in einigen Gegenden "mehr als zwei Drittel der Rinder- wie der Milchviehbestände nicht mehr als insgesamt 2 Tiere" (EG-Bericht 1978, S. 36). Nun legt die EG zwar den Maßstab für das Vergleichseinkommen so, daß nur der "in dem betreffenden Gebiet" erzielte "durchschnittliche Bruttolohn außerlandwirtschaftlicher Arbeitnehmer" (168, S. 16) erreicht werden soll. Und dieser Bruttolohn liegt in den weitaus meisten Fällen gleichzeitig in den Gegenden mit den kleinsten Milchviehbeständen und Betriebsgrößen auch am niedrigsten, da infolge der Gesamtstruktur (z.B. Süditalien, Westirland, in Teilen Schottlands und im französischen Department Lozène - vgl. 66, S. 14, 19 und 22) auch die außerlandwirtschaftlichen Verdienstmöglichkeiten geringer sind und deshalb der gesamte Lebensstandard dieser Regionen niedriger liegt (vgl. 168, S. 16). So ergibt sich aus dieser Situation, aber auch aus den Unterschieden der "physikalischen Produktionsbedingungen und der wirtschaftlichen Einbettung der Landwirtschaft in den einzelnen Ländern und Gebieten" (EG-Bericht 1978, S. 30), daß die Lebensfähigkeitsschwelle der einzelnen Betriebe sehr unterschiedlich ist.

Die Größe der Betriebe, die zwischen 80 und 120 % des vergleichbaren Einkommens (gemäß Richtlinie 72/159/EWG, Art. 4, Abs. 1) erzielen konnten,

Tabelle 1

Zahl der landwirtschaftlichen Betriebe nach Betriebsgrößenklassen und Anteil der Betriebe, die das Vergleichseinkommen in den einzelnen EG-Mitgliedsstaaten erreichen

	Betriebszahlen in 1.000							
	DK	UK	IR	NL	B	F	BRD	I
Betriebsgröße in ha LF	1975	1977	1975	1977	1977	1977	1977	1975
1 - <5	14,8	35,9	44,9	33,0	29,0	228	290,3	1.401,4
5 - <10	24,1	32,9	47,3	28,9	20,9	174	165,5	360,3
10 - <20	35,3	41,4	80,9	41,2	26,7	252	199,7	171,7
20 - <30	22,7	30,5	37,9	19,1	11,5	171	106,4)	83,6
30 - <50	19,3	39,6	29,8	11,3	7,5	181	71,6)	
50 - <100	8,6	43,8	15,7	3,1	3,0	109	24,3)	36,5
≥100	1,9	37,6	3,6	0,4	0,5	34	4,2)	
Σ ≥ 1 ha	126,7	261,7	260,1	137,0	99,1	1.149	862,0	2.053,5
Betriebsgröße, die 80-120 % des Vergleichseinkommens erreicht (in ha) x)1	36	103	28	19	13	29	29	12
Betriebe ≥ ... ha x)2	30	100	30	20	20	30	30	10
Anzahl der Betriebe ≥ vorgehender Zeile	29,8	37,6	49,1	33,9	22,5	324	100,1	291,8
in % der ges. Betriebe	23,5	14,4	18,9	24,7	22,7	28,2	11,6	14,2

x)1 gemäß Bericht zur Lage der Landwirtschaft in der EG, 1978, Seite 30, Ziffer 59

x)2 Da eine differenziertere Größenabstufung in den Statistiken nicht vorgenommen wurde, wird in dieser Zeile die statistisch erfaßte Betriebsgröße angegeben, die der in der vorhergehenden Zeile genannten Größe am nächsten kommt.

Quellen: Angaben für DK, UK, NL, B und F aus SAEG, Nationale Meldebogen für 1978, Anlage I; für IR aus eurostat, Agrarstruktur 1950 - 1976, 1977, Seite 49; für die BRD aus Materialband 1978, Seite 16 f; für I aus eurostat, Agrarstatistisches Jahrbuch 1978, S. 66

schwankte 1976/77 zwischen 29 Hektar in der BRD und Frankreich, 12 Hektar in Italien, 19 Hektar in den Niederlanden, 18 Hektar in Belgien, 44 Hektar in Luxemburg, 103 Hektar im Vereinigten Königreich, 28 Hektar in Irland und 36 Hektar in Dänemark (vgl. EG-Bericht 1978, S. 30). Daraus läßt sich ablesen, daß alle Betriebsgrößen, die unterhalb dieser Grenze liegen, nicht das Vergleichseinkommen erreichen. Aus Tabelle 1 ist zumindest annähernd ersichtlich, wie gering der Anteil der Betriebe ist, der das Vergleichseinkommen erreichte, und welche Differenzen zwischen den einzelnen Mitgliedsländern bestehen.

Die Grenze der Lebensfähigkeit landwirtschaftlicher Betriebe wird hinsichtlich ihrer Flächenausstattung annähernd durch "die Schwelle zwischen den Betriebsgruppen, deren Zahl sinkt, und denen, deren Zahl steigt" (EG-Bericht 1978, S. 30) markiert. Für die BRD wird diese Betriebsgrößenschwelle für die Zeit von 1970 bis 1975 mit etwa 20 ha und für Frankreich mit etwa 30 ha angegeben. Für die übrigen Länder werden solche Angaben nicht gemacht (vgl. EG-Bericht 1978, S. 30 f.).

Gemäß Schaubilder 5 - 9 steigt die Schwelle der lebensfähigen Betriebsgrößen laufend weiter an. Diese Entwicklung wird wesentlich von der Ausgangslage mitbestimmt. Denn gerade von den günstigsten Einkommenskategorien geht eine Beschleunigung der Produktivitätssteigerung und damit des Größenwachstums der Betriebe aus.

Wegen ihrer Relevanz für die Klärung sowohl der Frage nach den Ursachen des Versagens der EG-Agrarpolitik als auch nach möglichen Alternativen, sollen nachfolgend zunächst die bestehenden Einkommensdifferenzen und die Tendenz ihrer Verstärkung etwas näher untersucht werden.

Zu den Einkommensdifferenzen vorab eine Analyse der in den Agrarberichten der BRD enthaltenen Aussagen und Daten: "Der absolute Einkommensabstand zwischen dem Viertel der Vollerwerbsbetriebe mit den höchsten Reineinkommen je Familien-AK und dem Viertel der Betriebe mit den niedrigsten Einkommen hat seit 1975/76 nicht weiter zugenommen. Auch das Verhältnis des unteren zum oberen Viertel verringerte sich nach der vorjährigen Sonderentwicklung wieder", heißt es im Agrarbericht 1979, S. 17. Hier wird nicht darauf hingewiesen oder auch nur angedeutet, daß ständig Betriebe aus der Gruppe der Vollerwerbsbetriebe, wegen Absinkens ihrer Einkommen und der Notwendigkeit des außerlandwirtschaftlichen Zuerwerbs, ausscheiden und deshalb diese scheinbare Konstanz erreicht wird. Gerade daß z.B. 1976/77 das Verhältnis sich verschlechterte, ist sicherlich nicht nur auf schlechtere Ernte- und Einkommensverhältnisse allein zurückzuführen, sondern auch darauf, daß für viele untere Einkommensgruppen wegen der Arbeitsmarktlage ein Ausscheiden aus der landwirtschaftlichen Produktion bzw. die Möglichkeit des Zuerwerbs nicht in ausreichendem Maße gegeben war.

Die offizielle Kommentierung der Daten des Agrarberichtes muß auch noch aus einer anderen Sicht korrigiert werden:

Wenn auch das Verhältnis zwischen oberem und unterem Einkommensviertel von 1969/70 bis 1975/76 annähernd gleich blieb (etwa 1 : 6), so stieg doch das absolute Reineinkommen je Familien-AK in der oberen Klasse von DM 27.355,-- auf DM 58.687,--, also um DM 31.000,--. In der unteren Einkommenskategorie ist demgegenüber nur ein Zuwachs von DM 5.356,-- je Familien-AK festzustellen. Der Einkommensrückgang 1976/77 vergrößerte wiederum das Verhältnis zwischen unterer und oberer Einkommensgruppe auf 1 : 8,7; also brachte dieser Einkommensrückgang der unteren Gruppe eine wesentlich härtere Belastung (vgl. hierzu die nachfolgende Tabelle 2).

Tabelle 2

Streuung des Reineinkommens je Familien-AK in den landwirtschaftlichen Vollerwerbsbetrieben[1)]

Wirtschaftsjahr	Betriebe insgesamt	oberes Viertel	unteres Viertel	absoluter Abstand	Verhältnis des unteren zum oberen Viertel
	Reineinkommen in DM/Familien-AK				
1969/70	13.175	27.355	4.504	22.158	1 : 6,1
1971/72	16.718	35.736	5.403	30.333	1 : 6,6
1972/73	20.031	40.155	7.547	32.608	1 : 5,3
1973/74	19.972	40.937	6.755	34.182	1 : 6,1
1974/75	21.010	42.808	7.033	35.775	1 : 6,1
1975/76	25.263	58.687	9.860	48.827	1 : 6,0
1976/77	21.842	53.179	6.097	47.082	1 : 8,7
1977/78	24.084	55.062	8.307	46.755	1 : 6,6

1) hochgerechnete Ergebnisse

Quelle: Agrarbericht der BRD 1979, Seite 17

Betrachtet man außer der Darstellung der Einkommendifferenzen im Agrarbericht die realen Ergebnisse verschiedener Betriebsformen und -größenklassen der Testbetriebe, so ergibt sich auch auf der Grundlage von Durchschnittswerten verschiedener Betriebsgruppen innerhalb der Vollerwerbsbetriebe ein wesentlich weiteres Verhältnis der unteren zu den oberen Einkommen. Für die

Gruppe der Marktfruchtbetriebe wird z.B. in der Größenklasse unter 30.000DM StBE im unteren Einkommensviertel ein durchschnittliches Reineinkommen je Familien-AK von DM 2.936,- ausgewiesen, während in der Größenklasse mit 50.000 DM StBE und mehr im oberen Einkommensviertel ein durchschnittliches Reineinkommen von DM 98.777,- je Familien-AK ausgewiesen wird (vgl. Materialband 1979, S. 41). Das ergibt ein Verhältnis von 1 : 34.

Nun muß noch berücksichtigt werden, daß in den Agrarberichten nicht die effektiv vorhandene Struktur der Einkommen und Betriebe wiedergegeben wird. Denn der Agrarbericht stützt sich nur auf Betriebe, die Bücher führen. Diese Betriebe haben überwiegend bereits ein überdurchschnittliches Einkommen. So beträgt z.B. die Durchschnittsgröße der in den Agrarberichten erfaßten Betriebe 30 ha (vgl. 164, Nr. 10/1979, S. 1), während der Bundesdurchschnitt bei 14 ha liegt (vgl. EG-Bericht 1978, S. 31). Auch die Gegenüberstellung von Voll- und Zuerwerbsbetrieben innerhalb der Gruppe der Haupterwerbsbetriebe läßt eine Differenz im Verhältnis zwischen den in den Agrarberichten ausgewerteten und den tatsächlich vorhandenen Betrieben erkennen.

So sind gemäß Agrarbericht 1979 insgesamt 515.474 Haupterwerbsbetriebe in der Bundesrepublik ausgewiesen, von denen 404.491 (= 78,5 %) als Vollerwerbsbetriebe und 110.983 (= 21,5 %) als Zuerwerbsbetriebe bezeichnet sind (Agrarbericht 1979, S. 13). Für die Erstellung des Agrarberichtes wurden 9.645 Haupterwerbsbetriebe ausgewertet, wovon im Gegensatz zur tatsächlichen Struktur nicht 78,5 % sondern 91,7 % oder 8.846 Vollerwerbsbetriebe und nur 799 oder 8,3 % Zuerwerbsbetriebe waren (Agrarbericht 1979, S. 12 und eigene Berechnungen daraus).

Noch krasser zeigt sich diese Diskrepanz zwischen den insgesamt vorhandenen und ausgewerteten Betrieben bei der Nebenerwerbslandwirtschaft, nämlich 38,9 % zu 11,4 %. Auch wenn in den Agrarberichten angeführt wird, daß diese Differenz bei der Auswertung durch Hochrechnung der erfaßten Betriebsergebnisse ausgeglichen wird, so bleiben doch begründete Zweifel an der Brauchbarkeit der Agrarberichte für die Beurteilung der realen Situation in der Landwirtschaft. Es kann also zu Recht vermutet werden, daß die tatsächliche Einkommensdifferenz zwischen den landwirtschaftlichen Betrieben noch wesentlich größer ist.

Bezüglich eines Vergleichs der Einkommen in der Landwirtschaft mit denen außerhalb der Landwirtschaft ergibt sich bei Zugrundelegung dieser sehr günstigen Daten des Agrarberichtes der BRD die Tatsache, daß nur die Betriebsgrößen mit einem StBE von 50.000,-- DM und mehr das Vergleichseinkommen erreichen bzw. überschreiten (vgl. Agrarbericht 1979, S. 20, Übersicht

16; vgl. hierzu auch Tabelle 1, letzte Zeile). Diese Betriebsgröße macht 1978 mit insgesamt 88.512 Betrieben aber nur 10,5 % der Gesamtzahl landwirtschaftlicher Betriebe und nur 17,2 % der Haupterwerbsbetriebe aus (vgl. Agrarbericht 1979, S. 13, Übersicht 7).

Auch wenn man die Zuerwerbsbetriebe ausklammert, weil sich diese bereits eine außerlandwirtschaftliche Einkommensquelle erschlossen haben (die naturgemäß überwiegend sehr konjunkturabhängig ist), so sind es immerhin nur 21,9 % aller Vollerwerbsbetriebe, die das vergleichbare Einkommen erreichen; und dies - wohlgemerkt - auf der Grundlage von Buchführungsergebnissen, bei denen fraglos auch noch die oberen Einkommensgruppen dominieren. Es kommt noch hinzu, daß die nächstkleinere Betriebsgrößengruppe (mit 30.000 bis 50.000 DM/StBE) schon im Durchschnitt um ein Viertel niedriger als das Vergleichseinkommen liegt (vgl. Agrarbericht 1979, S. 20). Es ist also nur ein geringer Prozentsatz der landwirtschaftlichen Betriebe, der ein ausreichendes oder zum Teil auch ein sehr hohes Einkommen im Vergleich zu den Einkommen in den übrigen Wirtschaftssektoren erreicht.

Obwohl zur Einkommenssituation in den einzelnen EG-Ländern noch weniger Daten vorhanden sind als in der BRD (vgl. Agrarbericht 1979, S. 31 und EG-Bericht 1978, S. 125), kann aufgrund der vorliegenden Betriebs- und Strukturdaten (vgl. EG-Bericht 1978, S. 30 f. und 122 ff.) davon ausgegangen werden, daß die Einkommenssituation auf EG-Ebene ähnlich ist (vgl. z.B. Tabelle 1, letzte Zeile).

Bisher wurde dieses Problem von den EG-Organen nur wenig beachtet. Erst in neueren Veröffentlichungen wird auch von der EG-Kommission festgestellt, daß sich "die Diskrepanz zwischen den Agrareinkommen statt langsam zu verschwinden, ... überall verschärft hat" (185, S. 22).

Leider gibt es bisher weder für den Bereich der BRD noch für die Landwirtschaft der EG exakte Analysen der realen Einkommensverteilung und der Diskrepanzen innerhalb der verschiedenen Regionen und Betriebsgrößen. Lediglich für einige Teilgebiete wurden entsprechende Untersuchungen angestellt. So kommt Harald v. Witzke z.B. für einen Teil des Landes Niedersachsen, den Bereich der Landwirtschaftskammer Hannover, zu dem Ergebnis, daß 50 % der Betriebe nur 26,4 % des gesamten Einkommens im Durchschnitt der Wirtschaftsjahre 1972/73 - 1974/75 erwirtschafteten. Gleichzeitig erreichten aber 10 % der Betriebe fast einen genauso großen Anteil am Gesamteinkommen, nämlich 24,5 %. Bei Betrachtung der Einzelergebnisse der Wirtschaftsjahre wird dieses Verhältnis noch weiter. Es kommt noch hinzu, daß auch bei dieser Untersuchung auf Buchführungsergebnisse zurückgegriffen werden mußte, "da in den unteren Betriebsgrößenklassen nur sehr schwer geeignete buchführende Betriebe gefunden werden können" (v. Witzke, 152, S. 128). Dies hat den Nachteil, daß auch diese Untersuchung kein repräsentatives Bild ergeben konnte. Es läßt sich aber mit Sicherheit sagen, daß bei Einbeziehung der jetzt nicht erfaßten Betriebe die Einkommensdifferenzen nicht geringer, sondern eher größer werden würden.

In der agrarpolitischen Diskussion spielen diese Einkommensdifferenzen nur eine untergeordnete Rolle. Sie werden teils als unvermeidlich, teils aber auch als notwendig erachtet, um einen ausreichenden Strukturwandel aufrechtzuerhalten (vgl. Plate/Neidlinger, 103, S. 6).

3.2.2. Marktungleichgewichte und steigende Agrarausgaben

Die Marktungleichgewichte und die steigenden Ausgaben für die Agrar-Marktregulierung der EG bestimmen nicht nur die agrarpolitische, sondern auch die wirtschafts- und finanzpolitische Diskussion innerhalb der EG.

Die größten Probleme bestehen gegenwärtig auf dem Milchmarkt (vgl. 69, S. 2). Hier allerdings weniger bei der Milch an sich, sondern bei den Milchprodukten, deren Preis durch eine Interventionsverpflichtung garantiert wird. Dies ist neben einigen italienischen Käsesorten vor allem bei Butter und Magermilchpulver der Fall (vgl. 186, S. 36). Da diese Produkte keine Erzeugnisse der Landwirte sind und der Erzeugerpreis für Milch weder garantiert wird noch in einer engen Korrelation zum Milchrichtpreis und noch weniger zum Interventionspreis für Butter und Magermilchpulver steht (vgl. Tabelle 18), ist es zumindest eine oberflächliche Argumentationsweise, wenn die Probleme auf dem Milchsektor mit zu hohen Erzeugerpreisen begründet werden.

In einer etwas differenzierteren Untersuchung kommt A. Nienhaus zu dem Ergebnis, daß die Entwicklung verschiedener Preisindizes, die Steigerung der Milchleistung je Kuh, die Bestandsaufstockung sowie der abnehmende Eigenverbrauch der landwirtschaftlichen Betriebe die wesentlichsten Ursachen der Milch- und Milchproduktüberschüsse darstellen (vgl. Nienhaus, 92, S. 846 und 848). Zu ähnlichen Ergebnissen kommt auch Günter Weinschenck (140). Bis 1985 rechnet die EG mit jährlich 110 Mio t Milch, "während der Verbrauch seit 1975 bei jährlich 82 Mio t stagniert" (183, Nr. 10/79, S. 3). "Nur 12 % des produzierten Magermilchpulvers werden in der Gemeinschaft zum festgesetzten Preis verkauft; 60 % werden mit einem Preisabschlag von mehr als 40 % zur Herstellung von Futtermitteln oder Kälbermastmitteln verwendet, und 6 % werden mittels hoher Erstattungen exportiert" (vgl. EG-Bericht

1978, S. 66).

Magermilchpulver, der augenblicklich größte Überschuß- bzw. Lagerposten, kann "weder in der Gemeinschaft in der Schweinemast noch außerhalb der Gemeinschaft für Futterzwecke noch im Rahmen der Nahrungsmittelhilfe zu Preisen abgesetzt werden, die zumindest die Kosten der Trockung und des Abpackens decken" (EG-Bericht 1978, S. 66). Bei der Butterproduktion ergeben sich ähnliche Probleme. Die Bestände in der EG sind von 160.700 t 1978 auf 313.800 t im Jahre 1979 angestiegen (vgl. 193, 17.7.79, S. 15).

Auf dem Zuckersektor besteht ebenfalls ein Überschußproblem. Von 1974/75 bis 1977/78 "hat sich der Selbstversorgungsgrad von 90 auf 123 % erhöht..., 1977/78 wurden 12.000 t Weißzucker unter Gewährung von Denaturierungsprämien für die Bienenfütterung und 80.000 t für die chemische Industrie bereitgestellt" (EG-Bericht 1978, S. 69). Bei Zucker liegt die Produktion "zur Zeit mit nahezu 12 Mio t um 25 % höher als der gleichbleibende Verbrauch" (Freisberg, 30, S. 3).

In jüngster Zeit zeichnet sich aufgrund von Produktionsrückgängen in außereuropäischen Ländern aber eine leichte Entspannung ab (EG-Bericht 1979, S. 65 und 156, 12/79, S. 367 f.). Im übrigen muß auch erwähnt werden, daß ein Großteil der Überschüsse durch Zuckereinfuhren aufgrund von Handelsverträgen mit den AKP-Staaten verursacht werden. Die jährliche Einfuhr beträgt 1,3 Mio t (vgl. 69, S. 18).

Weniger Probleme für das Marktgleichgewicht bestehen z.Zt. noch auf den Märkten für Fleisch und Getreide. Doch bereitet die Regulierung des Rind- und Kalbfleischmarktes trotz des seit 1974 feststellbaren rückläufigen Eigenversorgungsgrades (vgl. Materialband 1979, S. 77 und 1980, S. 77) wegen der umfangreichen Interventionsbestände immer noch Probleme (vgl. 69, S. 26 f.). Dies ist aber nicht unwesentlich auf zunehmende Einfuhren aus Drittländern zurückzuführen (vgl. EG-Bericht 1979, S. 81 und Materialband 1980, S. 54).

Die Darstellungen der EG-Kommission und des BML hinsichtlich der Marktsituation lassen bereits auf unzulängliche und für die Erzeuger weitgehend unwirksame Marktregulierungsmechanismen schließen. Denn einerseits liegen die Marktpreise seit 1974 permanent unter den Interventionspreisen (vgl. Schaubild 10 und EG-Bericht 1979, S. 82) und andererseits liegt der innergemeinschaftliche Verbrauch ebensolange über der Eigenerzeugung (vgl. Materialband 1979, S. 77 und 1980, S. 77). Ungeachtet dieser Situation ist für die Sommermonate des Jahres 1980 von der EG-Kommission eine Aussetzung der Intervention für Rindfleisch vorgesehen, um die finanzielle Belastung des EG-Haushaltes zu senken (vgl. 183, 1/80, S. 18).

Auf dem Markt für Schweinefleisch ist die Situation bei voller Selbstversorgung (vgl. Materialband 1979, S. 77 und 1980, S. 77) nicht anders. Auch hier erreichte der Marktpreis (trotz einer Stabilisierung der Preise im Wirtschaftsjahr 1978/79) nicht den von der EG festgesetzten Grundpreis (vgl. EG-Bericht 1979, S. 84 f.). Im Jahr zuvor lagen die Marktpreise trotz Einführung von "Beihilfen für private Lagerhaltung für bestimmte gefrorene eingelagerte Schweinefleischarten" sogar "erheblich unter dem Grundpreis" (EG-Bericht 1978, S. 82). Bei einer insgesamt zwar vollständigen Selbstversorgung schwankt zwischen den einzelnen Mitgliedsländern der Selbstversorgungsgrad jedoch erheblich. So beträgt dieser 1978 beispielsweise in Dänemark 349,8 % (mit rückläufiger Tendenz) und in Italien 75,6 % (konstant). Dies führt zu einem ausgeprägten innergemeinschaftlichen Handel (vgl. EG-Bericht 1979, S. 84).

Gegenüber den Marktungleichgewichten und Interventionsbeständen auf den Märkten für Milchprodukte, Zucker und Fleisch und den dafür aufgewandten Regulierungsausgaben wird über Marktordnungsausgaben auf dem Getreidesektor nicht so häufig berichtet. Obwohl auf diesem Produktionssektor durch die starke Witterungsabhängigkeit erhebliche jährliche Angebotsschwankungen auszugleichen sind, wurde nach Ansicht von A. Strothe mit Hilfe der Interventionsmechanismen eine Stabilisierung erreicht (vgl. 131, S. 13 f.). Dies dürfte aber wohl mehr auf der Tatsache beruhen, daß sich Getreide relativ einfacher als beispielsweise Milchprodukte auf dem Weltmarkt absetzen oder auch einlagern lassen (vgl. 127, S. 20).

Insgesamt wurden 1978 8.695,9 Mio ERE und 1979 (gemäß dem am 6.10.78 genehmigten Gesamthaushaltsplan der EG) 9.602,1 Mio ERE verausgabt, das sind 95,8 % des Gesamthaushaltes des Ausrichtungs- und Garantiefonds der EG. Dagegen entfallen auf die Abteilung Ausrichtung (Also Strukturmaßnahmen) nur 4,2 %. Von den 9.602,1 Mio ERE in 1979 werden allein 3.717,6 Mio ERE (38,7 %) für die Marktregulierung von Milcherzeugnissen, 1.874,2 Mio ERE (19,5 %) für Getreide und 1.004,6 Mio ERE (10,5 %) für Zucker ausgegeben, während auf die Regulierung der Märkte für Rindfleisch 488,3 Mio ERE, Obst und Gemüse 326,5 Mio ERE, Schweinefleisch 84,9 Mio ERE und auf den Währungsausgleich 809,2 Mio ERE entfallen (vgl. Agrarbericht 1979, S. 80 ff.).

Angesichts der Höhe der Aufwendungen für die Marktregulierungen taucht zwangsläufig auch die Frage nach der Vertretbarkeit solcher Maßnahmen auf. Die volkswirtschaftlichen Kosten werden dabei in vielen Fällen mit dem Hinweis auf die Versorgungssicherheit auf dem Nahrungsmittelsektor heruntergespielt.

"Überfluß ist besser als Mangel", so beginnt ein Bericht im EG-Magazin (183, 10/1979, S. 3) zur Situation auf dem Agrarmarkt. In dem anschließenden Kommentar von Ernst Freisberg vom Agrarpolitischen Informationsdienst der EG-Kommission heißt es dann, daß "in der Europäischen Gemeinschaft ... nicht die Sicherheit der Versorgung mit Nahrungsmitteln die erste Sorge der Politiker (ist), sondern der kaum vertretbare Geldeinsatz für das 'Wegfinanzieren' der Überschüsse" (30, S. 3). Doch anschließend wird auch gleich eine Beruhigungspille mitgeliefert: "Wägt man die agrarischen Schwierigkeiten sozialistischer gegen die kapitalistischer Staaten ab, so stellt sich die Frage, ob eine gewisse Überschußerzeugung nicht besser ist als dauernder Kampf mit Mangelsituationen" (30, S. 4). Ähnlich sieht es auch er derzeitige Bundesernährungsminister Ertl (vgl. 193, 15.3.79, S. 4 und 31.8.79, S. 6). Nach Hermann Priebe kann Westeuropa damit gar "im Wettbewerb der politischen Systeme in der Welt ein Beispiel bieten" (107, S. 12).

Für die wichtigsten Nahrungsgüter ergab sich im Dreijahresdurchschnitt für 1975/76 bis 1977/78 der Gemeinschaft die in Tabelle 3 aufgezeigte Versorgungsbilanz.

Tabelle 3

Aufteilung der wichtigsten landwirtschaftlichen Erzeugnisse der Gemeinschaft nach ihrem Selbstversorgungsgrad
(Dreijahresdurchschnitt 1975/76 bis 1977/78)

Selbstversorgungsgrad von über 100 %		Selbstversorgungsgrad um 100 %		Selbstversorgungsgrad von weniger als 100 %	
Ø "1976/77"		Ø "1976/77"		Ø "1976/77"	
Zucker	111	Weizen insgesamt	100	Körnermais	50
Milch + Milchprod.	118	Roggen	99	Reis	64
Geflügelfleisch	104	Gerste	103	frisches Gemüse	93
Käse	103	Hafer	95	frisches Obst	77
Kondensmilch	155	Kartoffeln	98	Zitrusfrüchte	42
Butter	111	Wein	98	Schafe und Ziegen	64
Vollmilchpulver	310	Eier	100	pflanzl. Öle + Fette	22
Magermilchpulver	110	frische Milchprod.	101		
		Rindfleisch	97		
		Schweinefleisch	100		

Quelle: EG-Bericht 1979; Die Lage der Landwirtschaft in der Gemeinschaft, Seite 107

Versorgungsschwierigkeiten sind nach einem Bericht der EG-Kommission (EG-Bericht 1978, S. 109) nicht aufgetreten. Bei den Erzeugnissen mit einem relativ niedrigen Versorgungsgrad, wie z.B. Zitrusfrüchte, pflanzliche Öle und Fette, war gemäß EG-Bericht aufgrund des reichlichen Angebots auf dem Weltmarkt die Versorgung leicht zu decken. Preisgünstige Beschaffungsmöglichkeiten auf dem Weltmarkt für pflanzliche Fette und Eiweißstoffe seien den Verbrauchern "durch verhältnismäßig niedrige Preise für Eier, Geflügel, Schweinefleisch, Speiseöl, Margarine usw. zugute gekommen", heißt es weiter in dem Bericht der EG-Kommission (EG-Bericht 1978, S. 110). Nach dieser Darstellung müßten sich die Lebensmittelpreise, was ja auch eines der proklamierten Ziele der EG-Agrarpolitik war und ist, gegenüber anderen Preisentwicklungen sehr verhalten gezeigt haben.

Dies ist auch tatsächlich der Fall. Doch muß hierzu folgendes festgestellt werden:

- Erstens ist dies nicht allein auf billige Einfuhren von Fett- und Eiweißstoffen zurückzuführen, sondern auch auf teilweise erhebliche Produktivitätssteigerungen in der landwirtschaftlichen Produktion;
- zweitens werden die Kostensenkungen, die durch Produktivitätsfortschritte erreicht werden, nicht adäquat an die Verbraucher weitergegeben und
- drittens bleibt unberücksichtigt, daß die Ausgaben für die gemeinsame Agrarpolitik über die Steuereinnahmen des Staates indirekt auch die Verbraucher belastet.

Aus den nachfolgenden Tabellen 4 und 5 geht hervor, daß z.B. für den Bereich der BRD der Erzeugerpreis für Weizen von 1950/51 bis 1974/75 um 22 % gestiegen ist, daß aber das aus diesem Weizen gebackene Brot in der gleichen Zeit um 353 % teurer wurde. Lediglich bei den Eierpreisen wurden die Vorteile der enormen Produktivitätssteigerung an die Verbraucher weitergegeben. Dies vor allem infolge des Anwachsens der Produktionseinheiten in eine Größenordnung, die eigene moderne Pack- und Vermarktungseinrichtungen und damit den Erzeuger-Verbraucher-Direktverkehr ermöglichen - zumindest die direkte Belieferung der Verbrauchermärkte (vgl. 193, 22.5.1975, S. 23 f.). Ähnlich verhält es sich bei den Brathähnchenpreisen (vgl. Preise für Schlachtgeflügel und Brathähnchen in den Tabellen 4 und 5). Aus dem Anteil der Verkaufserlöse der landwirtschaftlichen Erzeuger an den Verbraucherausgaben für Nahrungsmittel läßt sich dies ablesen. So ist dieser Anteil im Wirtschaftsjahr 1977/78 bei Eiern mit 80,4 % außergewöhnlich hoch. Bei Brotgetreideerzeugnissen ergibt sich dagegen nur ein Anteil von 13,5 %

(vgl. Materialband 1980, S. 104).

Diese Angaben müssen aber insoweit relativiert werden, als außer der enormen Produktivitätssteigerung in der Eier- und Geflügelfleischerzeugung und dem hohen Anteil der Direktvermarktung auch der Kampf um höhere Marktanteile zwischen den noch immer in rasantem Größenwachstum befindlichen Anlagen und Organisationen der Produzenten einen relevanten Faktor darstellen. So hat die Geflügelkontor GmbH, die ihre Hähnchen zu 90 % unter der Marke "Wiesenhof" vermarktet, an der gesamten Hähnchenproduktion in der BRD einen Marktanteil von 54 %. Der Absatz der Marke "Wiesenhof" erhöhte sich von 1977 bis 1979 um 105 % (vgl. 193, 3.3.1980, S. 14). Die Geflügelkontor GmbH ist "die Absatzorganisation von elf großen deutschen Geflügelschlachtereien" (193, 3.3.1980, S. 14). Es befinden sich aber immer noch sehr viele kleine Produzenten und Selbstvermarkter sowie ausländische Konkurrenten auf dem Hähnchen- und Eiersektor, die es noch durch Niedrigpreise auszuschalten gilt (vgl. hierzu 193, 21.6.1979, S. 6 und 206, Heft 7, S. 5 ff.). Zu dem Vergleich zwischen den Getreide- und Brotpreisen in den Tabellen 4 und 5 muß noch gesagt werden, daß hier wesentlich höhere Kosten der Weiterverarbeitung (z.B. Lohnkosten der Bäckereien) zu berücksichtigen sind als bei den Eier- und Hähnchenpreisen.

Aus einem Vergleich zwischen den Erzeugerpreisen für Schweine (Tabelle 4) und den Verbraucherpreisen für Schweinefleisch (Tabelle 5) wird deutlich, daß trotz der Erzeugerpreisschwankungen die Verbraucherpreise unbeirrt weitergestiegen sind. In einem Bericht der EG-Kommission wird diese Entwicklung ebenfalls bestätigt (EG-Bericht 1979, S. 86). An anderer Stelle heißt es dazu, daß "auf der Stufe der Vermarktung der Nahrungsmittel ... die Preise einen ständig größer werdenden Kostenanteil (enthalten), der in keinem Zusammenhang mit den den Landwirten gezahlten Preisen steht" (186, S. 29).

Ungeachtet dieser, auf ungerechtfertigte Handelsspannen zurückzuführender Entwicklungen (vgl. auch Tabelle 17), die auch bereits den Ausschuß für Verbraucherschutz des Europäischen Parlaments zur Forderung einer "spannenanalytischen Untersuchung" veranlaßte (vgl. 193, 23.1.1979, S. 10), liegen die Preissteigerungsraten für Nahrungsmittel immer noch niedriger als für andere Waren und Güter. Würden allerdings die Ausgaben für den Agrarhaushalt den Lebensmittelpreisen zugeschlagen, so würde sich für die Lebensmittelversorgung der Bevölkerung eine ungünstigere Kostenentwicklung ergeben. Im Rechnungsjahr 1978 wurden z.B. für die Finanzierung der gemeinschaftlichen und einzelstaatlichen Agrarpolitik insgesamt 56,25 Mrd. DM

Tabelle 4

Index der Erzeugerpreise landwirtschaftlicher Produkte

	50/51	55/56	60/61	65/66	69/70	70/71	71/72	72/73	73/74
Getreide 1	100	128	129	131	119	120	120	122	123
davon: Weizen	100	125	128	131	119	117	116	119	122
Roggen	100	137	134	137	128	125	125	129	133
Milch	100	117	128	159	157	160	176	182	187
Eier	100	113	102	101	-	71	81	82	99
Schlachtvieh 2)	100	115	123	137	140	130	140	163	160
davon: Bullen	100	133	151	177	183	182	201	243	217
Schweine	100	100	105	113	115	99	105	119	127
Schlachtgeflügel			100	99	-	79	78	83	95

1) insgesamt, incl. Hülsenfrüchte; 2) insgesamt, ohne Geflügel

Quelle: Eigene Berechnungen aus 220, mehrere Jahrgänge und 219, mehrere Jahrgänge. Indexzahlen wurden auf 1950/51 bzw. bei Schlachtgeflügel auf 1960/61 = 100 umbasiert.

Tabelle 5

Index der Verbraucherpreise ausgewählter Nahrungsmittel

		1950	1954	1956	1961	1965	1970	1974
Weizenmehl	1)	100	128			178	174	186
Weißbrot	2)	100		177	222	266	319	453
Helles Mischbrot	2)	100	137	152		216	265	380
Vollmilch	3)	100	111	119	125	143	159	227
Butter	4)	100	114	126	123	141	135	141
Eier	5)	100	103	109	99	99	78	104
Rindfleisch zum Kochen		100		141	161	202	194	246
Schweinefleisch Kotelett		100		127	160	186	198	233
Brathähnchen		100	121			107	82	96

1) Type 405 (für 1950 und 1954 Type 550 - Preise sind jedoch für beide Sorten gleich; vgl. z.B. auch Index der Großhandelsverkaufspreise für 1954 in: Preise, Löhne, Wirtschaftsrechnungen, Reihe 8, Fachserie M, Stuttgart und Mainz 1971, Seite 42).
2) errechnet auf der Grundlage der kg-Preise
3) lose Vollmilch ab Laden
4) Deutsche Markenbutter, 1 kg-Packungen
5) Gewichtsklassen zwischen 55 und 65 gr.

Quelle: Eigene Berechnungen aus 218: Fachserie M (vgl. Fußnote 1) dieser Tabelle) mehrere Jahrgänge ab 1954 und 219, mehrere Jahrgänge sowie 227, mehrere Jahrgänge und Wirtschaftszahlen in 156, mehrere Jahrgänge. Indexangaben wurden umbasiert auf 1950 = 100.

(= 22,5 Mrd. ERE bei 1 ERE = DM 2,50) ausgegeben (vgl. EG-Bericht 1979, S. 133). 1977 waren es noch 20,3 Mrd. ERE (vgl. EG-Bericht 1978, S. 155). Das wären bei rund 260 Mio Einwohnern in der EG DM 216,35 je Einwohner.

Es wäre allerdings falsch, diese Kosten für die Agrarmarktregulierung lediglich als eine Unterstützung der Landwirte oder gar als reine Einkommenshilfe für die Landwirte zu sehen, wie dies oft in der Öffentlichkeit geschieht. Hierauf wird im Laufe dieser Arbeit noch eingegangen.

3.2.3. Divergierendes Agrarpreisniveau

Das Ziel eines gemeinsamen Preisniveaus ist heute weiter entfernt als zur Zeit der Einführung der ersten Marktordnungen für Agrarprodukte.

Die Einführung von Währungsausgleichsbeträgen als Folge von Auf- und Abwertungen sowie das Floaten der Währungen mehrerer Mitgliedsländer führte dazu, "daß die Einheitlichkeit der Preise, die Grundlage der gemeinsamen Agrarpolitik, verschwunden ist" (67, S. 51). Nach eigener Darstellung der EG-Kommission wird damit "die jährliche Preisfestsetzung, die eines der Hauptinstrumente der gemeinsamen Agrarpolitik sein sollte, künstlich" (67, S. 52). Dies ist ein unmißverständliches Eingestehen der fehlgeschlagenen gemeinsamen EG-Preispolitik.

Im einzelnen wurden am 31.1.1979 wegen der Abweichungen der jeweiligen Währungen von der Rechnungseinheit beim innergemeinschaftlichen grenzüberschreitenden Agrarhandel folgende Währungsausgleichsbeträge erhoben:

BR Deutschland	+ 10,8	Dänemark	0	Irland	- 3
Belgien	+ 3,3			Frankreich	- 10,6
Luxemburg	+ 3,3			Italien	- 17,7
Niederlande	+ 3,3			Vereinigtes Königreich	- 28,2

Durch die Einführung des EWS im März 1979 und die damit verbundene Abschwächung der Auswirkungen von Konjunkturschwankungen, wurde der Abstand zwischen dem höchsten positiven und dem höchsten negativen Währungsausgleichsbetrag auf "rund 15 Punkte" verringert (69, S. 3).

Es bestehen aber nach Ansicht der EG-Kommission trotz dieser Entwicklung auch noch weiterhin "schwer abbaubare positive Währungsausgleichsbeträge", die "ein Hindernis für die Wiederherstellung eines einheitlichen Marktes" darstellen (69, S. 3). Die nachfolgende Tabelle (6) zeigt, bei allen Vorbehalten, die in der Anmerkung dieser Tabelle gemacht werden, daß teilweise erhebliche Differenzen in den Erzeugerpreisen bestehen. Diese haben sich,

Tabelle 6

Erzeugerpreise für landwirtschaftliche Produkte in der EG x)
Höchst- und Niedrigstpreise und die Spannweite (in DM je 100 kg)

Jahr	Höchstpreis	(Land)	Niedrigstpreis	(Land)	Spannweite
		I. Weichweizen			
1973	39,04	I	31,20	F	7,84
1974	41,01	I	31,88	F	9,13
1975	42,79	D	30,90	GB	11,89
1976	46,75	D	32,96	GB	13,79
1977	46,68	D	34,03	GB	12,65
1978	46,02	D	33,64	GB	12,38
		II. Zuckerrüben (16 % Zuckergehalt)			
1973	7,22	NL	5,15	IRL	2,07
1974	9,13	I	6,66	IRL	2,47
1975	11,52	I	7,38	F	4,14
1976	9,95	I	6,90	F	3,05
1977	9,32	IRL	5,68	F	3,64
1978	9,71	I	5,87	F	3,84
		III. Milch (3,7 % Fett)			
1973	42,64	I	28,55	IRL	14,09
1974	49,98	I	31,73	IRL	18,25
1975	54,29	I	37,11	IRL	17,18
1976	54,28	I	34,56	IRL	19,72
1977	60,50	I	37,96	GB	22,54
1978	55,62	I	36,26	GB	19,36
		IV. Jungbullen geschlachtet, Kl. I oder vergleichbare Qualität, frei Schlachterei			
1973	675,64	B	408,23	GB	267,41
1974	647,25	B	380,44	GB	266,81
1975	738,37	I	351,73	IRL	386,64
1976	729,97	B	442,37	IRL	287,60
1977	757,58	B	418,59	GB	338,99
1978	775,35	B	461,59	GB	314,31
		V. Eier, DM je 100 Stück			
1973	17,60	D	11,35	DK	6,25
1974	17,70	D	11,13	DK	6,57
1975	16,40	D	9,23	G	7,17
1976	17,70	D	10,02	GB	6,68
1977	18,67	F	10,17	GB	8,50
1978	15,90	D	8,17	GB	7,73

x) Ohne Mehrwertsteuer; ab Hof oder frei Verladestation; Durschnittsqualität falls nichts anderes angegeben. Von Landeswährung auf DM umgerechnet mit dem durchschnittlichen Devisenkurs der Frankfurter Börse.
Anmerkung: Die Vergleichbarkeit zwischen den Reihen ist begrenzt, da die preisbestimmenden Merkmale zwischen den Ländern nicht voll übereinstimmen. Selbst die nationalen Preise sind in ihrer absoluten Höhe teilweise mit Vorsicht zu interpretieren, da sie überwiegend auf zeitlichen Vergleich abgestellt sind.

Quelle: Eigene Zusammenstellung aus 220, 1978, S. 362, ff. und 1979, S. 374 ff.

wie die Entwicklung der Differenzbeträge zwischen den höchsten und niedrigsten Preisen zeigt, seit 1973 in allen Bereichen verstärkt.

4. Ursachenanalyse

4.1. Systemimmanente Entwicklungen oder agrarpolitischer Einfluß?

Die nicht abreißende Flut von Pressemeldungen über Agrarpreisvorschläge, Marathonverhandlungen in Brüssel und Kosten zur Regulierung des Gemeinsamen Agrarmarktes und seiner Überschußbeseitigung mögen den Anschein erwecken, als ob sämtliche Abläufe auf dem Agrarsektor von Politikern bestimmt werden bzw. bestimmt werden können. "Der Staat wird als für Preisniveau und -relationen verantwortlich angesehen" (Grosskopf, 36, S. 31). Fehlentwicklungen begründen sich deshalb aus der mangelhaften Fähigkeit der Politiker, ein den Problemen entsprechendes Instrumentarium richtig zu bedienen. Ob die Vermutung richtig ist, daß wesentlich auch noch andere Einflußgrößen die Entwicklungen auf dem Agrarsektor bestimmen und auch die Entscheidungen der politisch Handelnden dirigieren, soll nachfolgend näher untersucht werden. Dabei ist zunächst zu eruieren, welche Entwicklungen auf dem Agrarsektor und seinen Märkten aus der Gesamtentwicklung eines kapitalistisch organisierten Wirtschaftssystems zu begründen sind.

Da die dominierenden Probleme auf dem Agrarsektor der EG nicht länderspezifisch sind, soll sich diese Analyse der Einfachheit halber hauptsächlich auf das Gebiet der BRD beschränken.

4.1.1. Allgemeine Entwicklungstendenzen

Es läßt sich relativ einfach nachweisen, daß die Einkommensprobleme der Landwirtschaft ebenso wie die ständige Verringerung der Arbeitskräfte in der Landwirtschaft und das Ausscheiden landwirtschaftlicher Betriebe aus der Produktion nicht vorrangig ein Produkt der Agrarpolitik, sondern das Resultat einer zunehmenden Integration des Agrarsektors in den kapitalistischen Entwicklungsprozeß der gesamten Volkswirtschaft ist. Schon im vorigen Jahrhundert führten die von der Wissenschaft und der Industrie dem Agrarsektor der entwickeltsten europäischen Länder zur Verfügung gestellten neuen Produktionsverfahren und Technologien zu einer beschleunigten Produktivitätssteigerung in der Landwirtschaft und seither zu einer progressiv steigenden Abwanderung von Arbeitskräften aus der Landwirtschaft und zur Aufgabe von landwirtschaftlichen Betrieben (vgl. auch Priebe, 108,

S. 30). Während zu Beginn des 19. Jahrhunderts noch etwa zwei Drittel und um 1870 noch 50 % der Erwerbstätigen in der Landwirtschaft beschäftigt waren, verminderte sich dieser Anteil bis 1913 auf ein Drittel. 1950 waren es nur noch "gut ein Fünftel" (Tangermann, 133, S. 19). 1960 machte der Anteil der Erwerbstätigen im Agrarbereich nur noch 13,8 % aus (Agrarbericht 1966, S. 12) und 1977 war der Anteil der Erwerbstätigen in der Landwirtschaft incl. Forstwirtschaft und Fischerei in der BRD bereits auf 6,8 % zusammengeschrumpft (vgl. Agrarbericht 1979, S. 28). Die jährliche Abnahmerate liegt hier bei 2 % (Agrarbericht 1979, S. 7). Im EG-Durchschnitt arbeiten noch 8,2 % im landwirtschaftlichen Sektor (Agrarbericht 1979, S. 28). Den höchsten Anteil hat Irland mit 23,1 % und den niedrigsten Anteil weist Großbritannien mit 2,7 % aus. Diese Entwicklung begründet sich allerdings nicht nur aus einer sich beschleunigenden Produktivitätssteigerung in der Agrarwirtschaft, sondern auch in einer wachsenden Arbeitsteilung. Immer mehr Funktionen, die ursprünglich innerhalb der Landwirtschaft und innerhalb des landwirtschaftlichen Betriebes erfüllt wurden, werden aus dem Einzelbetrieb und aus dem Agrarsektor ausgelagert. Damit wächst gleichzeitig auch die Abhängigkeit des Agrarsektors vom Industriesektor. Die inzwischen vollständige Ablösung tierischer Zugkraft, zumindest in den nordeuropäischen Regionen der EG, und ihre Ersetzung durch motorische Kraft sowie die Substitution menschlicher Arbeitskraft durch Maschinen hat z.B. die Abhängigkeit der Landwirtschaft vom Energie- und Landmaschinensektor erheblich verstärkt.

Das Ausmaß dieser Entwicklung geht besonders deutlich aus dem nachfolgenden Schaubild 2 für die Zeit von 1950 bis 1978 hervor.

Schaubild 2

Energieeinsatz in der Landwirtschaft der BRD in Billionen Kilojoule und in % der Aufwandarten

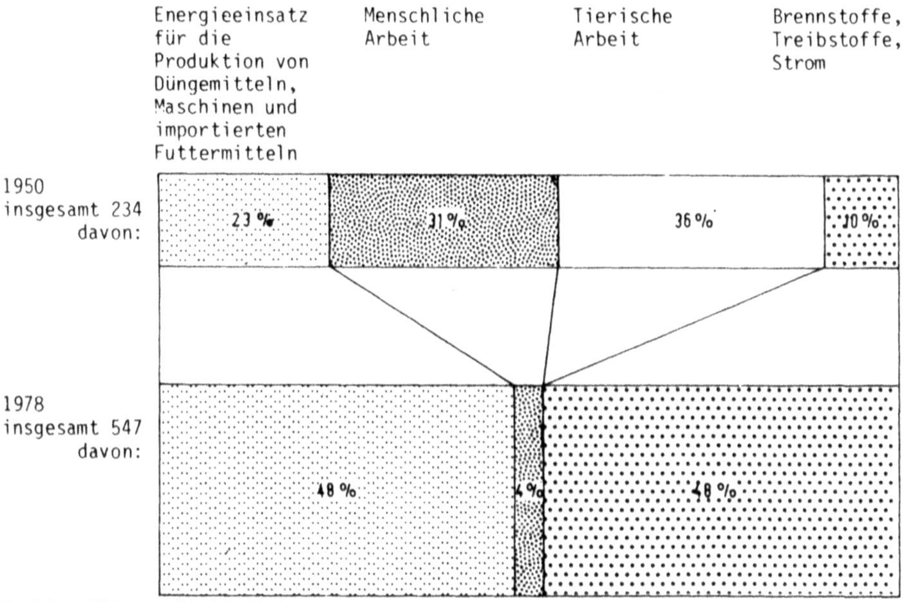

Quelle: 193, v. 20.11.1979, S. 20

Daraus mag auch abzulesen sein, daß der Agrarsektor für die Produktionsgüter liefernde Industrie eine nicht geringe Bedeutung hat. Diese Entwicklung zeigt aber auch die wachsende Einbeziehung des Agrarsektors in die kapitalistische Gesamtentwicklung industrialisierter Länder. Die Differenzierung der Einkommens- und Größenklassen innerhalb der EG, innerhalb der Mitgliedsländer und der unterschiedlichen Regionen, verstärkt sich überproportional mit jeder erreichten Entwicklungsstufe. Aus dem nachfolgenden Schaubild 3 geht dies bezüglich des langfristigen Größenwachstums landwirtschaftlicher Betriebe explizit hervor. Die Verteuerung der Arbeitskraft, die mit der zunehmenden Industrialisierung im vorigen Jahrhundert einherging (vgl. Abel, 1, S. 268) führte dazu, daß zunächst die Zahl der Großbetriebe - wegen ihres hohen Anteils an familienfremden Arbeitskräften und ihres Unvermögens, sich auf neue Produktionsverfahren umzustellen- zugunsten kleinerer Betriebe abnahm. Die Zahl der kleineren und mittleren Betriebsgrößenklassen wuchs wahrscheinlich auch durch Aufteilung von Großbetrieben. Dies läßt das gleichzeitige Anwachsen der Gesamtzahl der Betriebe bei einer Abnahme der Großbetriebe vermuten (vgl. Tabelle 7). Länger-

Schaubild 3

Entwicklung der Zahl der landwirtschaftlichen Betriebe in den einzelnen Betriebsgrößenklassen im Bereich der heutigen BRD

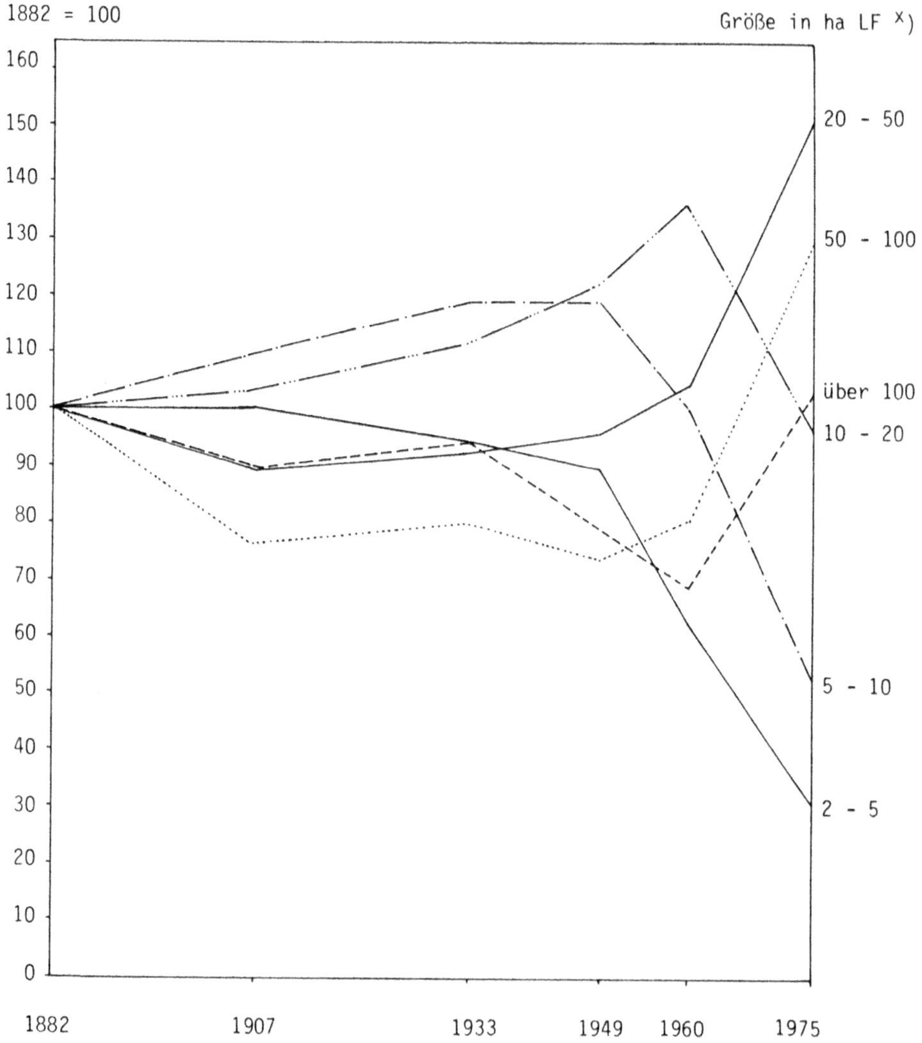

x) bis incl. 1933 Betriebsgröße in ha, 1949 u. 1960 in ha landwirtschaftlicher Nutzfläche (LN), 1975 in ha landwirtschaftlich genutzter Fläche (LF).

Quelle: 220, Jahrg. 1966/67 und 1975 sowie Materialband zum Agrarbericht 1976, S. 14 und 15, 1977, S. 16 und 17 und eigene Berechnungen daraus fristig ist aber eine Tendenz zu größeren Betrieben erkennbar. Eine Entwicklung, die sich bezeichnenderweise für den Zeitraum ab 1950 noch einmal

Tabelle 7

Zahl der landwirtschaftlichen Betriebe in den einzelnen Betriebsgrößenklassen in 1.000 (im Bereich der heutigen BRD)

	Betriebsgröße von ... bis unter ... ha 1)						
	2 - 5	5 - 10	10 - 20	20 - 50	50 - 100	100	insgesamt
1882 2)	621,4	340,2	210,0	117,1	17,0	3,8	1.309,5
1907 2)	622,9	373,8	126,5	104,0	13,0	3,4	1.333,6
1933 2)	587,7	403,0	234,9	108,3	13,6	3,6	1.351,1
1949	553,5	403,8	256,2	112,4	12,6	3,0	1.341,6
1960	387,1	343,0	286,5	122,1	13,7	2,6	1.155,0
1975	188,6	179,0	211,7	176,1	22,3	3,9	781,6

1) vgl. Fußnote zu Schaubild 3
2) ohne Saarland und West-Berlin

Quelle: 220, Jahrg. 1966/67 und 1975 sowie Materialband 1976, S. 14 und 15, 1977, S. 16 und 17

in komprimierter Form zeigt (vgl. Abschnitt 4.1.3. und Schaubild 5). Die mit diesem Größenwachstum verbundene bzw. die diesem Größenwachstum zugrundeliegende Entwicklung ist in allen industrialisierten Ländern erkennbar.

Staatliche Politik bestand und besteht in den westeuropäischen Ländern im wesentlichen darin, je nach innen- und außenpolitischer Notwendigkeit und je nach vorherrschender wissenschaftlicher Lehrmeinung und politischer Ideologie, diesen Prozeß zu hemmen oder zu fördern.

4.1.2. Produktivkraftentwicklung

Nach der Aufhebung feudaler Verhältnisse in der Landwirtschaft wurde zunächst die Zahl der landlosen Landarbeiter vergrößert. In Deutschland ist diese Entwicklung unter dem Begriff "Bauernbefreiung" bekannt, wobei Bauernbefreiung in doppeltem Sinn zutrifft. Zum einen wurden die Bauern von ihren Lasten und Verpflichtungen gegenüber ihren Grundherren befreit, zum anderen mußten sie diese Befreiung aber größtenteils und vor allem wegen einer erneuten Verfestigung der Strukturen nach Beendigung der Napoleonischen Kriege durch Zahlungen und Landabtretungen an ihre Grundherren erkaufen (vgl. Mottek, 83, S. 28 ff. und 36, sowie Poppinga, 105, S. 39). Es wurden einerseits Grundeigentümer und Besitzer landwirtschaftlicher Betriebe geschaffen, andererseits aber auch besitzlose Landarbeiter, die auf den größeren Betrieben arbeiteten bzw., sofern sie in der Landwirtschaft keinen Arbeitsplatz mehr fanden, zu Industriearbeitern wurden.

"Die Befreiung der Bauern und des Bodens von feudalrechtlichen Fesseln hatten den von Physiokraten und Kameralisten vorausgesagten Erfolg" (Abel, 1, S. 190). Dieser bestand in einer Steigerung der Produktion. Ähnliche Entwicklungen waren auch in anderen europäischen Ländern festzustellen. Allerdings beruhte die Produktionssteigerung nicht allein auf der Abschaffung feudaler Strukturen. Fast gleichzeitig kamen in verstärktem Umfang auch naturwissenschaftliche und technische Erkenntnisse zur Anwendung (vgl. Tangermann, 133, S. 17).

Für die Produktion der Nahrungsgüter wurde ein immer geringerer Anteil der Bevölkerung benötigt. Immer mehr Arbeitskräfte wurden für außerlandwirtschaftliche Aufgaben frei. Dieses beschleunigte wiederum die Entwicklung des industriellen Sektors, der seinerseits Absatzmöglichkeiten für die landwirtschaftlichen Produkte schaffte und gleichzeitig für die Landwirtschaft immer effektivere Produktionsmittel und Techniken entwickelte (vgl. Priebe, 108, S. 30). Über hundert Jahre blieb aber noch die Produktivitätssteigerung in der Landwirtschaft hinter der in der Industrie zurück. Nach dem Zweiten Weltkrieg beschleunigte sich die Produktivitätssteigerung in der Landwirtschaft dann jedoch erheblich. Dies geschah nicht nur in der BRD, sondern auch in anderen westeuropäischen Staaten (vgl. Baumgärtner, 6, S. 27 ff.). Die durchschnittliche jährliche Steigerung liegt in den letzten zwanzig Jahren deutlich über der industriellen Produktivitätssteigerung (vgl. die nachfolgenden Tabellen 8 und 9; vgl. auch Priebe, 108, S. 39 und Poppinga, 105, S. 78 f.).

Diese Entwicklung ist allerdings nicht zufällig. Sie resultiert aus der Gesetzmäßigkeit der kapitalistischen Wirtschaftsentwicklung (vgl. hierzu Funk, 31, S. 45 f.).

Obwohl in der Zielformulierung des EWG-Vertrages ausdrücklich und an erster Stelle die Erhöhung der Produktivität in der Landwirtschaft genannt wird, ist eine solche Politik nicht signifikant in den Ergebnissen seit Bestehen der gemeinsamen Agrarpolitik feststellbar (vgl. Tabelle 8). Auch in

Tabelle 8

Entwicklung der Produktivität der Landwirtschaft in der BRD

Wirtschaftsjahr	Arbeitskräfte 1000 AK	Nahrungsmittelproduktion			Beitrag zum Bruttoinlandsprodukt		
		Mio t GE	1000 GE/AK	jährlicher Anstieg %	in konstanten Preisen Mio DM	DM/AK	jährlicher Anstieg %
1950/51	3.885	34,03	8,76	+			
1951/52	3.737	36,78	9,84	+ 12,3	.		
1952/53	3.611	37,27	10,32	+ 4,9	.		
1953/54	3.483	39,35	11,30	+ 9,5	.		
1954/55	3.324	40,57	12,21	+ 8,1	.		
1955/56	3.172	39,75	12,53	+ 2,6	.		
1956/57	2.997	41,12	13,72	+ 9,5	.		
1957/58	2.914	44,52	15,28	+ 11,4	.		
1958/59	2.748	46,12	16,78	+ 9,8	.		
1959/60	2.561	46,18	18,03	+ 7,4	.		
1960/61	2.415	49,21	20,38	+ 13,0	.		
1961/62	2.339	48,06	20,55	+ 0,8	.		
1962/63	2.252	49,52	21,99	+ 7,0	16.420	7.291	
1963/64	2.161	51,46	23,81	+ 8,3	18.067	8.360	+ 14,7
1964/65	1.924x)	52,19	27,31	+ 13,9	17.265	8.973	+ 7,3
1965/66	1.855	49,84	26,87	- 1,0	15.164	8.175	- 9,1
1966/67	1.812	52,23	28,82	+ 7,3	17.539	9.679	+ 18,4
1967/68	1.718	55,43	32,26	+ 11,9	19.351	11.264	+ 16,4
1968/69	1.632	56,57	34,66	+ 7,4	19.830	12.151	+ 7,9
1969/70	1.522	57,19	37,58	+ 8,4	19.614	12.887	+ 6,1
1970/71	1.434	58,36	40,70	+ 8,3	20.321	14.171	+ 10,0
1971/72	1.355	58,40	43,10	+ 5,9	20.790	15.343	+ 8,3
1972/73	1.311	58,97	44,98	+ 4,4	20.947	15.978	+ 4,1
1973/74	1.272	60,97	47,93	+ 6,6	23.294	18.313	+ 14,6
1963/64 bis 1973/74 xx)	-	-	-	+ 7,2	-	-	+ 8,2

x)ab 1964/65 ohne Arbeitskräfte in Betrieben der Größenklasse 0,5 bis unter 2 ha LN, die nicht für den Markt produzieren, d.h. mit Verkaufserlösen unter DM 1.000 pro Jahr. xx)berechnet nach der Zinseszinsformel (GE = Getreideeinheiten)
Quelle: Materialband zum Agrarbericht 1975, Seite 42

der Abnahme der Arbeitskräfte je 100 ha LF in den EG-Ländern ist für die Zeit von 1955 - 1976 keine Änderung der Abnahmeraten gegenüber der Zeit vor der Errichtung des gemeinsamen Marktes feststellbar (vgl. hierzu Tabelle 11 sowie Schaubild 4). Aus Schaubild 4 ließe sich lediglich eine Angleichung der unterschiedlichen Arbeitsproduktivität ableiten.

Tabelle 9

Arbeitsproduktivität in der Landwirtschaft und in der übrigen Wirtschaft in der Bundesrepublik Deutschland

Wirtschaftsjahr	Landwirtschaft, Forstwirtschaft, Fischerei - Bruttowertschöpfung 1) je Erwerbstätigen 2)		übrige Wirtschaftsbereiche	
	DM	jährl. Veränder./%	DM	jährl. Veränderung/%
1967/68	8.969	+ 13,4	23.806	+ 4,2
1968/69	9.667	+ 7,8	25.373	+ 6,6
1969/70	9.768	+ 1,0	26.770	+ 5,5
1970/71	10.581	+ 8,3	27.561	+ 3,0
1971/72	11.220	+ 6,0	28.251	+ 2,5
1972/73	11.994	+ 6,9	29.498	+ 4,4
1973/74	13.613	+ 13,5	30.481	+ 3,3
1974/75	13.834	+ 1,6	30.625	+ 0,5
1975/76	14.178	+ 2,5	32.015	+ 4,5
1976/77	14.218	+ 0,3	33.543	+ 4,8
1977/78	16.329	+ 14,8	34.242	+ 2,1
1977/78 gegen 1967/68 3)	-	+ 6,2	-	+ 3,7

1) Bruttowertschöpfung in Preisen von 1970; 2) Als erwerbstätig gilt jede Person, die in der Berichtszeit eine Erwerbstätigkeit ausgeübt hat, unabhängig von der zeitlichen Dauer der Erwerbstätigkeit (vgl. Materialband 1979, S. 35); 3) jährlicher Durchschnitt nach Zinseszins.

Quelle: Materialband zum Agrarbericht der BRD 1979, Seite 35

Tabelle 10

Entwicklung der Arbeitsproduktivität und der Kapitalausstattung in den einzelnen Betriebszweigen

	1955: 1 AK = 3.000 Stunden		1975: 1 AK = 2.000 Stunden	
	Stück je AK oder ha je AK jährlich	Kapitalausstattung in DM je AK x)	Stück je AK oder ha je AK jährlich	Kapitalausstattung in DM je AK x)
Sauen	30	40.000	75	300.000
Legehennen	1.000	30.000	10.000	350.000
Milchvieh	13	50.000	60	500.000
Ackerbau xx)	40	60.000	175	600.000
Mastschweine	400	60.000	3.000	1.200.000
Mastbullen	40	60.000	250	1.200.000

x) zu jeweiligen Neuwerten xx) ohne Bodenwert

Quellen: Betriebswirtschaftliches Büro Göttingen;
Deutsche Landwirtschafts-Gesellschaft, Frankfurt/M.;
Hessisches Landesamt für Landwirtschaft, Kassel;
Institut für Betriebswirtschaft, Forschungsanstalt, Braunschweig-Völkenrode;
Kuratorium für Technik und Bauwesen in der Landwirtschaft e.V., Darmstadt,
zitiert nach Becker, 7, S. 263

Tabelle 11

Entwicklung des Arbeitskräftebesatzes je 100 ha LF in sechs Mitgliedsstaaten der EG

Jahr	D	F	I	NL	B	L	insg.
1955	19,2	12,5	23,5	16,2	27,0	20,6	17,3
1960	15,6	10,3	20,1	16,7	17,9	15,9	14,4
1963	13,9	9,5	16,0	14,0	14,1	14,4	12,4
1966	12,9	8,7[x)]	15,0	13,3	11,8	11,5	11,5[x)]
1970	10,8	5,8	12,0	12,4	9,8	8,0	8,8
1973	8,2	5,4	10,5	12,5	8,1	9,5	7,8
1976	7,4	5,2		12,0	7,4	8,4	

[x)] Bruch beim methodischen Vergleich zwischen der Zeit von 1955 bis 1966 und 1970 bis 1976

Quelle: eigene Auswertung der Angaben in 188, Seite 58

Mit anderen Worten: bereits vor dem Inkrafttreten des Landwirtschaftsgesetzes in der BRD und der Richtlinien der EG-Agrarpolitik haben in der BRD, aber auch in den übrigen Mitgliedsländern der EG in etwa die gleichen jährlichen Produktivitätssteigerungen stattgefunden. Es ist also nicht erkennbar, daß und mit welchem Ausmaß sich politische Einflüsse auf diese Entwicklung ausgewirkt haben. Denkbar wäre nur, daß sich die ohnehin vorhandene Tendenz zur Produktivkraftsteigerung ohne Forcierung produktivkraftsteigernder politischer Einflußnahmen, wie etwa Strukturverbesserungsmaßnahmen und Investitionshilfen, verlangsamt hätten. Dies soll unter Punkt 4.3. noch analysiert werden.

Schaubild 4

Entwicklung des Arbeitskräftebesatzes je 100 ha LF in den 6 Gründungsländern der EG

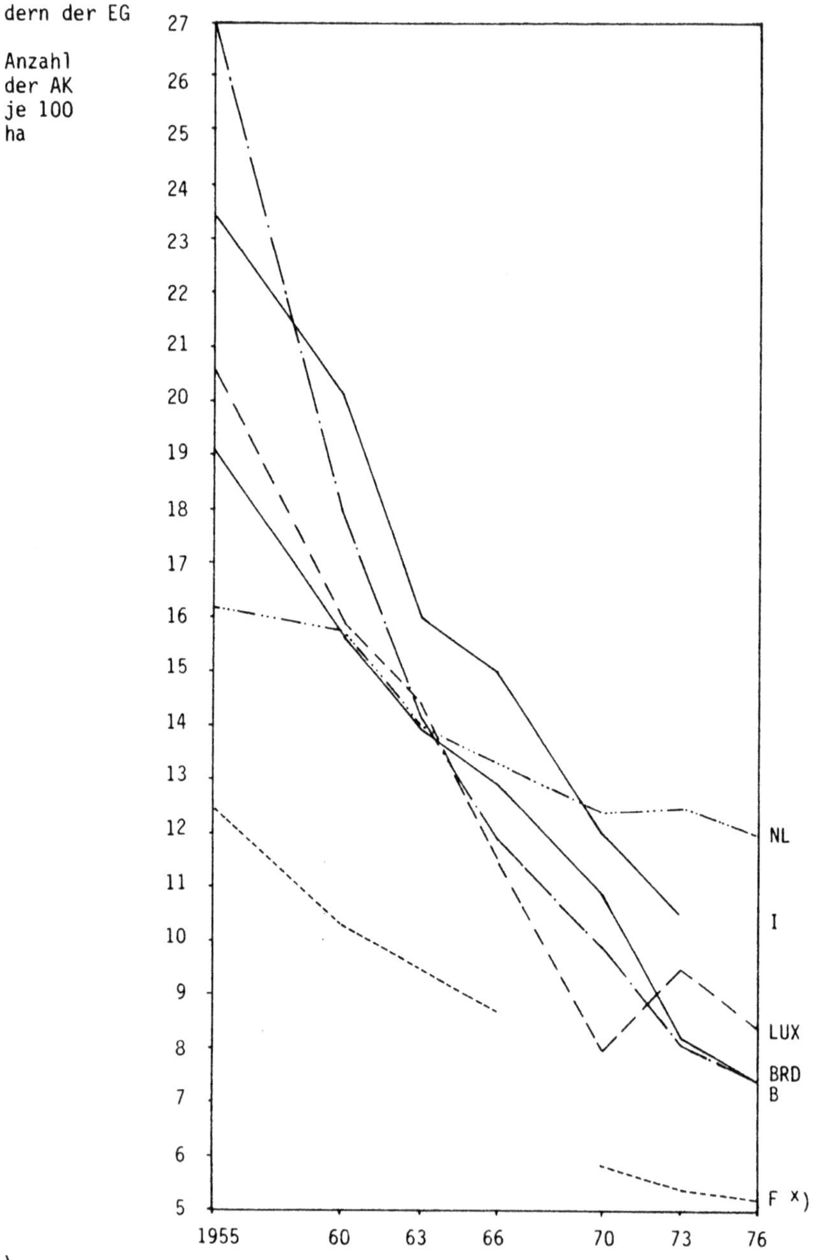

x) Bruch beim methodischen Vergleich zwischen der Zeit von 1955 bis 1966 und 1970 bis 1976

Quelle: Eigene Auswertung der Angaben in 188, Seite 58

4.1.3. Konzentration und Zentralisation

Analog zur Entwicklung auf dem Industriesektor, wo trotz aller staatlicher Gegenmaßnahmen (z.B. Antitrustgesetze in den USA und Kartellgesetze in der BRD) eine ständige Zunahme der Konzentration und Zentralisation konstatiert werden kann (vgl. Galbraith, 34, S. 114 f. und derselbe, 33, S. 208 ff.; vgl. auch Huffschmid, 54, S. 75 ff.), beschleunigt sich dieses Phänomen auch auf dem Agrarsektor. Die Landwirtschaft und die in ihr und mit ihr arbeitenden Menschen werden durch die wachsende Arbeitsteilung zwischen Landwirtschaft und Industrie immer weiter in die gesamtwirtschaftliche Entwicklung integriert. Lohnentwicklungen, Kostensteigerungen und technischer Fortschritt auf dem Industriesektor strahlen auch auf den Agrarsektor aus. Die Einkommen in der Landwirtschaft müssen sich dabei den übrigen Sektoren anpassen, wenn die von diesen Sektoren angebotenen Produktions- und Investitionsgüter gekauft und in der landwirtschaftlichen Produktion angewandt werden sollen (vgl. auch Plate, 101, S. 243 f). Die Auswirkungen des technischen Fortschritts, die Verteuerung seines Einsatzes, insbesondere aber die Verteuerung des Faktors Arbeit, führten dazu, daß die Kostendegressionen erst bei wesentlich größeren Tierbeständen ausgeschöpft werden als beispielsweise vor etwa 10 Jahren. "Während vor 10 Jahren Bestände von 50 Kühen, 30 Sauen oder 300 Mastschweineplätzen als kostenoptimal bezeichnet wurden, spricht man heute (1978, W.G.) bei Bewertung der Arbeit zu geltenden Lohnsätzen von kostenoptimalen Beständen erst bei Zahlen von 100 Kühen, 100 Sauen oder 800 Mastschweineplätzen" (Brandes, 18, S. 9.)

Eine weniger rasante Entwicklung zeigt das Flächenwachstum der landwirtschaftlichen Betriebe. Hier ist der Bodenpreis und die sehr geringe Mobilität des Bodeneigentums ein wesentliches Hemmnis. Zwar ist auch bei der Konzentration und Monopolisierung bzw. Zentralisierung[x)] des Bodens eine stetige Beschleunigung feststellbar (vgl. Schaubild 5), doch nimmt sich diese Entwicklung gegenüber der Tierbestandsvergrößerung noch bescheiden aus. Die Konzentration und Monopolisierung vollzieht sich ganz offensichtlich umso schneller, je unabhängiger der jeweilige Produktionszweig vom unmittelbaren Bodeneigentum erweitert werden kann.

[x)] Während die Konzentration die erste Stufe des Wachstums der individuellen Kapitale, also die Akkumulation von Kapital in einer Hand bezeichnet, ist mit der Verwendung des Begriffs Zentralisation bzw. Monopolisierung in dieser Arbeit die "Konzentration bereits gebildeter Kapitale" und die "Aufhebung ihrer individuellen Selbständigkeit" (Marx, 79, S. 654), also die Zusammenfassung mehrerer Betriebe bzw. die Übernahme dieser Betriebe oder ihrer Verfügungsrechte durch andere Betriebe oder Unternehmen gemeint.

Schaubild 5

Entwicklung der Betriebsgrößenklassen in der BRD seit 1949

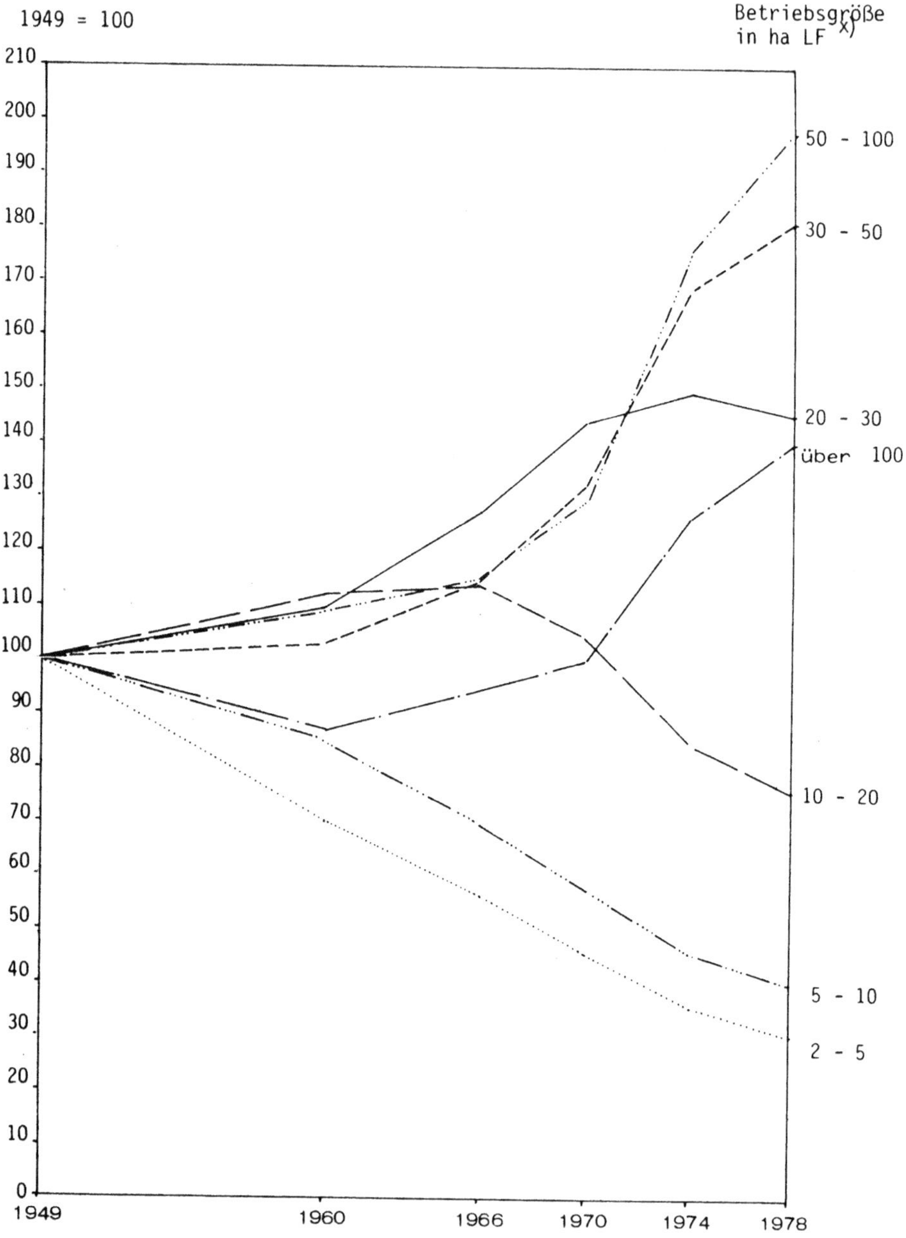

x) bis incl. 1966 landwirtschaftliche Nutzfläche (LN) ab 1970 landwirtschaftlich genutzte Fläche (LF)

Quelle: Agrarbericht und Materialband, 155, mehrere Jahrgänge, eigene Berechnungen daraus

In einer Berechnung der Bestandsvergrößerungen kommt Brandes auf der Grundlage der Angaben der Agrarberichte zu dem Ergebnis, daß in der Zeit von 1965 bis 1975 der Durchschnittstierbestand bei Milchkühen um 4,8 %, bei Zuchtsauen um 6,7 %, bei Mastschweinen um 8,2 %, bei Legehennen um 10,3 % und bei Masthühnern um 11,1 % zunahm (18, S. 7). Die stärkere Zunahmerate der größeren Produktionseinheiten bei der Milchvieh- und Schweinehaltung gegenüber der geringeren Flächengrößenentwicklung der landwirtschaftlichen Betriebe geht auch aus Schaubild 6 hervor.

Wie bei der Produktivkraftentwicklung, so ist auch bei der Konzentration und Zentralisierung der landwirtschaftlichen Produktion eine längerfristige, von der jeweiligen Agrarpolitik unabhängige Entwicklung feststellbar. Wie Tabelle 12 zeigt, ist in den europäischen Ländern, für die diese Daten vorlagen, bereits eine starke Zentralisierung in der Zeit von 1950 bis 1960 zu erkennen, die sich in den Folgejahren weiter verstärkt (vgl. auch Schaubilder 7 - 9).

Schaubild 6

Entwicklung der größeren Produktionseinheiten nach Viehbestand bzw. bewirtschafteter Fläche je Betrieb

1965 = 100

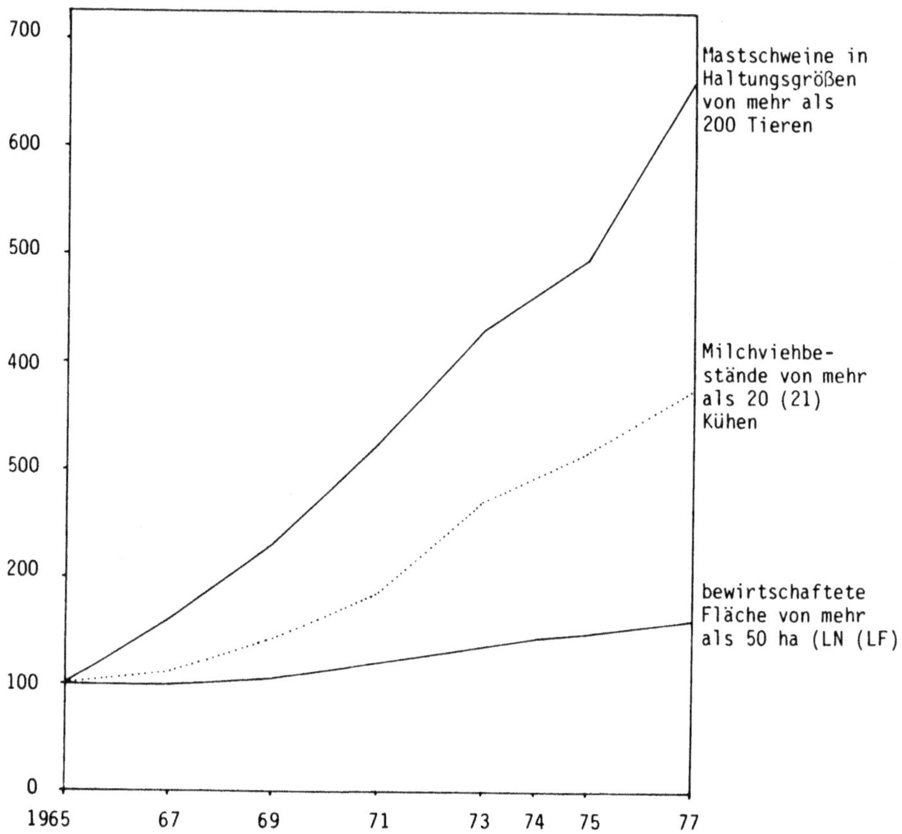

Quelle: Eigene Zusammenstellung nach Angaben im Statistischen Jahrbuch über Ernährung Landwirtschaft und Forsten, mehrere Jahrgänge

Tabelle 12

Zahl der Betriebe von 1 ha LF und mehr

	BRD	NL	B	UK	IRL	DK
			1 bis unter 5 ha			
1950	859.387	101.737	147.599	142.500	-	-
1960	617.437	87.726	96.343	130.500	56.900x)	34.800x)
1970	405.768	59.066	44.172	57.586	54.604	16.579
1974	323.150	36.972	33.509	41.072	-	-
1977	287.459	33.029	29.039	35.884		
			5 bis unter 10 ha			
1950	403.842	64.275	58.307	73.200	-	-
1960	343.017	62.206	52.684	58.400	65.800x)	54.346
1970	232.713	40.248	33.059	39.282	56.435	30.077
1974	184.667	31.808	25.121	34.843	-	-
1977	165.737	28.889	20.911	32.940	-	-
			10 bis unter 20 ha			
1950	256.284	48.693	32.489	83.100	-	-
1960	286.470	53.884	35.188	72.100	83.500x)	54.541
1970	267.785	52.079	33.480	49.788	81.544	43.971
1974	218.892	45.116	29.636	44.262	-	-
1977	199.366	41.191	26.727	41.392	-	-
			20 bis unter 50 ha			
1950	112.410	24.521	11.454	105.200	-	-
1960	122.015	24.464	12.309	99.400	57.600x)	43.699
1970	157.557	27.881	17.089	80.545	59.439	44.084
1974	175.920	29.888	18.604	73.852	-	-
1977	178.890	30.407	19.062	70.123	-	-
			50 ha und mehr			
1950	15.591	2.133	2.096	76.140	-	-
1960	16.311	2.032	2.182	82.710	14.700x)	6.350
1970	19.295	2.507	1.597	84.277	14.912	8.689
1974	25.277	3.080	3.228	82.507	-	-
1977	28.292	3.507	3.570	81.434	-	-
			insgesamt			
1950	1.647.514	241.359	251.945	480.100	307.000x)	204.000x)
1960	1.385.250	230.312	190.706	443.100	278.500	193.700x)
1970	1.083.118	181.781	130.397	311.478	266.934	143.400
1974	927.906	146.864	110.098	276.536	260.083xx)	132.662
1977	858.744	137.023	99.309	261.773		124.400

x) Schätzungen des EUROSTAT xx) Angaben für 1975 — Bruch beim methodischen Vergleich

Quelle: 188, S. 20 und 187, S. 66 und 67, eigene Zusammenstellung daraus

Schaubild 7

Betriebsgrößenklassen in DK

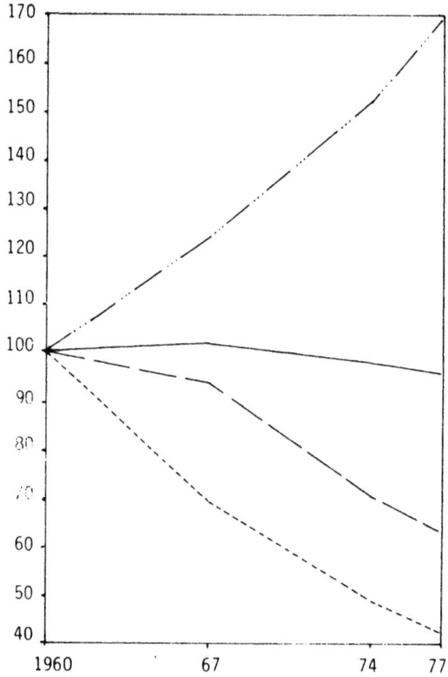

Schaubild 8

Betriebsgrößenklassen in NL

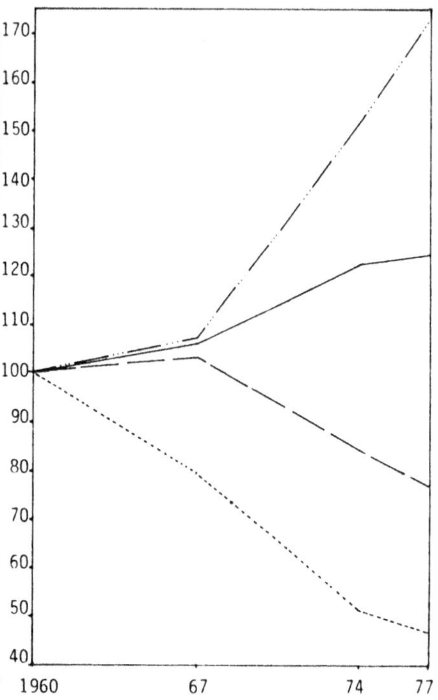

Schaubild 9

Betriebsgrößenklassen in F

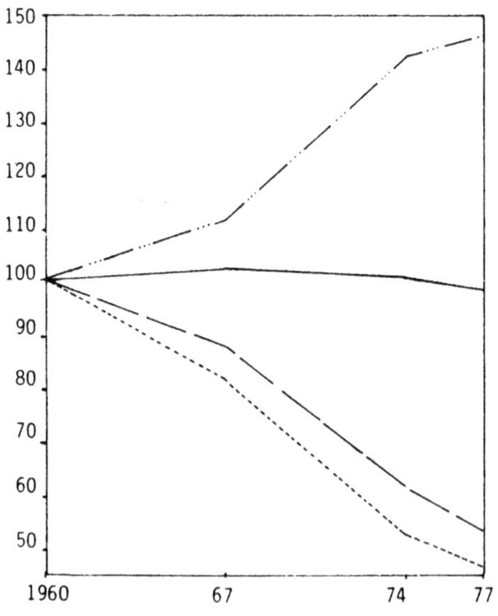

Legende zu den Schaubildern 7 - 9:

Betriebsgrößen 1960 = 100

Betriebs-
größenklassen

- ——·—··—··— >50 ha LF
- ———————— 20 - 50 ha LF
- — — — — 10 - 20 ha LF
- .... 5 - 10 ha LF

Quelle: wie Tabelle 1

- Ursachen der Konzentration und Zentralisation

Die Strukturveränderung bzw. die Konzentration und Zentralisation mag zwar durch agrarpolitische Eingriffe verlangsamt werden können, wie etwa während des Nationalsozialismus in Deutschland (durch Umschuldungsmaßnahmen, Steuererleichterungen, Kreditaufnahmeverbot, etc., vgl. 105, S. 50 f.). Sie mag auch beschleunigt werden können, wie etwa durch das einzelbetriebliche Förderungsprogramm in der BRD oder durch ähnliche Politiken der EG. Ihre Ursachen liegen jedoch in den systemimmanenten Gesetzmäßigkeiten der kapitalistischen Wirtschaftsentwicklung begründet:

"Steigende Lebenshaltungskosten erfordern steigende Gewinne, steigende Gewinne die Erhöhung der Arbeitsproduktivität, die Erhöhung der Arbeitsproduktivität erfordert die Einführung neuer technischer Verfahren und deren rentablen und produktiven Einsatz, die Vergrößerung der Tierbestände und Flächen", so beschreibt Johannes Becker die Ursachen für ein Anwachsen der Produktionseinheiten in der Landwirtschaft (7, S. 275). Dabei geht er überwiegend davon aus, daß die Verbesserung des Lebensstandards die Hauptantriebsfeder aller weiteren Stufen dieses Prozesses sind, was gesamtgesellschaftlich gesehen auch richtig sein mag. Für den Bereich Landwirtschaft dürfte jedoch die von anderen Wirtschaftsbereichen vorgegebenen Kosten der Lebenshaltung und der Produktionsmittel der bestimmende Faktor sein. Dabei soll nicht verkannt werden, daß auch in der Landwirtschaft eine bestimmte Anzahl von Betrieben die Stufe der bloßen Existenz- und Lebensunterhaltssicherung überschritten haben und die Erhöhung des Gewinns zum Zwecke der Vermögenserweiterung als alleiniges Ziel ihrer Produktionsplanung gemacht haben. Auf jeden Fall bedeutet aber betriebliches Wachstum das Ausscheiden weiterer Landwirte und die Konzentration der Produktion auf immer weniger Betriebe.

Damit sind jedoch die Ursachen einer zunehmenden Konzentration und Zentralisierung in der Landwirtschaft noch nicht ausreichend geklärt. Der entscheidende Faktor ist die Produktivitätssteigerung und damit die Kostendegression bei wachsender Betriebsgröße.

Aus allen Buchführungsauswertungen für den Agrarbericht der Bundesregierung geht eindeutig hervor, daß mit wachsender Betriebsgröße auch der Gewinn je Familienarbeitskraft signifikant zunimmt (vgl. Materialband 1979, S. 41 und S. 183 - 188). Diese Einkommensdifferenzen zwischen verschiedenen Betriebsgrößen, die, wie bereits unter Punkt 3.2.1. ausgeführt, ebenso auch zwischen verschiedenen Mitgliedsländern der EG und zwischen den einzelnen Regionen innerhalb der EG bestehen, sind, entgegen der Darstellung der Bundesregierung in den Agrarberichten, nicht statisch. Sie nehmen vielmehr ständig zu. Denn auf der Grundlage der einmal bestehenden unterschiedlichen Einkommensverhältnisse, gleichgültig, welche natürlichen, ökonomischen oder politischen Konstellationen zu ihrer Entstehung geführt haben, wird ein Teil der Betriebe in die Lage versetzt, mehr und kostengünstiger als andere, neue Technologien und Produktionsmethoden einzusetzen, zusätzliche Ressourcen hinzuzukaufen oder zu mobilisieren, günstigere Einkaufsbedingungen für Produktionsgüter und Verkaufsbedingungen für ihre Erzeugnisse auszuhandeln (vgl. Ertragsleistungen und Verkauferlöse der verschiedenen Betriebsgrößenklassen im Anhang, Tabellen V bis VII; vgl. hierzu auch Brandes, 18, S. 4). Dadurch wird ein erneuter Vorsprung erreicht, der gleichzeitig die Basis für eine weitere Beschleunigung der Betriebsgrößen- und Einkommensdifferenzierung darstellt.

Die gleiche Entwicklung vollzieht sich auch zwischen bevorzugten und benachteiligten Regionen. Bezüglich der regionalen Einkommensdifferenzierung stellte z.B. W. Peters in einer Untersuchung für den Bereich der BRD fest, daß sich die Quotienten aus maximalen und minimalen Einkommen in der Zeit von 1960/61 bis 1970/71 von ca. 28 : 1 auf 45 : 1 erhöhten (vgl. 98, S.96). Dieser Prozeß dürfte sich auch weiterhin so fortsetzen, wenn nicht durch ganz gezielte Förderungsmaßnahmen für benachteiligte Regionen gegengesteuert wird. Denn mit stärker werdender Akkumulationskraft werden die Betriebe in den bevorzugten Regionen "ihre Marktstellung kraftvoll verbessern und damit die Lage der standortmäßig benachteiligten Gebiete im Verhältnis weiter verschlechtern. Ein neuer Schub von Grenzertragsstandorten entsteht "...,sie sind dann die nächsten Anwärter für das Ausscheiden" (Lauschmann, 73, S. 118). Diese Entwicklungstendenzen werden auch von der EG-Kommission bestätigt, wenn sie feststellt, "daß es Landwirte mit verhältnismäßig leichtem Zugang zu Kapital - sowohl eigenem als geliehenem - sind, die sich eine Zunahme ihrer Betriebsgröße in m o d e r n e n Z e i t e n (Hervorhebung durch mich, W.G.) leisten können. In den meisten Fällen sind es Landwirte, die ohnehin bereits ziemlich viel Land besitzen" (EG-Bericht 1978, S. 30). Bisher wurde dieser Entwicklungstrend von der EG jedoch nicht weiter problematisiert. Wie noch zu zeigen sein wird, bewirken aber fast alle agrarpolitischen Maßnahmen der EG, daß sich diese systembedingten Tendenzen weiter verstärken.

Die Monopolisierung bzw. Zentralisation der Produktion, also die ständig abnehmende Zahl der Produzenten und das Anwachsen der Produktionsgrößeneinheiten der verbleibenden Betriebe kann auch von den vor- und nachgelagerten

Industriebereichen forciert werden. Durch das Verlangen nach größeren Kühlanlagen für Milch, die es den Molkereien und Milchwerken z.B. ermöglichen, nur noch in Abständen von mehreren Tagen die Milch von den landwirtschaftlichen Betrieben abzuholen, werden kleineren Betrieben Kosten zugemutet, die sie zwingen, entweder ihren Milchviehbestand so weit aufzustocken, daß eine entsprechende Kostendegression erreicht wird, oder ihren Betrieb aufzugeben. Vielfach wird zunächst durch Anpassung an die erforderliche Bestands- und Betriebsgröße versucht, eine Aufgabe der Produktion zu verhindern. Die zur Ausweitung der Produktion und der Beschaffung zusätzlicher Ressourcen notwendigen Finanzierungsmittel können aber gerade in diesen Betrieben nicht aus Eigenmitteln bereitgestellt werden. So sorgt dann die notwendig werdende Fremdfinanzierung nach einigen Jahren dafür, daß solche Betriebe doch noch aus der Produktion ausscheiden; dann freilich mit erheblichen Vermögensverlusten (vgl. Becker, 7, S. 266 ff.).

- Folgen der Monopolisierungstendenzen für die Produktionsentwicklung und das Marktgleichgewicht.

Es wurde bei der Untersuchung der Ursachen der Monopolisierungstendenzen bereits herausgestellt, daß nicht nur der Gewinnanreiz die Triebfeder zur Vergrößerung von Produktionseinheiten ist, sondern ebenso sehr, wenn nicht sogar überwiegend, der Zwang des einzelnen Landwirts zur kostengünstigeren Produktion, um dem Untergang seines Betriebes auszuweichen und sein eigenes Ausscheiden aus der landwirtschaftlichen Produktion zu verhindern. Das Größenwachstum von Produktionseinheiten hat neben den einzelbetrieblichen Vorteilen der Kostendegression gesamtwirtschaftlich auch noch die Folge der Angebotsvermehrung. Dies aus zwei Gründen:

Erstens steigt die Produktion nicht nur proportional zur Ausweitung der Produktionseinheiten, sondern auch noch überproportional mit dem Größenwachstum. So ist es durchaus nicht zutreffend, daß kleine Betriebe intensiver genutzt werden und deshalb pro Einheit mehr produzieren. Die Buchführungsergebnisse der Agrarberichte weisen z.B. aus, daß mit wachsender Betriebsgröße auch die Leistung je Einheit zunimmt (je ha LF oder je Tier), wie auch aus den Tabellen 13, 14 und 15 hervorgeht. Lediglich die Zuckerrübenerträge je ha machen eine Ausnahme. Dies ist ganz offensichtlich auf die Quotenregelung bei den Erzeugerpreisen zurückzuführen, wonach, übrigens im Gegensatz zu allen anderen wichtigen Erzeugnissen der Landwirte, für eine bestimmte Erzeugergrundquote (A-Quote) eine von der EG festgelegte und die jeweiligen Zuckerfabriken verpflichtende Preis- und Abnahmegarantie be-

Tabelle 13

Ertragsleistung je Einheit in Betrieben unterschiedlicher Größe

Betriebsformen insgesamt 1977/78

	Betriebsgröße in ... ha LF				
	bis 10	10 - 20	20 - 30	30 - 50	über 50
Milchleistung in kg je Kuh	3.395	3.869	4.080	4.365	4.596
Getreide dt/ha	38,5	40,2	40,8	41,3	45,9
Kartoffeln dt/ha	202,5	254,2	253,8	264,9	279,7
Zuckerrüben dt/ha	538,2	495,5	491,5	472,7	459,4

Quelle: Materialband zum Agrarbericht der BRD 1979, Seite 183

Tabelle 14

Ertragsleistung je Einheit in Betrieben unterschiedlicher Größe und mit unterschiedlichem Erwerbscharakter

Betriebsformen insgesamt 1977/78

	Betriebsgröße in 1.000 DM StBE unterteilt in			
	Zuerwerbsbetriebe	Vollerwerbsbetriebe		
		bis 30	30 - 50	über 50
Milchleistung in Kg je Kuh	3.930	3.792	4.216	4.604
Getreide dt/ha	41,8	38,9	40,7	45,6
Kartoffeln dt/ha	262,4	246,2	258,0	278,5
Zuckerrüben dt/ha	471,1	484,0	482,0	469,1

Quelle: Materialband zum Agrarbericht der BRD 1979, Seite 165

Tabelle 15

Milchleistung in verschiedenen Bestandsgrößen

Anzahl der Betriebe	Kuhzahl je Betrieb	Liter Milch je Kuh Ø	Kraftfutteraufwand x)	Arbeitseinkommen je Kuh
23	bis 20	4.882,83	16,13	1.232,22
30	20 - 30	4.991,20	17,46	1.208,63
22	30 + mehr	5.206,59	18,14	1.400,77

x) incl. eigenes Getreide, pro Liter ermolkene Milch in DPfg

Quelle: 190, 1977/78 und eigene Berechnungen daraus

steht. Bei den darüber hinausgehenden B- und C-Quoten ist dies nicht mehr der Fall (vgl. 161/Heft 445).

Bei einer Unterteilung der Betriebe nach Erwerbscharakter und nach ihrer Einkommensgröße ergibt sich im übrigen für die größeren Betriebe die gleiche Wirkung wie bei der Einteilung nach Flächengrößen. Doch zeigt sich hier bei den Zuerwerbsbetrieben eine höhere Leistung je Einheit als bei den unteren Größenklassen der Vollerwerbsbetriebe. Dies läßt offensichtlich darauf schließen, daß der im Zuerwerb erzielte Einkommensteil zur Verbesserung der Produktionsbedingungen im landwirtschaftlichen Betrieb aufgewandt wird. Dies wird indirekt auch in den Agrarberichten bestätigt. So investieren Zuerwerbsbetriebe ähnlich hohe Beträge je ha und oft sogar höhere Anteile des landwirtschaftlichen Einkommens als mittlere Vollerwerbsbetriebe.

Zweitens versuchen jeweils mehr Betriebe eine Ausweitung ihrer Produktion mit dem Ziel, dem wachsenden Kostendruck zu begegnen und scheiden erst nach einer mehr oder weniger langen Phase der Eigenkapitalverluste aus. Denn "aufgrund ihrer relativ hohen Vermögenswerte, insbesondere des Grund und Bodens, haben Landwirte einen offenen und lang anhaltenden Zugang zum Kredit" (Becker, 7, S. 271). Dies bewirkt aber, daß sich die Produktion auch dieser Betriebe zunächst noch erhöht, zumindestens aber nicht im gleichen Maße vermindert wie andere Betriebe ihre Produktion ausweiten. Fast alle dargestellten Entwicklungen über das Größenwachstum der Betriebe bzw. Produktionseinheiten (Flächengröße, Milchvieh- und Mastschweinebestände) zeigen den Trend, daß zunächst eine wesentlich größere Zahl von Betrieben versucht, dem Untergang durch Betriebs- bzw. Bestandserweiterung zu entgehen. Die Produktionskostensteigerung, hervorgerufen durch Verteuerung der Produktionsfaktoren und die sich damit gleichzeitig erhöhende Rentabilitätsmarge führt aber dazu, daß auch die nächsthöhere Betriebs- oder Produktionsgrößenklasse zur Aufgabe oder aber zur weiteren Vergrößerung gezwungen wird.

4.2. Intersektorale Dependenzen und externe Beeinflussung der Agrarpolitik

Der überwiegende Teil der in den vorangegangenen Abschnitten aufgeführten Entwicklungen und aufgezeigten Tendenzen kann nicht auf irgendwelche agrarpolitischen Entscheidungen zurückgeführt werden. Lediglich das Ausmaß einiger Erscheinungen würde sich wohl mit Sicherheit anders darstellen, hätte es agrarpolitische Einflüsse nicht gegeben. Es kommt aber noch hinzu, daß auch diese Einflußnahmen noch wieder von gesamtwirtschaftlichen Entwicklungen entweder begrenzt oder initiiert werden bzw. von Wirtschaftsinteressen und ökonomischen Entwicklungen anderer Sektoren abhängig sind.

4.2.1. Gesamtwirtschaftliche Einflüsse

Aus der Tabelle 2 und den Schaubildern 5 und 7 bis 9 ist zu erkennen, daß die Entwicklungen auf dem Agrarsektor direkt mit der wirtschaftlichen Gesamtentwicklung verbunden sind. Mit einer gewissen zeitlichen Verzögerung machen sich Konjunktureinbrüche auch auf dem Agrarsektor bemerkbar.

Besonders deutlich kommt diese Abhängigkeit in den Preisvorschlägen der EG-Kommission zum Ausdruck. So begründet diese ihre niedrigen Preisvorschläge vom Herbst 1977 damit, "daß sich in einer Phase der Rezession, Inflation und des Ungleichgewichtes verschiedener Agrarmärkte eine größere Preissteigerung nicht vertreten läßt" (Bulletin der EG 12/77, zitiert nach Poppinga, 106, S. 98). Hieraus läßt sich auch erkennen, daß weniger das Einkommen der Landwirte als vielmehr gesamtwirtschaftliche Entwicklungen bestimmenden Einfluß auf die Preisgestaltung haben, was an anderer Stelle von der EG-Kommission auch zum Ausdruck gebracht wird (vgl. 70, S. 6 ff.).

Es müßten sonst wohl gerade in Phasen inflationärer Entwicklungen, gegen die sich ja - neben Lohnabhängigen - die Landwirte am wenigsten oder überhaupt nicht durch Abwälzung ihrer steigenden Einkaufspreise auf die Verkaufspreise wehren können, auch die Preise der landwirtschaftlichen Erzeugnisse angehoben werden. Denn die Marktordnungen sehen nur für die Erzeugnisse der Landwirtschaft Richt- und Orientierungspreise vor, nicht aber für ihre Produktionsmittel.

Die Verschlechterung der außerlandwirtschaftlichen Beschäftigungsmöglichkeiten verhinderte wegen der anhaltenden Konjunkturschwäche außerdem die Aufgabe kleinerer Betriebe und die Bereitstellung ihrer Flächen zur Aufstockung entwicklungsfähiger Betriebe. Bei den aufstockungswilligen Betrieben dürfte sich gleichzeitig noch die Investitions- und Kreditverteuerung nachteilig auf ihre Expansionsbestrebungen ausgewirkt haben. Bemerkenswert ist der anhand der vorgenannten Schaubilder erkennbare Gleichklang dieser Entwicklung in mehreren EG-Mitgliedsländern. Mit der Verlangsamung des allgemeinen wirtschaftlichen Wachstums und dem Entstehen eines erheblichen Prozentsatzes an Arbeitslosen in der EG, setzte hinsichtlich des zuvor allgemein forcierten Strukturwandels in der Landwirtschaft auch bei Politikern und Agrarökonomen ein Umdenkungsprozeß ein (vgl. 192, S. 7 und 8 und Weinschenck, 140).

Eine für die gemeinsame Agrarpolitik schwerwiegendere Problematik resultiert jedoch aus der unterschiedlichen gesamtwirtschaftlichen Entwicklung der einzelnen Mitgliedsländer. Sie führte dazu, daß mehrfach Währungsparitäten geändert werden mußten (vgl. EG-Bericht 1978, S. 15 ff.). Die an eine einheitliche Rechnungseinheit gekoppelten gemeinsamen Agrarpreise wurden dadurch in den Aufwertungsländern automatisch gesenkt und umgekehrt in Abwertungsländern erhöht. Zur Aufrechterhaltung eines einheitlichen Agrarpreisniveaus und gleicher Wettbewerbsbedingungen wurden Währungsausgleichsbeträge gezahlt bzw., beim grenzüberschreitenden Warenverkehr, Grenzausgleichsbeträge erhoben. Dieser Grenzausgleich ist aber praktisch gleichzusetzen mit Zollabgaben und beweist gleichzeitig, daß es ein einheitliches Agrarpreisniveau innerhalb der EG nicht gibt (vgl. 67, S. 51 f.). Die in den Grundsätzen des EWGV, Artikel 2 und 3 gestellten Aufgaben, nämlich "die Errichtung eines gemeinsamen Marktes und die schrittweise Annäherung der Wirtschaftspolitik der Mitgliedsstaaten ... die Abschaffung der Zölle ... sowie aller sonstigen Maßnahmen gleicher Wirkung zwischen den Mitgliedsstaaten" wurden nicht nur nicht gelöst, sondern sind heute von dem angestrebten Ziel weiter entfernt als bei der Unterzeichnung der Römischen Verträge (vgl. Abschnitt 4.3.2.1.). Dies ist primär der immer noch bestehenden eigenständigen Wirtschafts- und Währungspolitik der einzelnen Mitgliedsländer anzulasten (vgl. hierzu Tangermann, 132, S. 4 f. und S. 10 ff.). Allerdings bringt dies im Gegensatz zum Agrarsektor für andere Sektoren der Wirtschaft weniger Nachteile mit sich, da hier der freie Warenverkehr gewährleistet ist und die Markt- und Preisgestaltung sich von der auf dem Agrarsektor (je nach Marktanteil und Größe der vorhandenen Unternehmen) mehr oder weniger stark unterscheidet.

4.2.2. Agrarpolitik und Industrieinteressen

Aus mehreren Äußerungen von Vertretern des Industrie- und Handelssektors, vor allem der BRD, läßt sich ableiten, daß diese sowohl bei der Verabschiedung des Landwirtschaftsgesetzes der BRD von 1955 als auch bei der Entwicklung von Richtlinien für eine beschleunigte Strukturänderung in der Landwirtschaft Pate gestanden haben (vgl. Poppinga, 105, S. 106 f.). So stellte der Hauptgeschäftsführer der Industrie- und Handelskammer Frankfurt/Main bereits am 26.3.1954 fest, daß "schon eine verhältnismäßig geringfügige Senkung des Agrarpreisniveaus aufgrund einer verbesserten Agrarstruktur eine fühlbare Erhöhung für den Lebensstandard des Durchschnittsverbrauchers bringe. Daraus ziehe auch die Industrie erheblichen Nutzen" (zitiert nach Kelbling, 57, S. 22).

Wurde zunächst noch eine "Breitenförderung" der Landwirtschaft von der

Industrie akzeptiert - weil diese Förderung auch eine nicht geringe Inlandsnachfrage für die bis in die sechziger Jahre hinein noch schwache Weltmarktposition der westdeutschen Industrie darstellte - so wurde diese Haltung mit zunehmender Exportorientierung und abnehmendem Bevölkerungsanteil der Landwirte ab Mitte der sechziger Jahre aufgegeben. Schon bei den schwierigen Verhandlungen über einen einheitlichen Getreidepreis, der für die deutschen Landwirte eine empfindliche Einkommensminderung darstellte, wurde die Position der deutschen Industrie aus einer Stellungnahme des BDI deutlich. Darin hieß es, daß es "politisch nicht zu verantworten" sei, "Fortschritte der Integration in Europa an der Agrarfrage scheitern zu lassen" (zitiert nach Braun, 19, S. 182). Diese Stellungnahme vermittelt noch den Eindruck eines um das Gemeinwohl besorgten Industrieverbandes.

Die in den sechziger Jahren bereits ständig ansteigenden Ausgaben für den EWG-Agrarfonds und die staatliche Mittelknappheit angesichts der Anstrengungen zur Überwindung der Wirtschaftskrise 1966/67 (vgl. Engel/Fendt, 24, S. 41 und Agrarbericht 1968, S. 205) sowie die sich abzeichnenden Überschußprobleme riefen dann aber deutlichere Interessensbekundungen des Industriesektors hervor. So stellte der DIHT in seinem Jahresbericht 1967 fest, daß "alles dies ... Anlaß sein (sollte), das ganze System der landwirtschaftlichen Marktordnung noch einmal von Grund auf zu durchdenken. Gegenüber den Marktregelungen und der Preispolitik sind strukturpolitische Probleme in der EWG leider bisher vernachlässigt worden, obwohl gerade hier die entscheidenden Aufgaben für die Zunkunft liegen" (zitiert nach Rechtziegler, 110, S. 31).

Ganz in Übereinstimmung mit dieser Position wurde in der BRD mit dem sogenannten Agrarprogramm der Bundesregierung vom 24.6.1968 (vgl. Engel/Fendt, 23, S. 11) und anschließend auch auf EWG-Ebene mit dem am 18.12.1968 vorgelegten, als Mansholt-Plan bekanntgewordenen EWG-Memorandum (vgl. Engel/Fendt, 23, S. 17) die Strukturpolitik eindeutig forciert. In einer Stellungnahme der Union der Industrien der EWG (UNICE) zum EWG-Memorandum heißt es 1969, "daß die öffentlichen Ausgaben für die gemeinsame Agrarpolitik nicht ausschließlich von agrarpolitischen Entscheidungen abhängen dürfen" (Waltermann, 138, S. 161). Gleichzeitig wurde seinerzeit von dieser Vereinigung auch bereits vorgeschlagen, daß "ohne das System der EWG-Agrarpolitik im Grundsatz zu ändern ... finanzielle Beiträge der Erzeuger zur Mitfinanzierung der Überschüsse" gefordert werden sollten, um "die Landwirtschaft stufenweise in Zukunft genauso wie die anderen Sektoren der Wirtschaft am Marktrisiko zu beteiligen" (Waltermann, 138, S. 161). Das ist eine Forderung, die gegenwärtig hochaktuell geworden ist.

Deutlicher noch als die oben bereits angedeuteten Bestrebungen der industriellen Sektoren in der Bundesrepublik zur Beschleunigung struktureller Veränderungen der landwirtschaftlichen Produktion, ist in Frankreich die Wirkung der "Kapitalisierung und Konzentration der vor- und nachgelagerten Industrie als Motor der Entwicklung in der unmittelbaren landwirtschaftlichen Produktion ... auszumachen" (Baumgärtner, 6, S. 28). Allein in der Zeit von "1960 - 1970 verschwanden 3000 Molkereien, was einem Rückgang von 50 % entsprach" (Baumgärtner, 6, S. 28).

Doch auch im Marktstrukturgesetz der BRD vom 16.5.1969 ist die Handschrift vor allem der nachgelagerten Verarbeitungs- und Vermarktungsbereiche zu erkennen. Dieses Gesetz, das als "Gesetz zur Anpassung der landwirtschaftlichen Erzeugung an die Erfordernisse des Marktes" deklariert ist, sieht die Förderung von Erzeugergemeinschaften und Vereinigungen von Erzeugergemeinschaften vor. Bezeichnend ist, daß "die Mitglieder einer Erzeugergemeinschaft ... verpflichtet (sind), ihre gesamte zur Veräußerung vorgesehene Produktion eines bestimmten Produkts gemeinsam zum Verkauf anbieten zu lassen. Dadurch soll eine Konzentration des Angebots herbeigeführt werden, um der auf der Nachfrageseite bereits erfolgten starken Konzentration zu entsprechen" (Sichtermann/Fendt, 125, S. 13).

Mit der Verordnung (EWG) Nr. 1360/78 vom 19. Juni 1978 folgte den einzelstaatlichen Vorläufern auf EG-Ebene eine Richtlinie für Maßnahmen zur Marktstrukturverbesserung. Bemerkenswert an dieser EWG-Verordnung ist vor allem Artikel 6, Absatz 2, wo es heißt: "Die Vermarktung der Erzeugnisse ... erstreckt sich auf folgende Maßnahmen:

- Konzentration des Angebots,
- Vorbereitung für den Verkauf,
- Angebot an die En-gros-Käufer" (154, Nr. 26/78, Sonderbeilage, S. 4).

Damit wird noch einmal unterstrichen, daß es nicht die Absicht ist, Erzeugergemeinschaften selbst als Verkäufer und Vermarkter auftreten zu lassen, sondern die Erzeuger sollen lediglich für den nachgelagerten Bereich eine bessere Vorarbeit leisten. Eine wesentliche Beeinflussung auf die Gesetzgebung bzw. auf die Agrarpolitik der EG durch vor- und vor allem nachgelagerte Wirtschaftssektoren der Landwirtschaft läßt sich nicht verleugnen (vgl. hierzu auch Sichtermann/Fendt, 125, und 185, Nr. 52/77. S.2 f.).

Das Interesse des Industrie- und Handelssektors an der Entwicklung in der Landwirtschaft und die indirekten oder direkten Einflußnahmen auf politische Entscheidungen auf dem Agrarsektor lassen sich aber auch noch aus anderen Überlegungen begründen. Mit zunehmender Produktivitätssteigerung erfolgt nicht nur eine Verbilligung der Nahrungsmittelproduktion und eine Freisetzung von Arbeitskräften für andere Wirtschaftsbereiche. Gleichzeitig tritt auch eine enorme Erhöhung der Kapitalausstattung für einen Arbeitsplatz in der Landwirtschaft ein. Der Kapitalbedarf für die Schaffung eines Arbeitsplatzes in der Landwirtschaft liegt inzwischen höher als in der Industrie. In modernen Veredlungsbetrieben erreicht dieser bereits einen Betrag von über 1 Mio DM je AK (vgl. auch Tabelle 10). Dies verursacht eine erhöhte Kreditnachfrage, da die erforderlichen Investitionen zur Substitution von Arbeitskräften ständig steigen (vgl. 193, 11.10.1977, S. 10). Hieraus ziehen auch Kreditinstitute sowie die Maschinen- und Bauindustrie Vorteile. Allein von 1968/69 bis 1977/78 haben sich die Nettoinvestitionen der Vollerwerbsbetriebe gemäß Agrarbericht der BRD um 142 % je ha LF erhöht (vgl. Materialband 1979, S. 53). Allerdings sind diese Angaben im Materialband zum Agrarbericht nicht inflationsbereinigt.

Die Aufnahme lang- und mittelfristiger Verbindlichkeiten hat sich von 224,- DM/ha LF im Wirtschaftsjahr 1968/69 auf 380,- DM/ha LF im Wirtschaftsjahr 1977/78 erhöht (Materialband 1979, S. 53). Der Fremdkapitalbesatz je ha LF erhöhte sich in der gleichen Zeit von 2.092,- DM/ha LF auf 2.965,- DM/ha LF (Materialband 1979, S. 51). Damit ist die Gesamtkreditaufnahme des landwirtschaftlichen Sektors - wie aus der Tabelle 16 hervorgeht - ständig gestiegen. Für den Banken- und Investitionsgütersektor dürfte damit die Landwirtschaft ein nicht unwesentlicher Geschäftspartner sein, wobei noch zu bemerken ist, daß die effektiven Zinseinnahmen durch die Kreditwirtschaft noch höher liegen als in den Daten der Tabelle 16 zum Ausdruck kommt. Denn ein Großteil der mittel- und langfristigen Verbindlichkeiten sind staatlich zinsverbilligte Kredite, wobei der einzelne Landwirt nicht den vollen Betrag der anfallenden Zinsen zu tragen hat. Den Rest erhalten die Kreditinstitute aus Haushaltsmitteln des Staates.

4.2.3. Außenhandelsinteressen

Die Außenhandelspolitik der Gemeinschaft hat hauptsächlich zwei Funktionen zu erfüllen. Erstens soll sie einen Außenschutz für innergemeinschaftliche Märkte und Produzenten gewährleisten und zweitens den Außenhandel der Gemeinschaft stärken.

Im EWGV sind nur allgemeine Bestimmungen über den Außenschutz für Agrarerzeugnisse enthalten. Erst in den später ausgestalteten Marktordnungen wird vor allem mit den Instrumenten der Abschöpfung und Erstattung der Aussenhandel geregelt. Mit diesen Intrumenten erfolgt allerdings keine herme-

Tabelle 16

Entwicklung der Verschuldung der Landwirtschaft in der BRD

	Verbindlichkeiten nach Laufzeit: kurz- Mio DM	in %x)	mittel Mio DM	in %x)	langfr. Mio DM	Insgesamt xx)	Zinsleistungen Mio DM	in % der Verkaufserlöse
1956	3.254	39	1.700	20	2.390	8.322	554	3,5
1960	4.418	37	2.812	23	3.596	11.981	746	3,7
1965	5.827	31	4.282	23	7.464	19.082	1.126	4,3
1970	6.865	23	4.720	16	14.410	29.260	1.822	5,4
1974	7.202	25	4.978	17	16.684	28.864	1.989	-
1976	7.479	24	5.177	17	18.463	31.119	1.955	-
1978	8.984	25	5.231	15	21.002	35.217	1.943	-xxx)

x)in % der Gesamtverschuldung xx)bis 1970 incl. Renten xxx)1978 vorl.

Quelle: 216, mehrere Jahrgänge, eigene Zusammenstellung

tische Abriegelung des gemeinsamen Marktes, sondern dieser "wird lediglich vor extremen Bewegungen und niedrigen Preisen auf dem Weltmarkt geschützt" (186, S. 16).

Wie schon bei der Gründung der EWG, aber auch in den Folgejahren, unterschiedliche Wirtschafts- und Handelsinteressen der einzelnen Mitgliedsländer bestimmenden Einfluß auf die Gestaltung der Gemeinschaftsrichtlinien nahmen, so haben auch die Handelsbeziehungen zwischen der EG und Drittländern und die internen Wirtschaftsinteressen dieser Länder einen Einfluß auf die Gestaltung der Außenbeziehungen der Gemeinschaft. Je nach Wirtschaftskraft und Weltmarktstellung wird von den einzelnen Ländern bzw. von der EG eine Liberalisierung des Welthandels forciert oder gebremst. War es innerhalb der Gemeinschaft vor allem die westdeutsche Landwirtschaft, die sich als schwächstes Glied nicht nur den mächtigen inländischen Industrieinteressen, sondern auch den Interessen der Agrarexportländer beugen mußte - z.B. bei den Verhandlungen über die Einführung eines gemeinsamen Getreidepreises ab 1.7.1967 - (vgl. Braun, 19, S. 171 ff.), so ist es im Weltmaßstab der Agrarsektor der Gemeinschaft insgesamt, der sich sowohl gegenüber innergemeinschaftlichen Industrie- und Handelsinteressen als auch gegenüber drittländischen Agrarexportinteressen zu wehren hat (vgl. Leitolf, 75, S. 42 ff.).

Schon bei der Gründung der EG wurden Bedenken von Agrarexportländern gegen mögliche Handelsbeschränkungen laut. Der seinerzeitige kanadische Handelsminister Gordon Churchill sah z.B. bereits im Oktober 1957 mögliche Konflikte für den Fall voraus, daß es zu einer Beeinträchtigung des Marktzugangs für landwirtschaftliche Produkte in die EWG kommen sollte (vgl. Frenz, 29, S. 2). Ebenso wurden vom US-amerikanischen Landwirtschaftsminister Benson schon vor Einführung des Abschöpfungssystems und den dadurch zu erwartenden Außenschutz der EG im August 1960 in Rotterdam Bedenken gegen diese Regelungen vorgetragen. Er "sah die positiven Auswirkungen des Wettbewerbs und der Spezialisierung durch das Abschöpfungssystem gefährdet" (Frenz, 29, S. 2).

Bekanntestes Beispiel zur Verdeutlichung der Interessengegensätze zwischen Industrie-Export und Agrar-Import ist der sogenannte "Hähnchenkrieg" der USA aus dem Jahre 1963 (vgl. Ernst, 25, S. 142 ff.). Auf Einfuhrbeschränkungen für US-amerikanische Hähnchen zum Schutze bundesdeutscher Hähnchenmäster antworteten die USA mit der Androhung vom Importbeschränkungen für westdeutsche Personenwagen. Vor allem auf Drängen des DIHT wurden daraufhin den USA Zugeständnisse im Rahmen der EG-Agrarpolitik und vor allem auf dem Gebiet der Agrarstrukturpolitik gemacht (vgl. Poppinga, 105, S. 76). Ähnliche Zugeständnisse erreichten auch andere, am Agrarimport in die BRD und EG interessierte Länder. Es soll an dieser Stelle auch vermerkt werden, daß weder in den USA noch in der BRD bzw. innerhalb der EG in der Frage der Hähnchenimporte das Schicksal von Kleinbauern bzw. unteren Einkommensschichten zur Disposition stand. Die Hähnchenproduktion wurde auf beiden Seiten und vor allem in den USA bereits in so großen Einheiten betrieben, daß sie weitgehend von der eigentlichen Landwirtschaft getrennt erfolgte. Wenn sich auch in den USA die Landwirtschaft über die Bevorzugung der Industrie beschwerte (vgl. 226, S. 24), so ging es in diesem Fall doch weniger um agrarische Interessen als vielmehr um eine Exportoffensive mit dem gleichzeitigen Ziel der Handelsbilanzverbesserung (vgl. 226, S. 25; vgl. auch Kelley, 58, S. 168). Von seiten der USA wurde in dieser Hinsicht auch im Rahmen des GATT eine langfristig angelegte Strategie verfolgt, das Schutzzollsystem der EG für amerikanische Agrarexporte zu senken. Grundlage dieser Verhandlungsstrategie bildete eine Studie des "Rates für internationale Wirtschaftspolitik". Diese wurde wegen ihres Vorsitzenden Peter Flanigan als Flanigan-Report bekannt. Ausgehend von der Überlegung, daß der Fleischverbrauch in den entwickelten Industrieländern und also hauptsächlich auch in der EG zunimmt, wurden hervorragende Absatzmöglichkeiten für amerikanisches Futtergetreide als Voraussetzung einer verstärkten Fleischproduktion vorausgesagt. Vor allem im Hinblick auf eine Verbesserung der "Konkurrenzfähigkeit der US-Getreideexporteure auf dem europäischen Markt" drängten die USA auf einen "Fortfall des Schutzzollsystems der EG" (226, S. 25; vgl. auch 15, S. 56).

Die Forderungen der USA gingen aber noch weiter. So verlangten sie z.B., daß die Stützungsmaßnahmen der westeuropäischen Regierungen für die eigene Landwirtschaft eingestellt werden, da hierdurch gemäß Flanigan Report unnötig viele kleine und nicht lebensfähige Betriebe an der Aufgabe ihrer Produktion gehindert würden. Dies führe dazu, daß Überschüsse produziert werden, die dann wiederum mit Regierungssubventionen außerhalb Europas und in Konkurrenz zu US-amerikanischen Getreideexporten treten würden. Dies sei die Ursache dafür, daß von 1963 bis 1971 der US-Anteil am Weltweizenhandel um 6 % und am Futtermittelhandel um 10 % gesunken sei (vgl. 226, S. 25). Ähnlich gelagerte Forderungen wurden unter dem Vorwand der Wettbewerbsverzerrungen durch Ausfuhrerstattungen bis in die jüngste Zeit immer wieder von den USA an die EG gerichtet (vgl. z.B. 183, 2/80, S. 17; sowie 193, 7./8.7.1978, S. 1). Diese Forderungen der USA zur Liberalisierung des Außenhandels sind allerdings mit einem Schönheitsfehler behaftet. Sie widersprechen der eigenen Praxis. Denn die USA selber haben eine ganze Reihe von gesetzlichen Bestimmungen erlassen, wonach je nach Gefährdungsgrad inländischer Produzenten und Märkte Importrestriktionen und Importkondingentierungen vorgenommen werden können (vgl. Trade Agreements Extentions Act von 1951 und Public Law 88-482, zitiert nach Frenz, 29, S. 3 und 4). Außerdem ist der US-amerikanische Markt durchschnittlich von höheren Schutzzöllen umgeben als die Märkte der EG (vgl. Holthus/Winkler, 51, S. 145).

Agrarimporte der EG, die sich von 1963 - 1976 "mehr als verdoppelt (haben)" (186, S. 16), erfolgen allerdings nicht nur auf Drängen von Drittländern, sondern beruhen auch auf Interessen innerhalb der EG. Hierzu gehören sowohl Exportinteressen der Industrie- und Außenhandelsunternehmen, die Agrarimporte im Rahmen von Kompensationsabkommen befürworten, als auch Teile des Agrarhandels und der Landwirtschaft selber, die von billigen Agrarimporten profitieren. Solche handfesten Wirtschaftsinteressen werden von vielen und auch renommierten Agrarökonomen elegant mit der Feststellung umschrieben, daß die EWG wegen ihres großen wirtschaftlichen Gewichtes "mit hoher Verantwortlichkeit für das Funktionieren und Prosperieren der Weltwirtschaft belastet" ist und "deshalb keine Autarkie für Agrarprodukte (anstrebt), sondern ... einen Spielraum für Netto-Einfuhren von etwa 10 %

des Verbrauchs aller Agrarprodukte zusammengenommen offenlassen (will)" (Plate, 100, S. 25).

Im EWGV Artikel 110 heißt es bezüglich des Welthandels, daß die Mitgliedsstaaten "im gemeinsamen Interesse zur harmonischen Entwicklung des Welthandels ... beitragen" wollen. Dieses "gemeinsame Interesse" und die oben genannte "Verantwortlichkeit" sieht in der Praxis jedoch so aus, daß vor allem Entwicklungsländer ihre durch teuere Industrieimporte (vgl. 156, 12/79, S. 350) aus den technisch hochentwickelten Staaten - und damit auch aus der EG-resultierenden Außenhandelsdefizite (vgl. Ergebnisse der 23. Tagung des Ministerrates der 58 AKP-Staaten in Monrovia vom 31.1.1980, zitiert nach 183, 3/80, S. 16 f.), nur mit Rohstoff- und Agrarproduktlieferungen ausgleichen können. Verstärkter Industrieexport der EG ist daher überwiegend auch mit einem gleichzeitigen Anwachsen des Agrarimportes verbunden. Im Arbeitsprogramm für die Agrarpolitik der Bundesregierung heißt es zu diesem Fragenkomplex: "Der hohe Industrialisierungsprozeß erfordert unter anderem die Aufrechterhaltung eines hinreichenden Exportvolumens. Das ist jedoch nur möglich, wenn neben den Einfuhren gewerblicher Produkte auch ein gewisses Importvolumen für Agrarerzeugnisse aufrechterhalten bleibt. Je höher der Selbstversorgungsgrad bei Nahrungsmitteln in der Bundesrepublik und in der Gemeinschaft steigt, um so mehr verringern sich die Möglichkeiten des Außenhandels, insbesondere mit solchen Drittländern, die auf den Agrarexport angewiesen sind" (zitiert nach Engel/Fendt, 24, S. 41).

Hierzu muß allerdings noch folgendes angemerkt werden:

(1.) Der Anteil der Entwicklungsländer an den Agrarimporten der EG machte 1978 nur 47,7 % aus (1977 waren es noch 49,5 %). Allein 45,2 % (1977 = 43,2 %) entfielen auf die Industrieländer und 7,4 % (1977 = 7,3 %) auf Staatshandelsländer (vgl. EG-Bericht 1978, S. 64 und 1979, S. 58). Die Einfuhr von Soja aus den USA in die EG erhöhte sich von 1968 bis 1976 um 118 % (186, S. 16). Die Position der Entwicklungsländer hat sich dagegen z.B. auf den Märkten der BRD in der Zeit von 1965 bis 1975 merklich verschlechtert. Bei den Nahrungs- und Genußmittelimporten sank ihr Anteil in dieser Zeit von 24,0 % auf 14,3 % (vgl. 194, Nr. 11, 12/77, S. 49).

Diese Situation wird sich auch auf der Grundlage des Lomé-II-Abkommens wahrscheinlich kaum ändern (vgl. 156, 12/79, S. 350).

(2.) Die Industrieländer selber, allen voran die USA (vgl. 226, S. 25 ff.), sorgen dafür, daß die Entwicklungsländer auch Entwicklungsländer bleiben und überwiegend nur Rohstoffe liefern können. Die Aufbereitung und

Weiterverarbeitung (auch der Nahrungs- und Futtermittel) wird ihnen von den Industrieländern abgenommen (vgl. 226, S. 25 ff.).

(3.) Es ist nicht ohne weiteres einsichtig, weshalb die Agrarproduktion aus Rücksichtnahmen auf den industriellen Außenhandel nicht erweitert werden darf. Hier macht sich offenbar die größere Machtstellung der Industrie bemerkbar. Denn sonst müßte in gleicher Weise auch die Automobilindustrie "wegen Marktsättigung" im Inland eine Produktionsausdehnung unterlassen bzw. die Landwirtschaft ihre Exporte zu ungunsten industrieller Exporte ausdehnen können.

Außer den industriellen Außenhandelsinteressen sind aber auch Futtermittel- und besonders Mischfutterhersteller, an billigen Einfuhrsubstituten für inländisches Getreide interessiert, wovon dann allerdings auch Veredelungsbetriebe mit einem hohen Anteil an zugekauften Futtermitteln profitieren. Teilweise sind Getreidesubstitute, die auf importiertem Tapioka und Soja aufbauen, um mehr als die Hälfte billiger als inländisches Getreide (vgl. 154, Nr. 43/78, Europa-Nachrichten, S. 11). Die prinzipiell zwar bestehende Möglichkeit einer höheren Abschöpfung für diese Substitute wird aufgrund der Vereinbarungen des GATT nicht angewandt (vgl. 154, 43/78, Europa-Nachrichten, S. 11).

Die Zurückdrängung inländischen Getreides durch billigere Substitute führt einerseits zu unverkäuflichen Getreideüberschüssen und zur Notwendigkeit von staatlichen Interventionsmaßnahmen und andererseits zu vermehrter Veredlung (vgl. Schnieders, 122, S. 3).

Besonders in den Niederlanden resultiert ein erheblicher Teil, vor allem der Milchproduktion, aus billig eingeführten Getreidesubstituten (vgl. Reichert, 111, S. 11 und Thiede, 134, 1/80, S. 7). Nach Berechnungen von G. Thiede (Statistisches Amt der Europäischen Gemeinschaft in Luxemburg) werden "mindestens 1/8 aller tierischen Erzeugnisse der EG (Milch, Fleisch, Eier) mit Hilfe von Auslandsfutter erzeugt" (134, 1/80, S. 6). Durch Futtermitteleinfuhren "wird die Flächenkapazität der EG-Landwirtschaft um umgerechnet 10 Mill. ha LF oder 11 % erweitert" (134, S. 9). Auf dem Gebiet der tierischen Erzeugnisse wurden 1977/78 genauso viel "erzeugt wie im Innern der Gemeinschaft verbraucht wurde" (134, S. 9). Bei einem Wegfall der Erzeugung aus Auslandsfutter, würde sich demnach nur noch ein Selbstversorgungsgrad von 83 % erreichen lassen (vgl. 134, S. 9).

Einfuhrverpflichtungen für Butter und Zucker sorgen auf diesen Märkten dafür, daß die ohnehin vorhandene Überschußsituation verstärkt wird (vgl. Schnieders, 122, S. 4 und 154, Nr. 26/78, Europa Nachrichten, S. 5). So mußte die Gemeinschaft z.B. aufgrund einer durch den Beitritt des Vereinigten Königreiches eingegangenen Abnahmeverpflichtung gegenüber Neuseeland 1979 120.000 t und 1980 115.000 t Butter einführen (67, S. 5).

In einer Stellungnahme zu den Vorschlägen der EG-Kommission, die A- und B-Quoten für die innergemeinschaftliche Zuckerproduktion zu kürzen, weist der Europäische Gewerkschaftsausschuß Nahrung, Genuß, Gaststätten darauf hin, daß mit dem Lomé-II-Abkommen den AKP-Staaten, trotz einer vollständigen Selbstversorgung der EG, eine Abnahmegarantie von 1,3 Mio t Rohzucker gegeben wurde. Dies sei als Hilfe für diese Staaten zwar positiv zu bewerten, doch müßten die gegenwärtigen Quoten schon allein aus der Sicht der gefährdeten Arbeitsplätze beibehalten werden. Die dann für die Ausfuhr von EG-Zucker erforderlich werdende Exporterstattung sollte allerdings zukünftig "nicht dem Agrarfonds, sondern dem Haushalt für Entwicklungshilfe entnommen werden" (184, S. 1). Dieser Vorschlag erscheint logisch, da hier mehr handelspolitische als agrarpolitische Interessen Verursacher des Zukkerberges sind.

4.3. Interdependenzen agrarpolitischer Maßnahmen und marktwirtschaftlicher Einflüsse

Es kann und soll hier nicht der Versuch unternommen werden, die Anwendungs- und Wirkungsweise sämtlicher Lenkungsmechanismen, die im Rahmen der Gemeinsamen Agrarpolitik bisher entwickelt und angewandt wurden, zu analysieren. Dies würde angesichts der bereits erwähnten Vielzahl von Richtlinien, Verordnungen, Beschlüsse und Programme nicht nur weit außerhalb der Möglichkeiten dieser Arbeit liegen, sondern auch wegen der Behandlung zu vieler Einzelprobleme der Erkenntnis ursächlicher und genereller Fehlerquellen nicht sonderlich dienlich sein.

Es soll hier deshalb nur an den relevantesten agrarpolitischen Lenkungsversuchen und Maßnahmen die Funktion und Auswirkung der Gemeinsamen Agrarpolitik evident gemacht werden. Dies soll vor allem zur Klärung der Frage beitragen, inwieweit überhaupt die deklarierten agrarpolitischen Absichten mit Hilfe des dazu entwickelten Instrumentariums adäquat in die Realität umgesetzt werden können bzw. wie hoch der "Wirkungsgrad" der politischen Einflußnahme gegenüber anderen Einflußgrößen ist.

4.3.1. Markt- und Preispolitik

Die Markt- und Preispolitik stellt den relevantesten Bereich der gemeinsamen Agrarpolitik der EG dar. Sie engt gemäß einer Stellungnahme von Bundesminister Ertl "den Spielraum des freien Marktes bei etwa 50 % des Produktionswertes der Landwirtschaft zuweilen deutlich, bei 40 % in geringem Maße ein" (26, S. 43). Inwieweit tatsächlich eine Einengung bzw. Beeinflussung der Marktmechanismen und damit eine Änderung der Situation auf dem Agrarsektor durch die gemeinsame Markt- und Preispolitik möglich ist, soll in den folgenden Abschnitten noch näher untersucht werden.

Vorab muß aber noch eine Klarstellung hinsichtlich der Anwendung und Wirkungsweise der gemeinsamen Markt- und Preispolitik erfolgen, da es besonders wegen der Preisbeschlüsse immer wieder zu Mißverständnissen in der öffentlichen und auch agrarpolitischen Diskussion kommt: Es gibt, von wenigen Ausnahmen abgesehen, grundsätzlich keine staatlich garantierten Erzeugerpreise. Bei den Preisfestsetzungen der EG handelt es sich lediglich um Marktordnungspreise. Diese werden nicht an die Erzeuger gezahlt, sondern zu diesen Preisen kaufen die staatlichen Interventionsstellen die Produkte an, für die eine Interventionsverpflichtung besteht, und die ihnen bei einer Marktübersättigung auf den jeweiligen Produktmärkten zum Kauf angeboten werden.

Für einige Ölsaaten, die im Jahre 1978 lediglich 0,4 % des Wertes der landwirtschaftlichen Erzeugung ausmachten (vgl. EG-Bericht 1979, S. 67) und für eine kontingentierte Zuckerrübenmenge werden jedoch auch die Erzeugerpreise festgelegt. Bei den Zuckerrüben werden allerdings für die über die Erzeugergrundmenge (A-Quote) hinaus von den Erzeugern den Zuckerfabriken angebotenen Mengen (B- und C-Quoten), wie unter 4.1.3. bereits angeführt, nur eine begrenzte bzw. keine Abnahme- und Preisgarantie gewährt (vgl. hierzu 161, Heft 445).

Die Marktordnungspreise der EG dienen also fast ausschließlich der Schaffung zusätzlicher Nachfrage. Dies aber wiederum nur bei den Produkten, für die eine Interventionsverpflichtung besteht.

Eine weitere Funktion der Marktordnungspreise besteht aber auch noch darin, daß sie als Richtpreise für den Außenhandel dienen. Einfuhrgüter, deren EG-interner Preis höher liegt, werden bis auf diesen Preis angehoben. Ausfuhren werden dagegen an den zumeist niedrigeren Weltmarktpreis durch Erstattungen an die ausführenden Unternehmen bzw. Instanzen angeglichen.

4.3.1.1. Die Instrumente zur Durchsetzung der Markt- und Preispolitik und ihre Funktionsweise

Die Instrumente zur Durchsetzung der Markt- und Preispolitik lassen sich ihrer Funktion entsprechend im wesentlichen in drei Gruppen unterteilen.

Es sind dies die Instrumente zur Regulierung der Außenbeziehungen, der inneren Markt- und Preisregulierung und zur gemeinsamen Finanzierung.

4.3.1.1.1. Die Regulierung des Außenhandels der EG

Zur Absicherung des EG-Binnenmarktes gegenüber dem Weltmarkt und zur Regulierung der Außenbeziehungen wurde eine Gemeinschaftspräferenz geschaffen. Durch A b s c h ö p f u n g e n werden billigere Einfuhrgüter aus Drittländern auf das Niveau der gemeinsamen EG-Preise, den vom G r u n d r i c h t p r e i s abgeleiteten S c h w e l l e n p r e i s e n, angehoben. Bei Ausfuhren, deren Weltmarktpreise höher liegen als innerhalb der Gemeinschaft, wird die Differenz ebenfalls abgeschöpft.

E r s t a t t u n g e n werden zur Verbilligung von Einfuhren (Einfuhrerstattungen) aus Drittländern gezahlt. Bei Ausfuhren, die auf dem Weltmarkt billiger sind, wird diese Differenz ebenfalls in Form von Erstattungen (Ausfuhrerstattungen) ausgeglichen.

Der R i c h t p r e i s wird vom Ministerrat auf Vorschlag der Kommission jährlich bis zum 1.8. für das darauf folgende Jahr festgelegt. Durch Hinzurechnung von Vermarktungs- und Transportkosten vom Hauptzuschußgebiet (für Getreide z.B. Duisburg) ergibt sich der Schwellenpreis für den jeweiligen Grenzübertrittsort bei Ein- bzw. Ausfuhren. Dadurch sollen z.B. Importe auf dem EG-Binnenmarkt den Richtpreis nicht unterschreiten können.

Das System der Abschöpfungen und Erstattungen leistet einen sicheren Schutz gegenüber Preisschwankungen auf dem Weltmarkt und wäre auch in der Lage, billige Einfuhren aus Drittländern abzuwehren. Denn gegenüber Zöllen hat die Abschöpfung den Vorteil, daß sie nicht statisch ist, sondern sich jeweils an den EG-Binnenmarktpreisen (Richtpreisen) orientiert, sich also auch kurzfristig ändern kann (vgl. auch Wagner, 137, S. 31 f. und 54 ff.). Dadurch sind zur Aufrechterhaltung eines ungestörten Marktablaufs keine Handelsbeschränkungen wie Kontingentierungen oder Verwendungsauflagen erforderlich.

Allerdings setzen hier die Außenhandelsinteressen der EG-internen Unternehmen, vor allem aber die an einem Agrarexport in die EG interessierten Drittländer (allen voran die USA) der wirksamen Anwendung dieser Außenschutzeinrichtung enge Grenzen. Dies wurde unter 4.2.3. bereits dargelegt.

4.3.1.1.2. Die Regulierung des Binnenmarktes

Für "nahezu die gesamte Agrarproduktion" gelten inzwischen "gemeinschaftliche - aber keineswegs einheitliche - Rechtsvorschriften" heißt es in einer Dokumentation der Europäischen Kommission von 1979 (186, S. 13). Für über 90 % aller Produkte sind Marktorganisationen entwickelt worden, mit denen die Markt- und Preispolitik der EG realisiert werden soll. Ausgeschlossen sind noch der Sektor lebende Pflanzen und Erzeugnisse der Blumenzucht. Aber auch einige wichtige Bereiche sind noch nicht in einer gemeinsamen Marktorganisation erfaßt. Hierzu gehören die Märkte für Kartoffeln, Schaffleisch und Alkohol (vgl. 63, S. 18).

Einige Instrumente dieser Marktorganisationen, wie Erstattungen, Abschöpfungen, Richt- und Schwellenpreise, wurden bereits erläutert. Der Richtpreis spielt auch bei den Regulierungsabsichten auf dem EG-Binnenmarkt eine bestimmende Rolle. Je nach Marktorganisation der einzelnen Produkte tritt er in abgewandelter Form als Erzeugerrichtpreis, Orientierungspreis (z.B. bei Rindfleisch und Wein), Grundpreis, Referenzpreis oder Zielpreis in Erscheinung.

I n t e r v e n t i o n s p r e i s e sind von Richtpreisen abgeleitete und unterhalb dieser liegende Preise, zu denen staatliche Interventionsstellen bei Überangeboten und Preisverfall die ihnen angebotenen, nicht absetzbaren Produkte aufkaufen. Zu den Produkten, für die eine Interventionsverpflichtung besteht, gehören Getreide, Zucker, Butter, Milchpulver, einige italienische Käsesorten, Olivenöl, Raps, Sonnenblumenkerne, Rind- und Schweinefleisch sowie Tabak (186, S. 36). Diese Interventionsverpflichtung bedeutet aber noch nicht, daß damit der Marktpreis für die genannten Produkte gegen ein Absinken unter den Interventionspreis gesichert ist. Wie aus Schaubild 10 hervorgeht, liegt der Marktpreis für Rinder bereits seit 1974 unter dem Interventionspreis. Außerdem wird aus Einsparungsgründen für die "Sommermonate" des Jahres 1980 eine Aussetzung der Interventionen bei Rindfleisch erfolgen (183, 1/80, S. 17 f.). Da im übrigen Interventionen fast ausschließlich bei Produkten der Großhandels- bzw. Verarbeitungsstufe ansetzen, kann von einer Sicherung der Erzeugerpreise durch die Marktordnungspreise kaum die Rede sein (vgl. auch Schaubild 11). Es kommt noch hinzu, daß die Erzeuger nicht nur vom interventionsfähigen Produkt, sondern auch von der erforderlichen Angebotsmenge her von einem Angebot an die Interventionsstellen ausgeschlossen sind (vgl. Poppinga, 106, S. 99).

Die durch die unterschiedliche wirtschaftliche Entwicklung der einzelnen Mitgliedsländer verursachten divergierenden Währungsentwicklungen, machten die Einführung eines G r e n z a u s g l e i c h s erforderlich. Bei Auf- und Abwertungen der Währungen einzelner Mitgliedsstaaten werden die Marktpreise landwirtschaftlicher Erzeugnisse stärker betroffen als die des gewerblichen und industriellen Sektors. Dies deshalb, weil die Agrarpreise an die europäische Rechnungseinheit gekoppelt sind. Auf- oder Abwertungen verringern bzw. erhöhen das in nationaler Währung ausgedrückte Agrarpreisniveau. Bei einer Aufwertung sinken die Preise der Marktordnungsgüter um den vollen Aufwertungssatz, wobei die Produktionsmittelpreise nicht gleichzeitig sinken. Aufgrund der DM-Aufwertung am 27. Oktober 1969 wurde zunächst von seiten der BRD ein nationaler Aufwertungsausgleich zur Abschwächung der Einkommensminderung an die Landwirte gezahlt und ein Grenzausgleich zur Verteuerung der Agrarimporte aus anderen EG-Ländern erhoben, der an den EAGEL abgeführt wurde. Umgekehrt wurden bei Ausfuhren in Abwertungsländer aus Mitteln des EAGEL Zahlungen zur Verbilligung geleistet.

Dieses Grenzausgleichssystem wurde ab 1972 auf die gesamte EG ausgedehnt, nachdem zwischenzeitlich weitere Auf- bzw. Abwertungen notwendig geworden waren. Ein Grenzausgleich erfolgt jedoch nur bei den Produkten, für die die Marktorganisation eine Intervention vorsieht. Diese Grenzausgleichsregelung kommt faktisch einer Wiedereinführung von Zöllen gleich und stellt einen erheblichen Rückschlag auf dem Weg zur Erreichung eines einheitlichen Agrarmarktes dar.

Außer den vorgenannten Instrumenten existieren noch zahlreiche weitere Mechanismen zur Marktregulierung wie Prämien und Abgaben in Form von Lagerkostenzuschüssen, Übergangsvergütungen, Produktionserstattungen und -abgaben, Auf- und Abstockungsbeihilfen und -prämien, Denaturierungsprämien, Nichtvermarktungsprämien etc. sowie etliche Sonderbestimmungen für den Handel mit Drittländern. Es würde den Rahmen dieser Arbeit sprengen, wenn alle diese Regelungen hier behandelt werden sollten.

Die erst seit 1977 eingeführte und in ihrer Auswirkung auf die Einkommensstruktur der Landwirte sehr bedeutende Regelung der Mitverantwortungsabgabe zur Beseitigung bzw. Verwertung von Überschußprodukten, insbesondere auf dem Milchsektor, wird in ihrer Wirkungsweise als eine faktische Erzeugerpreissenkung sowohl bei der Beurteilung der Markt- als auch der Einkommensregulierung noch zu behandeln sein.

4.3.1.1.3. Die Finanzierung des Agrarmarktsystems

Zur finanziellen Abwicklung der Marktregulierungen, Strukturmaßnahmen und sonstigen Gemeinschaftsaufgaben wurde der EUROPÄISCHE AUSRICHTUNGS- UND GARANTIEFONDS FÜR DIE LANDWIRTSCHAFT (EAGFL) geschaffen. Dieser gliedert sich in die zwei Abteilungen "Garantie" und "Ausrichtung". Die Abteilung

Garantie dient sowohl zur Finanzierung der Investitionen auf dem EG-Binnenmarkt (Stützungskäufe, Beihilfen etc.) als auch zur Förderung von Exporten der EG in Drittländer. 1978 beliefen sich die Ausgaben der Abteilung Garantie auf rund 8.677 Mio ERE (außer 21 Mio für den Fischereisektor). Davon entfielen auf Erstattungen und Interventionen zur Stützung des Agrarmarktes 7.743 Mio ERE (also 89,2 %). Für den Währungsausgleich wurden rund 900 Mio ERE (also 10,4 %) ausgegeben. Dabei sind 35,3 Mio ERE für Beitrittsausgleichsbeträge der Beitrittsländer Irland, Großbritannien und Dänemark noch nicht berücksichtigt (vgl. EG-Bericht 1978, S. 141). Aus dem Agrarsektor selbst werden von den Ausgaben im Jahre 1978 2.212 Mio ERE beigesteuert (vgl. EG-Bericht 1978, S. 143).

Die Abteilung "Ausrichtung" der EG wird jährlich mit 325 Mio ERE ausgestattet. Hiermit werden vorwiegend strukturverbessernde Maßnahmen und regionale Förderungsprogramme finanziert. Für 1979 umfaßt das Volumen des Gemeinschaftshaushalts rund 13.175 Mrd ERE. Hiervon entfallen auf den europäischen Ausrichtungs- und Garantiefonds, den größten Ausgabenblock der Europäischen Gemeinschaft, 9.998 Mrd ERE, entsprechend 75,9 % des Gesamthaushaltes (vgl. Agrarbericht 1979, S. 80).

4.3.1.2. Problematik der Preisdeterminierung

Nach offizieller Darstellung "setzt der Ministerrat jedes Jahr die für das folgende Wirtschaftsjahr geltenden gemeinsamen Preise fest" (186, S. 14). Diese "Festsetzung" der Preise erfolgt "auf Vorschlag der Kommission" (186, S. 14). Und weil "es keine einheitliche europäische Währung gibt, werden die Preise in Rechnungseinheiten festgesetzt ..., deren sinnvolle Anwendung stabile Paritäten zwischen den Währungen der Mitgliedsstaaten voraussetzt" (186, S. 14). Da es diese stabilen Paritäten aber auch nicht gibt, "bestehen heute Unterschiede im tatsächlichen Preisniveau in den einzelnen Mitgliedsstaaten" (186). Sie sind sogar heute teilweise größer als zur Zeit der Gründung der EWG (vgl. 67, S. 51 f.).

4.3.1.2.1. Probleme der Preisfindung

Obwohl im EWG-Vertrag eine Harmonisierung der Preispolitik nicht zwingend vorgesehen war, kamen die Vertragspartner schon bei der Einführung der ersten Marktorganisationen für Getreide, Milch und Zucker zu der Erkenntnis, daß ein freier Warenverkehr mit Agrarprodukten ohne ein gemeinsames Preisniveau nicht funktionieren würde. Mit dem Inkrafttreten der Marktorganisation für Getreide ab 1.7.1967 begann deshalb die Phase der direkten

Einflußnahme auf die Preisgestaltung durch Gemeinschaftsorgane. Als Bestimmungsgründe galten zunächst

- die Einkommen der Erwerbstätigen in der Landwirtschaft,
- die Höhe der Verbraucherpreise,
- mögliche Auswirkungen auf den Außenhandel,
- die Beeinflussung der Erzeugung nach Art und Menge auf der Grundlage der Versorgungssituation, und
- die Kosten zur Durchsetzung dieser Beschlüsse.

Wie unter 3.2.1.2. bereits ausgeführt, war und ist gerade die Situation auf dem Agrarsektor zwischen den einzelnen Mitgliedsländern so unterschiedlich, daß die vorgenannten Bestimmungsgründe zwangsläufig zu Kollisionen bei der Festsetzung gemeinsamer Marktordnungspreise führen mußte. Zum anderen waren Zielkonflikte schon deshalb unvermeidbar, weil die Verfolgung mehrerer Ziele über die Preispolitik, z.B. Einkommensverbesserung und Marktregulierung, nicht gleichzeitig und gleichrangig möglich ist. Marathonsitzungen mit jeweils abzuwendenden Austrittsdrohungen einzelner Mitgliedsländer, deren Vertreter bei ihren Verhandlungen nicht zuletzt auch auf ihre nationalen Interessenverbände, z.B. in bezug auf anstehende Wahlen etc., Rücksicht nehmen mußten, sind von Anbeginn an der Tagesordnung. Die ursprünglich jeweils vor dem 1.8. eines jeden Jahres für das darauf folgende Jahr vorgesehenen Preisfestsetzungen kamen deshalb mehrmals erst verspätet zustande.

Etwa 1970 wurde zudem noch deutlich, daß mit dieser gemeinsamen Preispolitik vor allem die angestrebten Ziele "Marktgleichgewicht" und "ausreichendes Einkommen" nicht erreicht werden konnten. Diskussionen über Preissenkungen zur Produktionsbegrenzung bei bestimmten Produkten wurden gleichzeitig mit der Notwendigkeit höherer Agrareinkommen geführt (vgl. mehrere Beiträge in: 230).

4.3.1.2.2. Woran orientieren sich Mindestpreise?

Ebenso wie das Vergleichseinkommen weder auf seiten der Produzenten noch auf seiten der zum Vergleich herangezogenen Größen eine konkrete Definition erfährt, sind auch die oft zitierten Mindestpreise weder konkretisiert noch ökonomisch nachgewiesen. Im EWGV heißt es zwar in Art. 44 Abs. 3 "Sobald dieser Vertrag in Kraft getreten ist, beschließt der Rat auf Vorschlag der Kommission objektive Grundsätze für die Aufstellung von Mindestpreis-Systemen und die Festsetzung von Mindespreisen". Aber schon die Anleitung zur

Auffindung dieser "objektiven Grundsätze" läßt Zweifel aufkommen, ob die so ermittelten Mindestpreise der offiziellen Zielsetzung der EG-Agrarpolitik (außer einer beschleunigten Reduzierung der Arbeitskräfte in der Landwirtschaft) gerecht werden. Denn diese Grundsätze sollen insbesondere die "durchschnittlichen (Hervorhebung durch mich, W.G.) inländischen Gestehungskosten in dem Mitgliedsstaat (berücksichtigen), der den Mindestpreis anwendet". Aber gleich anschließend erfolgt eine indirekte Begründung für die Festlegung "objektiver Grundsätze" zur Ermittlung von Mindestpreisen: "Die Kommission schlägt ferner ein Verfahren zur Revision dieser Grundsätze vor, um dem technischen Fortschritt Rechnung zu tragen und ihn zu beschleunigen und um die Preise innerhalb des gemeinsamen Marktes schrittweise einander anzunähern" (Art. 44 Abs. 3 EWGV). Über die "objektiv" festgesetzten Preise und ihrer späteren Revidierung unter dem Vorwand der Produktivitätssteigerung und Angleichung der EG-Preise wird also auch eine Strukturänderung angepeilt.

Dies wird besonders aus einem von der EG-Kommission am 18.12.68 vorgelegten Reformprogramm erkennbar. Darin wurde eine "energische Konzentration der landwirtschaftlichen Produktion auf eine kleine Zahl 'moderner landwirtschaftlicher Unternehmen' sowie massive Beschleunigung der Proletarisierung von Bauern und Abwanderung von Lohnarbeitern" (Poppinga, 105, S. 80) vorgeschlagen, verbunden mit Prämien für Bauern, die ihre Höfe aufgeben und Förderung von Industrieansiedlungen auf dem Lande. 1973 folgte dieser strukturpolitischen Vorstellung die Absichtserklärung der EG-Kommission, "bei ihren künftigen Vorschlägen die Entwicklung des allgemeinen Preisniveaus mehr und mehr auf die modernen Betriebe auszurichten" (Hervorhebung durch mich, W.G.; 61).

Nach Freiherr von Verschuer (stellvertretender Generaldirektor in der Kommission der Europäischen Gemeinschaft, Generaldirektion Landwirtschaft, Brüssel) sind gemäß Schätzungen der EG-Kommission "zur Zeit (1974, W.G.) 12 % der 5,7 Mio Betriebe über einen Hektar der Europäischen Gemeinschaft als modern anzusehen, die allerdings etwa 40 - 50 % der Produktion liefern. In zehn Jahren (also 1984, W.G.) werden es vielleicht annähernd 20 % der Betriebe sein - sicher nicht mehr - die dann 60 - 80 % der Produktion liefern" (von Verschuer, 136, S. 38).

Hieraus läßt sich ablesen, daß die Marktordnungspreise der EG, sofern diese das Einkommen der Landwirte als Indikator berücksichtigen, nur der Spitzengruppe eine Einkommenssicherung bzw. -verbesserung zugestehen sollen.

4.3.1.2.3. Die Preisfindung nach der objektiven Methode

Nachdem jahrelang das politische Feilschen um die angemessene Höhe der jährlich neu festzusetzenden Agrarpreise im Vordergrund stand, versuchte die EG-Kommission vom Wirtschaftsjahr 1972/73 an, ihre Preisvorschläge mit einer objektiven Berechnungsmethode zu begründen.

Zunächst ist festzuhalten, daß auch mit dieser objektiven Methode ein Agrarpreisniveau entwickelt werden sollte, das, wie im vorhergehenden Abschnitt bereits herausgestellt, hinsichtlich der Einkommenswirkung nur noch an den modernen Betrieben ausgerichtet ist. Die Basis dieser Berechnungsmethode bilden daher die Buchführungsergebnisse solcher landwirtschaftlicher Betriebe, "deren Einkommen zwischen 80 % und 120 % des Vergleichseinkommens (außer-landwirtschaftliches Einkommen) liegen" (Schmitz, 121, S. 4). Dies sind aber, wie wir unter 3.2.1.2. und im vorigen Abschnitt gesehen haben, nur rund 20 % der Vollerwerbs-Betriebe bzw. 11,6 % aller Betriebe in der BRD (vgl. Tabelle 1). "Für einen Beobachtungszeitraum von 36 Monaten" wird für diese Betriebsgruppe "die Entwicklung von verschiedenen ökonomischen Größen zu quantifizieren versucht. Die einzelnen Elemente der Berechnung sind

- die Entwicklung des Preisindex wirtschaftlicher Inputs (Gesamtaufwand ohne Arbeitskosten) einschl. der Verzinsung des Betriebskapitals,
- die Entwicklung des außerlandwirtschaftlichen Arbeitseinkommens als Bezugsgröße für die gewünschte Einkommenssteigerung in den Referenzbetrieben,
- die Entwicklung der globalen Bruttoproduktivität bzw. des Mengengerüstes als Maßstab für den technischen Fortschritt,
- die im Beobachtungszeitraum bereits erfolgten Anpassungen der nationalen Marktordnungspreise durch Veränderungen der Preise in Rechnungseinheiten und der grünen Paritäten" (Schmitz, 121, S. 4).

Unter Berücksichtigung dieser Elemente wird die Höhe der Agrarpreise errechnet, die notwendig ist, damit sich das landwirtschaftliche Arbeitseinkommen im gleichen Umfang ändert wie das außerlandwirtschaftliche Arbeitseinkommen.

Trotz einer Verfeinerung dieser Methode hinsichtlich der Ermittlung der Inputkosten, die seit dem Wirtschaftsjahr 1976/77 differenzierter berücksichtigt werden (vgl. Schmitz, 121, S. 5), bleiben wesentliche Kritikpunkte bestehen. Hierzu gehören vor allem folgende:

- Die nationalen und regionalen Differenzen in den Bestimmungsgrößen werden nicht genügend berücksichtigt. So wird der Produktivitätsfortschritt (z.B. Steigerung des ha-Ertrages) nur in einem "für alle Länder gleichen Pauschalkoeffizienten von jährlich 1,5 %" berücksichtigt (Schmitz, 121, S. 5).
- Die Quantifizierung der Entwicklung der Indizes läßt sich nur begrenzt und nicht in allen Fällen durchführen. Deshalb gehen auch hier wieder Pauschalwerte in die Berechnungen ein.
- Die Ausrichtung dieser Berechnungsmethode auf eine bestimmte Gruppe von Betrieben, nämlich den "modern geführten", bedeutet eine Benachteiligung von rund 80 % der landwirtschaftlichen Vollerwerbsbetriebe.

Was jedoch die Glaubwürdigkeit dieser Methode völlig ins Wanken bringt, das sind die inzwischen wieder ganz offen zugegebenen politischen und gesamtwirtschaftlichen Einflußgrößen bei der Bestimmung der Agrarpreise. So werden, trotz einer "Verfeinerung" der objektiven Methode in den letzten Jahren, nicht die auf diese Weise ermittelten Preisanhebungen Bestandteil der Kommissionsvorschläge. Es werden vielmehr diese "objektiv" notwendigen Preisanpassungen unter Berücksichtigung von möglichen "Inflationswirkungen" und bestehenden "Marktungleichheiten" zum Teil wesentlich nach unten korrigiert. Denn für 1978/79 hätte die Kommission nach der objektiven Methode "eigentlich eine Anhebung um 4,2 % vorschlagen müssen, anstatt eine durchschnittliche Erhöhung um 2 %" (Bulletin der EG, 12/77, zitiert nach Poppinga, 105, S. 98). Ähnlich begründete Korrekturen werden auch bei späteren Preisvorschlägen der Kommission vorgenommen (vgl. 67, S. 2 und 69, S. 1 ff.). Damit wird die "objektive Methode" völlig ad absurdum geführt.

4.3.1.3. Anwendungsweise der Instrumente und ihre Auswirkungen

Nur selten wird herausgestellt, daß die EG-Marktordnungspreise neben der Tatsache, daß sie ohnehin nur für etwa 50 % der Agrarproduktion vom Ministerrat beschlossen werden, "nahezu alle ... nicht bei den Bauern (ansetzen), sondern bei der Großhandels- oder Verarbeitungsstufe" (Poppinga, 106, S. 99). Das bedeutet z.B. für den Milchmarkt, daß nicht bei der Milch, sondern bei Butter und Magermilchpulver interveniert wird. Dies sind aber nicht Erzeugnisse der Bauern, sondern der Molkereien und Milchwerke (vgl. Poppinga, 106, S. 99).

Nun sind Interventionen bei der Rohmilch wegen der schlechten Lagerfähigkeit zwar nicht möglich, da die Landwirte aber selber kein Magermilchpulber produzieren und nur Milch an die Molkereien und Milchwerke liefern können, kommt ihnen auch die Stützung der Produkte Magermilchpulver und Butter nicht oder nur in zweiter Linie zugute. Bei der Festsetzung der Interventionspreise "für Butter, Magermilchpulver und die italienischen Käsesorten Grana und Parmesan" wird zwar "von den Molkereien erwartet, daß sie die Rohmilch zur Herstellung der Interventionsprudukte (und damit zur Erzielung der Interventionspreise) d a n n (Hervorhebung durch mich, W.G.) einsetzen, wenn bei der Verwertung zu anderen Milchprodukten das Interventionspreisniveau nicht erreicht wird" (Kommission der EG, 62, S. 32). Eine entsprechende Kontrolle besteht aber nicht, und so kommt es auch zu ungerechtfertigten Geschäften der Molkereien und Milchwerke bei der Inanspruchnahme der Interventionsstellen (vgl. hierzu 164, Nr. 14/1979, S. 1).

Zur Funktion der Intervention als Mittel der Preisstützung auf dem Agrarsektor muß außerdem noch folgendes gesagt werden: Bei überwiegender Marktsättigung und ausreichend vorhandenen Pruduktionskapazitäten führen Preisstützungen für einzelne Produkte zu einer vermehrten Erzeugung dieser Produkte, ohne daß die Produktion anderer Erzeugnisse reduziert wird. Wenn Preise durch Interventionen abgesichert werden sollen, dann kann es sich entweder nur um vorübergehende Maßnahmen handeln, bei denen die zeitweilig aus dem Markt genommenen Produkte in Zeiten geringerer Produktion wieder abgegeben werden oder es muß bei längerfristigen Überangeboten eine andere Verwertung dieser Produkte durch Dumping-Ausfuhren oder Denaturierungen für Futterzwecke bzw. zu erheblich herabgesetzten Preisen auf Kosten der Steuerzahler in Sonderaktionen (z.B. Weihnachtsbutter - vgl. 193, 17./ 18.8.1979, S. 9) auf dem inländischen Markt abgesetzt werden. Diese letztgenannte Möglichkeit birgt aber wiederum die Gefahr, daß dafür an anderer Stelle die Nachfrage verringert und erneut Interventionen erforderlich werden.

Besonders bei Milchpulver und Butter macht sich der Nachteil der Interventionsverpflichtung für einzelne, aus der landwirtschaftlichen Primärproduktion erstellte Erzeugnisse der nachgelagerten Verarbeitungsstufe negativ bemerkbar. Die Verarbeitungsstufe, der es wie jedem Unternehmen in einem marktwirtschaftlichen System einzig und allein um ihren eigenen höchstmöglichen Profit geht, zieht bei unsicheren Marktchancen die Herstellung von Produkten, die durch Interventionsverpflichtung weitgehend preislich abgesichert sind, einer Diversifikation von Milchprodukten vor.

Es ist zwar richtig, wenn darauf hingewiesen wird, daß die Molkereiwirtschaft nicht "aus purem Übermut das Interventionssystem strapaziert" (Gach, 32, S. 1325). Doch tritt an die Stelle des "Übermutes" das Streben nach Gewinnsteigerung, was dazu führt, daß gerade von den Produkten, bei denen eine Interventionsverpflichtung des Staates besteht, soviel wie möglich erzeugt werden. Die Interessen der Milchmarktpolitik sind deshalb nicht allein auf das Wohl der Erzeuger gerichtet, sondern dienen "auch dem Ziel einer kontinuierlichen Kapazitätsauslastung und damit der Erleichterung der Kosten- und Gewinnplanung der Molkereiwirtschaft" (Naumann, 87, S. 226). Das eigentliche Ziel, den Erzeugerpreis für Milch (Richtpreis) zu gewährleisten, kann deshalb über die Interventionen am Butter- und Magermilchpulvermarkt nur zum Teil erreicht werden.

Es bestehen deshalb bei der EG-Kommission Pläne, "mit dem Preispaket auch flankierende Maßnahmen zu verabschieden, die vor allem die Molkereien dazu veranlassen sollen, mehr für den Markt und nicht mehr für die Interventionen zu produzieren ... Der bisherige Teufelskreis, daß viele Molkereien ausschließlich für die Intervention produzieren und daher ihre Anstrengungen um Absatzmärkte vernachlässigen" soll unterbrochen werden (Landwirtschaftliches Wochenblatt / Der Hessenbauer Nr. 12/78, zitiert nach Poppinga, 106, S. 100).

Ähnliche Probleme gibt es auch noch bei anderen Erzeugnissen, wie z.B. bei Fleisch. Hier setzt die staatliche, d.h. die EG-Markt- und Preispolitik ebenfalls nicht beim Erzeuger, also bei Schweinen und Rindern, sondern bei den Schlachthälften der Schlachtereien an. In all' diesen Fällen besteht also von seiten des Großhandels und der Verarbeitungsbetriebe landwirtschaftlicher Produkte die Gefahr der mißbräuchlichen Inanspruchnahme der Interventionsstellen zur eigenen Profitmaximierung bei gleichzeitiger Vernachlässigung einer angemessenen Anhebung der Erzeugerpreise für die Landwirte. In einer Ifo-Untersuchung wird deshalb auch auf die "wesentliche Bedeutung" des Unterschiedes zwischen "einer Erzeuger- oder einer Marktpreisfestlegung" hingewiesen. Dabei wird bei der Stützung des Marktpreises (Großhandelspreis) das Risiko gesehen, "daß dieser nicht adäquat an die Erzeuger weitergegeben wird" (195, Heft 14, S. 76; vgl. hierzu auch Strothe, 131, S. 14). Wie die Tabelle 17 zeigt, bestehen zum einen erhebliche Differenzen zwischen Erzeuger- und Verbraucherpreisen, und zum anderen sind die Verarbeitungs- und Handelsspannen der nachgelagerten Bereiche erheblich stärker als die Erzeugerpreise gestiegen.

Trotz dieser Tatsache und des bekannten Risikos einer teilweise erheblichen Abschöpfung von staatlichen Preisstützungen und Beihilfen durch vor- und nachgelagerte Wirtschaftsbereiche werden auch noch neuere Vorschläge und Beschlüsse auf vor- und nachgelagerte Unternehmensbereiche abgestellt. Jüngstes Beispiel aus den Preisvorschlägen für 1979/80: "Die Kommission schlägt vor, die Beihilfe nicht mehr den Landwirten auf der Grundlage des Richtertrages, sondern für die gesamten tatsächlich gekauften und verarbeiteten, in der Gemeinschaft erzeugten Sojabohnen dem industriellen Verarbeiter zu zahlen" (vgl. 68, S. 5). Dieser Vorschlag wurde nicht aus Gründen finanzieller Einsparungen gemacht, denn nach Angaben der Kommission "(ist) die finanzielle Auswirkung der neuen Methode ... praktisch gleich null" (68, S. 5). Andererseits sind der Kommission auch die Folgen, z.B. aus Erfahrungen auf dem Rindfleischmarkt, nicht unbekannt, wo nämlich bei steigendem Angebot eine Reaktion der Nachfrage wegen einer "ungenügenden Weitergabe der niedrigeren Preise an den Endverbraucher" ausbleibt (204, Nr. 10, April 1976, S. 99).

4.3.1.4. Wirkung der Richtpreise auf die Erzeugerpreise

Daß die Festsetzung der Richtpreise als immer noch relevantestes Regulierungsinstrument schon von markt- und allgemeinwirtschaftlichen Entwicklungen beeinflußt wird, wurde unter 4.3.1.2. bereits versucht darzustellen. Es bleibt noch zu analysieren, inwieweit sich die Richt- und Orientierungspreise auf die Erzeugerpreise auswirken. Hierzu einige Beispiele:

4.3.1.4.1. Rindfleischmarkt

Wie aus dem Schaubild 10 hervorgeht, liegen die Marktpreise für Rinder seit 1974 ununterbrochen unter den Interventionspreisen.

Schaubild 10

Marktpreise für Rinder (Referenzpreise) in der Gemeinschaft und in der Bundesrepublik Deutschland

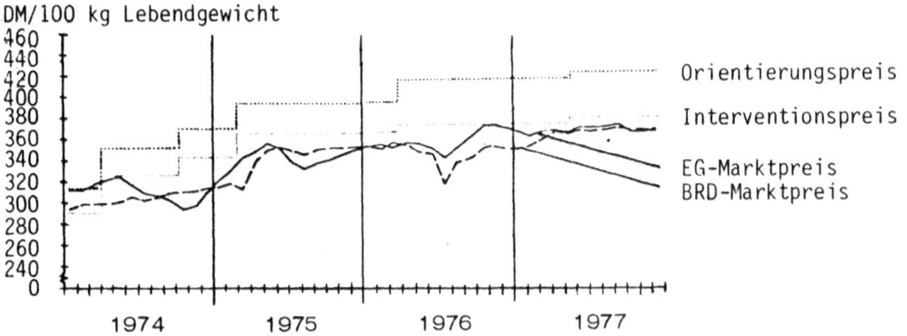

Quelle: Agrarbericht 1977, S. 67 und 1978, S. 55

Tabelle 17

Handels- und Bearbeitungsspannen für Fleisch (jeweils im März)

	1961	1965	1970	1975	Veränderung 1975 ./. 1961 in %
Rind:					
Lebendgewichtspreis gewogener Durchschnitt Klasse A und B in DM/kg	2,18	2,82	2,51	3,23	+ 48
Gewogener Verbraucherpreis in DM/kg	5,53	7,12	7,42	10,08	+ 82
Verarbeitungs- und Großhandelsspanne 1) in DM/kg	2,15	2,94	2,90	3,84	+ 79
Einzelhandelsspanne abzüglich Umsatzsteuer 2) DM/kg 3)	1,20	1,36	2,01	3,01	+ 151
Schwein:					
Lebendgewichtspreis (Klasse C), in DM/kg	2,49	2,52	2,87	2,84	+ 14
Gewogener Verbraucherpreis in DM/kg	4,59	4,98	5,46	6,49	+ 41
Verarbeitungs- und Großhandelsspanne 1) in DM/kg	1,05	1,11	1,35	1,47	+ 40
Einzelhandelsspanne abzüglich Umsatzsteuer 2) DM/kg 3)	1,05	1,35	1,24	2,18	+ 108

1) Hierin ist auch die Differenz zwischen Lebendgewicht und Schlachtgewicht enthalten. Da sich dieser Teil jedoch kaum vermehrt oder vermindert haben dürfte, geben die Steigerungsraten den tatsächlichen Zuwachs an Handels- und Verarbeitungsspannen an.

2) für 1961 und 1965 abzüglich 4 % Umsatzsteuer; für 1970 und 1975 wurden 5,5 % Mehrwertsteuer berücksichtigt.

3) Berechnet auf Schlachtgewicht

Quelle: 156, Heft 12/62, 12/65, 12/70 und 12/75 sowie eigene Berechnungen daraus

Trotz dieser Entwicklung hat aber die EG-Kommission "aufgrund des Anstiegs der Erzeugerpreise für Schlachtrinder ... mit Wirkung vom 1. Oktober 1975 eine weitere leichte Auflockerung des Einfuhrstopps für Rindfleisch ... beschlossen". Wobei dies offensichtlich ein Erfolg für die Bundesregierung war, die "sich ständig für die Lockerung des Importstopps mit dem Ziel seiner schließlichen Aufhebung eingesetzt (hat)" und die sich "auch weiterhin gegen Importsperren für Agrarerzeugnisse einsetzen und damit ihre Politik eines möglichst freien Wettbewerbs im Welthandel weiter verfolgen (wird)" (Agrarbericht 1976, S. 51 u. 54). Dies geschieht sicherlich zugunsten industrieller Exporte. Denn angesichts der hohen Lagerbestände (Anfang 1978 rund 400.000 t; vgl. BML 11, S. 119) und der Preissituation ist eine vermehrte Hereinnahme von Rindfleisch aus Drittländern nicht verständlich. Es muß auch angesichts der ständigen Unterschreitung der Interventionspreise gefragt werden, welchen Sinn diese für die landwirtschaftlichen Erzeugerpreise haben. Weshalb werden die Richt- und Interventionspreise gleichzeitig auch noch mehrfach angehoben, wenn Interventionen doch nicht ausreichend und wirksam genug durchgeführt werden? Es kommt hinzu, daß die unter den Orientierungs- und Interventionspreisen liegenden Erzeugerpreise nicht entsprechend an den Verbraucher weitergegeben werden (vgl. 204, Nr. 10/76, S. 99).

Nach Ermittlungen der EG-Kommission geht "die Zahl der Rindfleisch erzeugenden Betriebe zurück, während sich der durchschnittliche Rinderbestand vergrößert". Zudem entfallen noch "über 80 % der Rindfleischerzeugung ... auf Milchkuhbestände oder Bestände, die sowohl der Milch- als auch der Fleischerzeugung dienen" (Kommission der EG, 67, S. 11). Die Fleischrassen nehmen innerhalb der Kuhbestände seit 1975 stetig ab. Es ist also eine Verlagerung der Produktion von Rindfleisch auf Milch festzustellen (vgl. Kommission der EG, 67, S. 11).

Gemäß den Preisvorschlägen der Kommission für 1979/80 wird unter Bezugnahme auf die gemeinschaftlichen Ziele (Sicherung einer angemessenen Lebenshaltung der landwirtschaftlichen Bevölkerung, Sicherstellung der Nahrungsmittelversorgung und Belieferung der Verbraucher zu angemessenen Preisen) darauf verwiesen, daß "zwischem dem Richtpreis für Milch und den Preisen der übrigen landwirtschaftlichen Erzeugnisse, insbesondere der Preis für Rindfleisch, ... ein ausgewogenes Verhältnis bestehen (muß), das der gewünschten Ausrichtung der Rinderhaltung entspricht" (Kommission der EG, 65, S. 88). Angesichts der Preisverhältnisse und des zeitweiligen Aussetzens der Intervention auf dem Rindfleischmarkt wäre zu vermuten, daß eine

Verlagerung der Produktion (weniger Rindfleisch und mehr Milch) von der Kommission gewünscht wird. Dies erscheint aber andererseits unter Berücksichtigung des Selbstversorgungsgrades auf diesen beiden Märkten widersinnig. Es bleibt dann nur noch die Vermutung, daß auch noch andere Ziele mitbestimmend sind, wie etwa der Beitrag, "den die Gemeinschaft zur harmonischen Entwicklung des Welthandels leisten will" (Kommission der EG, 65, S. 88).

4.3.1.4.2. Milchmarkt

Auf dem Milchmarkt werden zwar jährlich Richtpreise festgesetzt, doch stellen diese Richtpreise, wie bereits ausgeführt, für die Erzeuger keine Garantiepreise dar. Wie sich die Milchrichtpreise zu den Erzeugerpreisen verhalten, geht aus der nachfolgenden Tabelle 18 hervor.

Gleichzeitig zeigt diese Tabelle die Entwicklung der Interventionspreise für Butter und Magermilchpulver und den enormen Anstieg der Beihilfen, vor allem für die Verwertung des Magermilchpulvers für Futterzwecke. Diese Beihilfen gelangen allerdings nicht bis zu den Landwirten. Zum anderen sind die angegebenen Erzeugerpreise wieder nur Durchschnittspreise, aus denen aber deutlich wird, daß zwischen Richt- und Erzeugerpreisen keine Übereinstimmung besteht. Die tatsächlichen Auszahlungspreise an die Erzeuger weichen im übrigen je nach Molkereieinzugsgebiet erheblich von den Durchschnittsangaben ab. So wurde beispielsweise vom Arbeitskreis junger Landwirte Fritzlar festgestellt, daß innerhalb eines eng begrenzten Gebietes in Hessen der durchschnittliche jährliche Auszahlungspreis von fünf Molkereien um 6,6 Pfg. je Liter bei gleicher Qualität der Milch (3,7 % Fett und 3,3 % Eiweiß) differiert. Das sind über 10 % des durchschnittlichen Auszahlungspreises der Molkereien in diesem Raum (vgl. 164, Nr. 14/79, S. 2). Es leuchtet unmittelbar ein, daß hier die von der EG festgesetzten Richtpreise für Milch und die Interventionspreise für Milchprodukte für den einzelnen Landwirt von erheblich geringerer Relevanz sind als die Auszahlungspreise der jeweiligen Molkerei.

Tabelle 18

Entwicklung von Milchrichtpreis, Auszahlungspreis und Beihilfen seit 1968 (DM/100 kg)

Zeitraum	Milchrichtpreis (3,7% Fett, frei Molkerei, o. MwSt.)	Ø Auszahlungspreis d. Molkereien (3,7% Fett frei Molkerei, ohne MwSt.)	Interventionspreis		Beihilfe Magermilchpulver	Preis Futtermagermilchpulver (= Intervent.-preis ·/. Beihilfe)	Beihilfe Magermilch flüssig
			Butter	Magermilchpulver			
27. 7.68– 7.12.69	41,20	40,10	694,00	165,00	33,00	132,00	6,00
8.12.69– 31. 7.70	37,70	36,45	635,01	150,97	30,19	120,78	5,49
1. 8.70– 31. 3.71	37,70	36,45	635,01	150,97	30,19	120,78	5,49
1. 4.71– 31. 3.72	39,89	40,05	651,48	172,02	47,58	124,44	6,04
1. 4.72– 15. 9.72	43,08	41,00	658,80	197,64	64,48	133,16	6,04
16. 9.72– 13. 5.73	43,48	42,45	680,76	197,64	64,48	133,16	6,04
14. 5.73– 31. 3.74	45,46	43,14	644,16	234,24	95,31	138,93	8,86
1. 4.74– 6.10.74	49,08	44,00	644,16	281,82	122,61	159,21	11,38
7.10.74– 2. 3.75	51,53	48,43 (b. 31. 1. 75)	671,90	302,83	126,27 (ab 22. 10. 74)	176,56	11,71
3. 3.75–	53,39		696,52	317,43	130,62	186,81	12,13
16. 9.75	55,76		750,03	317,43			

Quelle: EG-Kommission (Hrsg.), Agrarpolitik in der Europäischen Gemeinschaft, Brüssel 1975, Seite 33

Schaubild 11

Durchschnittliche Erzeuger-, Börsen-, Richt- und Interventionspreise für Weichweizen der Jahre 1970/71 - 1974/75

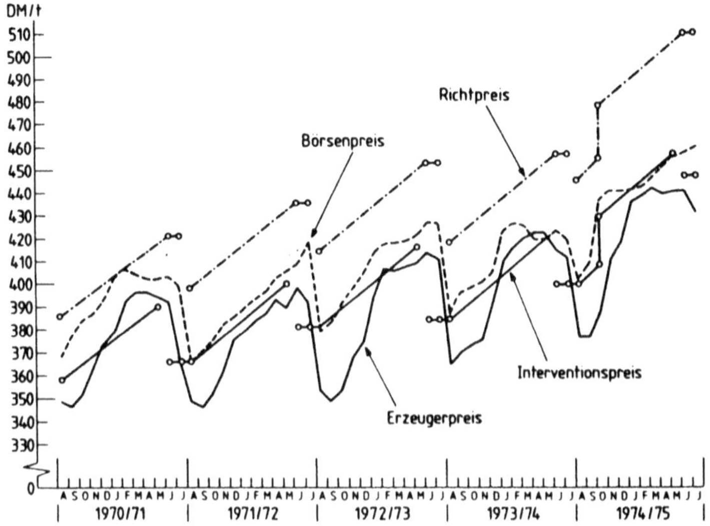

Quelle: Schmidt, F., Theorie der Warenterminmärkte ..., zitiert nach: Poppinga, 106, S. 101

Tabelle 19

Getreideverkäufe der Landwirtschaft der BRD
monatliche Verkäufe in 1.000 t x)

	Jan.	Feb.	März	Apr.	Mai	Juni	Juli	Aug.	Sept.	Okt.	Nov.	Dez.	
1976	206	164	146	117	94	54	508	1.792	676	348	242	343	a)
	136	96	97	84	76	59	789	732	311	215	156	154	b)
1977	159	170	174	124	98	72	70	1.960	1.483	759	308	294	a)
	107	105	118	86	63	64	516	1.280	647	458	229	167	b)
1978	253	203	182	131	127	114	77	2.275	1.177	602	210	384	a)
	145	112	118	103	102	115	765	1.250	561	342	175	173	b)
1979	262	177	215	141	96	73							a)
	121	103	113	99	71	85	339	1.350					b)

x) soweit statistisch erfaßt, Verkäufe an Handel, Genossenschaften und Verarbeitungsbetriebe. a) Brotgetreide (und -produkte) b) Futter-/Industriegetreide (und -produkte)

Quelle: 156, Hefge 12/1977, 1/1979 und 12/1979; eigene Zusammenstellung

4.3.1.4.3. Getreidemarkt

Wie aus dem Schaubild 11 hervorgeht, liegen auch auf dem Getreidemarkt die Erzeugerpreise teilweise erheblich unter den Richt- und Interventionspreisen. Vor allem muß hierzu angemerkt werden, daß gerade in Zeiten, in denen die Erzeugerpreise am niedrigsten sind, nämlich in den Erntemonaten und in den ersten Monaten danach, die größten Mengen verkauft werden. Dies geht aus der Tabelle 19 hervor, in der die monatlichen Verkaufsmengen für die Jahre 1976 bis 1979 aufgeführt sind. Wenn man bedenkt, daß gerade die Betriebe, die an der unteren Einkommensgrenze liegen, auf einen möglichst umgehenden Verkauf der Ernte angewiesen sind, dann wird auch die einkommenspolitische Bedeutung dieser Unterschreitung der Interventionspreise vor allem zu diesem Zeitpunkt evident.

4.3.2. Die Funktion des Preises auf dem Agrarsektor der EG.

Nach wie vor werden mit den Marktordnungspreisen der EG mehrere Ziele gleichzeitig verfolgt. Hierzu gehört nicht nur die Einkommensregulierung in der Landwirtschaft, sondern auch der Ausgleich zwischen Angebot und Nachfrage auf den Agrarmärkten sowie die Verbesserung der Agrarstruktur. Die Problematik dieser mehrdimensionalen Zielfunktion der Marktordnungspreise, vor allem auch auf dem Hintergrund stark differierender Produktionsbedingungen innerhalb der EG, läßt sich relativ einfach aufzeigen.

4.3.2.1. Effektivität gemeinsamer Preisbeschlüsse

4.3.2.1.1. Gibt es gemeinsame Preise?

Die bereits dargestellten komplizierten Berechnungsmethoden zur Ermittlung angemessener und der Lage auf dem Agrarsektor gerecht werdender Richt- bzw. Orientierungs- und Intervenventionspreise und die jährlichen harten politischen Verhandlungen über die Festsetzung der Höhe dieser gemeinsamen Marktordnungspreise lassen zunächst nur den Schluß zu, daß damit tatsächlich ein "gemeinsames" Preisniveau hergestellt wird. Dies ist jedoch keineswegs der Fall. Denn die divergierenden gesamtwirtschaftlichen Entwicklungen, als Ursache mehrfacher Paritätsveränderungen der Währungen der einzelnen Mitgliedsländer seit 1971, haben die Einführung von Grenzausgleichsbeträgen notwendig gemacht. Dieser Grenz- bzw. Währungsausgleich stellt praktisch eine Aufhebung gemeinsamer Preisbeschlüsse und des gemeinsamen Preisniveaus dar.

Die EG-Kommission hat hierauf mehrfach hingewiesen. In ihren Preisvorschlägen für 1979/80 heißt es unter anderem: "... die Ausgleichsbeträge haben sich im positiven und negativen Sinne bis zu einem Punkt vervielfacht, daß die Einheitlichkeit der Preise, die Grundlage der gemeinsamen Agrarpolitik, verschwunden ist ... der größte Abstand beträgt jetzt nahezu 40 Punkte zwischen Deutschland, das den höchsten positiven Betrag, und dem Vereinigten Königreich, das den niedrigsten Negativbetrag aufweist. Dieses praktische Verschwinden der Einheitlichkeit der Preise macht die jährliche Preisfestsetzung, die eines der Hauptinstrumente der gemeinsamen Agrarpolitik sein sollte, künstlich" (67, S. 51 f.).

Daß die von der Kommission mehrfach und dringend vorgeschlagene Reduzierung der Grenzausgleichsbeträge (vgl. 67, S. 52) und die Wiederherstellung eines gemeinsamen Agrarpreisniveaus vom Rat nicht befolgt wurde, dürfte mehrere Ursachen haben. Hierzu gehört sicherlich die Unnachgiebigkeit derjenigen Länder mit positivem Währungsausgleich, die sich bei einer Abschaffung dieses Ausgleichs einer verstärkten Kritik der eigenen Landwirte ausgesetzt sehen würden und dann auf einer stärkeren Anhebung der Preise in Rechnungseinheiten bestehen müßten. Aus mehreren Darstellungen der Verhandlungsposition des BRD-Landwirtschaftsministers läßt sich dies ableiten. Die Folge wäre dann eine allgemeine Erhöhung des Agrarpreisniveaus, was wiederum von anderen Mitgliedsländern nicht gewünscht wird.

Zum anderen dürfte auch die Einsicht eine Rolle spielen, daß trotz Einführung des EWS auch weiterhin Wechselkursänderungen stattfinden werden, die nach erneuten Ausgleichsmaßnahmen verlangen.

Ein weiterer Grund, weshalb sich einige Regierungen so unnachgiebig in der Frage einer Aufhebung der Grenzausgleichsregelung zeigen, ist auch die ihnen damit zur Verfügung stehende Möglichkeit, gemeinsame Preisbeschlüsse auf nationaler Ebene je nach Bedarf mehr oder weniger zu manipulieren. So wurden beispielsweise außerhalb der Preisbeschlüsse für 1978/79 von mehreren Ländern Paritätsveränderungen durchgeführt. Dazu gehörte das Vereinigte Königreich mit einer Abwertung der Landeswährung gegenüber der Rechnungseinheit um 7,5 %, Italien mit einer Abwertung von 6 % und Frankreich mit einer Abwertung von 2,5 %. Damit wurden die gemeinsamen Preisbeschlüsse eindeutig unterlaufen. Frankreich ging sogar soweit, auch "für ein einzelnes Produkt, nämlich für Schweinefleisch, eine gesonderte grüne Parität anzuwenden" (Stamer, 129, S. 276). Seither wurden jährlich und mehrfach die "grünen Paritäten" von den einzelnen Mitgliedsländern auf- bzw. abgewertet (vgl. Agrarberichte 1979, S. 45 und 1980, S. 48 und 82 f. Ziff. 255). Von einem gemeinsamen Agrarpreisniveau kann deshalb keine Rede sein (vgl. auch Schmitt, 119, S. 168).

4.3.2.1.2. Divergierende Produktionsbedingungen

Die Einführung und weitere Aufrechterhaltung des Grenzausgleichs wurde und wird zwar mit währungspolitischen Entwicklungen begründet, in Wirklichkeit verbergen sich dahinter aber noch wesentlich gravierendere Ursachen. Es sind dies die Schwierigkeiten der EG-Mitgliedsländer, auf der Grundlage ihrer stark divergierenden wirtschaftlichen, sozialen und politischen Gegebenheiten eine einheitliche Agrarpolitik zu betreiben. Betrachtet man sich die teilweise erheblichen Diskrepanzen in den Produktionsbedingungen der Landwirtschaft in den einzelnen Mitgliedsländern, so führt dies allein schon zu dem Ergebnis, daß auf dieser Grundlage eine einheitliche Preispolitik illusorisch ist. Im Agrarbericht 1979 heißt es z.B.: "Da die Kostenentwicklung in den einzelnen Mitgliedsstaaten weiterhin starke Unterschiede zeigte, war auch in diesem Jahr eine einheitliche Anhebung der Marktordnungspreise ökonomisch nicht vertretbar. Wie in den Vorjahren wurden daher auch für 1978/79 unterschiedliche Preisanhebungsraten durch entsprechende Anpassungen der im Agrarbereich geltenden Umrechnungskurse ("Grüne Paritäten") verwirklicht" (S. 3 f.). Würde also eine einheitliche Preisanhebung erfolgen, dann würden noch größere wirtschaftliche und soziale Differenzen und Ungerechtigkeiten auf dem Agrarsektor entstehen, vor allem was die Einkommenssituation betrifft. Die uneinheitliche Kostenstruktur, die hierfür besonders verantwortlich ist, und die durch keinerlei Richtpreise in die Regelung des gemeinsamen Marktes einbezogen wird, soll anhand der in den Tabellen 20 und 21 enthaltenen wenigen Beispiele verdeutlicht werden (s. nachfolgende Seiten 85 und 86).

4.3.2.2. Einkommensfunktion

Nach Meinung des Präsidenten des deutschen Bauernverbandes muß das "Agrarpreisniveau ausreichen, um den rationell geführten Vollerwerbsbetrieben mit durchschnittlichen natürlichen Produktionsvoraussetzungen ein vergleichbares Arbeitseinkommen und darüber hinaus eine angemessene Kapitalverzinsung zu ermöglichen. Die Bemühungen der EG-Kommission, die Preispolitik als Mittel der Einkommenspolitik auf Teilbereiche zu beschränken, widersprechen eindeutig den Zielen des EWG-Vertrages." (Heeremann, 42, S. 339).

Im gleichen Jahr vertritt aber die OECD in einer Stellungnahme zur Einkommenspolitik in der Landwirtschaft eine andere Auffassung: "It seems

Tabelle 20

Von der Landwirtschaft bezahlte Preise für Treibstoffe in DM je 100 Liter[x])

Jahr	D	F	NL	B	GB	Spannweite
	Dieselkraftstoff (frei Haus)					
	Oktanzahl/Kondition					
	48 - 54	53 - 57	55	50 - 57	-	
	500 bis 999 l	mind. 1000 l	mind. 1000 l	mind. 1000 l	mind. 2273 l	
1970	15,64	17,90	19,36	20,42	16,16	4,78
1974	32,02	31,71	30,17	25,07	27,43	6,95
1977	33,36	38,21	31,84	32,46	34,07	6,37
	Motorenbenzin (ab Tankstelle)					
	Oktanzahl/Kondition					
	91	90		82/87	92	
1970	50,42	39,78		63,75	59,93	23,97
1974	75,00	61,80		75,40	69,51	13,60
1977	86,49	61,15		88,58	70,81	27,43

[x])Ohne Mehrwertsteuer. Frankreich einschließlich Mehrwertsteuer (nicht abzugsfähig). Von Landeswährung auf DM umgerechnet mit dem durchschnittlichen Devisenkurs der Frankfurter Börse.

Quelle: Eigene Zusammenstellung aus 220, 1978, S. 361

Tabelle 21

Einkaufspreise für Düngemittel in den einzelnen Mitgliedsländern der EG in DM je 100 kg[x])

Jahr	Höchstpreis	(Land)	Niedrigspreis	(Land)	Spannweite
			I. Kalkammonsalpeter		
1973	101,86	D	62,81	I	39,05
1974	122,20	DK	88,55	I	33,65
1975	142,43	DK	86,97	GB	55,46
1976	130,90	D	78,13	GB	52,77
1977	131,20	D	79,56	GB	51,64
1978	131,20	D	-		-
			II. Thomasphosphat		
1973	78,45	I	33,42	GB	45,03
1974	118,61	I	36,69	GB	81,92
1975	137,64	I	38,69	L	98,95
1976	125,73	I	39,96	L	85,77
1977	126,11	I	41,63	L	84,48
1978	127,34	I	38,93	L	88,41
			III. Kaliumchlorid		
1973	37,85	NL	27,68	IRL	10,17
1974	45,20	NL	35,29	DK	9,91
1975	55,58	IRL	45,60	D	9,98
1976	54,01	NL	43,62	GB	10,39
1977	53,82	NL	41,40	GB	12,42
1978	54,43	NL	40,66	I	13,77
			IV. Dreinährstoffdünger (NPK = 1:1:1)		
1973	34,66	NL	17,53	I	17,13
1974	47,37	F	23,96	I	23,42
1975	55,01	F	27,49	I	27,52
1976	50,98	NL	26,11	I	24,87
1977	49,26	NL	24,74	I	24,52
1978	47,88	NL	24,41	I	23,47

[x])Ohne Mehrwertsteuer. Von Landeswährung auf DM umgerechnet mit dem durchschnittlichen Devisenkurs der Frankfurter Börse. Die Preise für Einnährstoffdünger beziehen sich auf je 100 kg Nährstoff; bei Dreinährstoffdünger auf je 100 kg Ware.

Anmerkung: Die Vergleichbarkeit zwischen den Reihen ist begrenzt, da die preisbestimmenden Merkmale zwischen den Ländern nicht voll übereinstimmen. Selbst die nationalen Preise sind mit Vorsicht zu interpretieren, da sie überwiegend auf den zeitlichen Vergleich abgestellt sind.

Quelle: Eigene Zusammenstellung aus 220, 1979, S. 372

generally accepted that the farm income problem cannot be solved through price support alone and that other measures are also required for the creation of viable farms" (OECD, 95, S. 47).

Der Feststellung des BRD-Bauernpräsidenten, daß "vernünftige Preise ... für alle Betriebsgruppen in der Landwirtschaft die Basis ihrer Existenz (sind)" (Heeremann, 42, S. 339), widerspricht zwar nicht die folgende Einschätzung der OECD: "Whether farm income policy is being pursued through price support or structural aids, there will always remain a certain number of farmers with low agricultural incomes" (OECD, 95, S. 47).

Aus dem letzteren Zitat läßt sich aber schon das Dilemma ablesen, das noch im ersten verborgen bleibt, daß nämlich über den Preis nur für einen geringen Teil der Landwirte das geforderte "angemessene" oder "ausreichende" Einkommen erzielt werden kann. Für den gleichen Prozentsatz der Betriebe bzw. Landwirte würde aber auch ohne jede Preisbeeinflussung die gleiche Einkommenswirkung erzielt.

Hierzu folgende Überlegungen:
Eine Anhebung der Erzeugerpreise (sieht man einmal von der Festsetzung von Marktordnungspreisen für die Großhandelsstufe - z.B. bei Magermilchpulver - ab, von denen die Bauern ohnehin nur zweitrangig oder überhaupt nicht profitieren) kann nur heißen, daß die Einkommensdifferenzen erheblich verstärkt werden. Bei der vorgefundenen Betriebsgrößen- und Einkommensstruktur (vgl. 3.2.1. und 3.3.1.) bewirken ausreichende oder "vernünftige" (d.h. hohe) Preise eine beschleunigte Zunahme der Einkommensdifferenzen, vor allem aber eine wesentliche Verbesserung der Einkommenssituation der Spitzenverdiener unter den Landwirten. Für Betriebe mit "durchschnittlichen" Einkommen bedeutet dagegen eine Preisanhebung nur eine mittlere und für niedrige Einkommensgruppen eine kaum merkliche Verbesserung ihrer Einkommensverhältnisse.

Nicht nur die Ausgangssituation in Bezug auf die Betriebsgröße hat eine unterschiedliche Einkommenswirkung von Preisänderungen zur Folge, sondern auch die unterschiedliche Kostenstruktur, vor allem in den verschiedenen Mitgliedsländern. So kommt das DIW in einer Untersuchung nationaler Bestimmungsfaktoren der Agrareinkommen innerhalb der EG zu dem Schluß, daß der unterschiedliche Anteil der Vorleistungen an der Endproduktion eine wesentliche Wirkung bei Erzeugerpreis- oder Produktivitätserhöhungen hat. Schlägt z.B. "eine Erzeugerpreis- oder Produktivitätssteigerung von 5 v.H. in Großbritannien unter sonst gleichen Bedingungen beim Agrareinkommen mit 11 v.H. und in der Bundesrepublik Deutschland mit 10 v.H. zu Buche, so haben die Landwirte in Irland und Frankreich nur etwa 8 v.H., in Italien nur 7 v.H. mehr Einkommen zu verzeichnen" (180, Nr. 22/77, S. 189).

Über die Auswirkungen von Preisveränderungen auf die Einkommensverteilung der Landwirtschaft gibt es, wie über die Einkommensdisparitäten der Landwirtschaft überhaupt, zumindest für die EG-Mitgliedsländer kaum exakte Untersuchungen. Lediglich in den USA wurden speziell die Auswirkungen staatlicher Preispolitik und Subventionen untersucht. Während z.B. Robinson (112) mit der Gewinnrate operiert, die mit wachsender Betriebsgröße wegen des relativ höheren Technisierungsgrades und Lohnarbeiterbesatzes geringer wird, kommen doch mehrere andere amerikanische Untersuchungen, die die Einkommenswirkung von Markt- und Preispolitik auf die unterschiedlichen Betriebsgrößen analysierten, fast einhellig zu dem Schluß, daß die Einkommen bei größeren Betrieben relativ stärker steigen (vgl. z.B. Schultze, 123, S. 108, J.T. Bonnen, 17, S. 462 ff. und McKee/Day 80). Längerfristige Beobachtungen, vor allem über die Veränderung der intrasektoralen Einkommensdisparität auch unter Berücksichtigung von Strukturveränderungen in der Landwirtschaft, liegen allerdings nicht vor. Doch können diese den vorliegenden Ergebnissen zufolge nur eine zunehmende Einkommenskonzentration bei den größeren Betrieben hervorrufen (vgl. 4.1.3. dieser Arbeit).

Im EG-Bereich wurden in der Vergangenheit nur in Großbritannien ähnliche Untersuchen wie in den USA angestellt. So kommen Josling und Hamway zu dem Ergebnis, daß in Großbritannien zwar die Preisstützung bei einigen Produkten die Einkommenskonzentration verstärkte, bei anderen Produkten eine Preisstützung dagegen zur Minderung der Einkommenskonzentration führte. Dieses Ergebnis wurde offensichtlich aber nur deshalb konstatiert, weil diese Untersuchung sich auf bestimmte Produktbereiche bezieht. Denn bei Betrachtung aller preispolitischer Maßnahmen kommen auch Josling und Hamway für Großbritannien zu dem Ergebnis, daß diese zumindest kurzfristig eine Verstärkung der Einkommenskonzentration bewirken (vgl. 56, S. 57 f.).

4.3.2.3. Marktregulierungsfunktion

Ausgehend von dem marktwirtschaftlichen Lehrsatz, daß Angebot und Nachfrage den Preis regeln, wird auf dem Agrarsektor der EG in umgekehrter Reihenfolge mit Hilfe der Preispolitik eine Angebotsbeeinflussung versucht.

Angesichts der offiziell festgestellten Überschußsituation wird deshalb in den Preisvorschlägen der EG-Kommission für 1979/80 der Vorschlag gemacht, die gemeinsamen Agrarpreise einzufrieren (vgl. 68, S. 1). Es muß aber wohl ernsthaft bezweifelt werden, ob die damit beabsichtigte Wirkung auch erreicht wird.

Es trifft zwar zu, daß hohe Marktpreise ein Anwachsen der Produktion und damit (bei über den Marktpreisen liegenden Interventionspreisen) in der Regel einen Angebotsüberhang zur Folge haben. Doch setzt dies voraus, daß erstens tatsächlich ausreichend interveniert wird (vgl. hierzu z.B. 4.3.1.4.1. - Rindfleischmarkt) und zweitens diese Interventionen tatsächlich auf die Erzeugerpreise durchschlagen. Außerdem bewirken niedrige Preise nicht unbedingt - und gerade auf dem Agrarsektor nicht - das Gegenteil. So stellt z.B. Niehaus fest, "daß man durch Preiserhöhungen die Produktion leichter steigern als durch Preissenkungen drosseln kann" (Niehaus, 91, S. 197). Zu ähnlichen Ergebnissen kommen auch H. Amberg und E. Müller-Armack (vgl. 3, S. 1 - 19 bzw. 84, S. 27).

Konkret nachgewiesen wurde diese Funktion des Preises auf dem Agrarsektor auch von Baade und Fendt in einer Untersuchung des EG-Getreidemarktes. Die Vereinheitlichung der Getreidepreise in der EG brachte z.B. eine Annäherung zwischen den französischen Niedrigpreisen und den BRD-Höchstpreisen in der Weise, daß die französischen Preise um 2/3 dieses Differenzbetrages anstiegen, während die Preise in der BRD um 1/3 des Differenzpreises gesenkt wurden. Die Folge war, daß der Hektar-Ertrag in Frankreich von 18,3 dz im Durchschnitt der Jahre 1948-52 auf 36,5 dz je ha und von 7,8 Mio t auf einer Anbaufläche von 4,2 Mio ha auf 14,8 Mio t, noch dazu bei einer Reduzierung der Anbaufläche um 0,2 Mio ha auf 4 Mio ha, angestiegen ist. Diese Entwicklung würde den allgemein gängigen Marktregulierungsvorstellungen entsprechen. Doch auch in der BRD, wo die Preise für Getreide gesenkt wurden, stieg die Weizenproduktion kräftig an. Während in den Jahren 1948 - 52 noch 26,2 dz je ha im Durchschnitt geerntet wurden, stieg der Ertrag im Jahre 1963 auf 35 dz je ha und im Jahre 1968 auf 42,3 dz je ha an. Die BRD-Landwirte haben damit einer Preissenkung "um etwa 10 v.H. eine Steigerung der Hektarerträge um fast 18 v.H. gegenübergestellt" (Baade/Fendt, 5, S. 9 f.). Henze und Zeddies kommen in einer Modellrechnung für den Milchmarkt zu dem Schluß, daß sich bei einer Preissenkung um 10,5 bzw. 10,9 %, was etwa 5 Pfennige je kg Milch entspricht, "in den einzelnen Betrieben gar keine kurzfristigen Reaktionen (ergeben)" (47, S. 114). Selbst bei einer Preissenkung von 21 bzw. 21,8 % (10 Pfennige/kg Milch) "wird die Milchproduktion nur um 0,9 v.H. kurzfristig zurückgehen. Erst bei einer Milchpreissenkung von mehr als 30 % reduziert sich das Milchangebot kurzfristig um gut 10 v.H." (47, S. 114).

Eine weitere Bestätigung, daß auch bei sinkenden Agrarpreisen eine Angebotsausweitung erfolgt, wird im Agrarbericht der BRD von 1979 geliefert. Dort wird festgestellt, daß "marktbedingte Preisrückgänge ... in der Regel mit steigenden Verkaufsmengen" einhergeben, und obwohl im Wirtschaftsjahr 1977/78 "der Erzeugerpreisindex um 5,5 % zurückging und die Betriebsmittelpreise praktisch unverändert (+ 0,1 %) blieben ... i s t ... d u r c h h ö h e r e V e r k a u f s m e n g e n (Hervorhebung durch mich, W.G.) bei wichtigen pflanzlichen und tierischen Erzeugnissen ... das Einkommenswachstum ... erzielt worden" (Agrarbericht 1979, S. 15). Zu einem gleichlautenden Ergebnis kommt auch Plate in einer Untersuchung für den Zeitraum von 1950/51 bis 1972/73 (vgl. Plate, 99, S. 102 f.) und Irion/ Rosskamp für einen Zeitraum von 1959 - 1968 (vgl. 55, S. 380 - 392).

Bei einer Wertung dieser Entwicklung wäre es falsch, den Lanwirten ein unökonomisches Verhalten vorzuwerfen. Die Formulierung "Mitverantwortungsabgabe" im Falle der Milchmarktregulierung läßt z.B. einen solchen Vorwurf indirekt erkennen. Hierzu ist festzuhalten, daß sich die Landwirte unter den jeweils gegebenen oder vorgegebenen Verhältnissen nur aus ihrer Sicht ökonomisch verhalten können und d.h., das und soviel zu produzieren, was ihre ökonomische Situation verbessert bzw. nicht weiter verschlechtert, gleichgültig, wie die Erzeugnisse verwertet werden bzw. wer sie verwertet (etwa staatliche Vernichtungsaktionen etc.). Entscheidend ist, daß sie ihre Produkte noch absetzen können zu einem Preis, der ihnen wenigstens noch ein Arbeitseinkommen garantiert. Gesamtwirtschaftliche Verantwortung von einem Einzelproduzenten zu verlangen, etwa mit Rücksicht auf irgendwelche entstandenen "Berge" weniger zu produzieren, wäre in der Landwirtschaft ebenso abwegig und systemfremd wie es in allen anderen Bereichen der Volkswirtschaft kapitalistischer Systeme unsinnig und für das Einzelunternehmen sogar existenzgefährdend ist. Allein die ökonomische Situation des Einzelunternehmens entscheidet unter den gegebenen Preis- und Absatzverhältnissen über Produktionsrichtung und -menge.

Nach volkswirtschaftlichen Lehrsätzen müßte sich zwar die Produktion der von einer Preisenkung betroffenen Erzeugnisse verringern und das Kapital in andere Produktionssphären transferiert werden. Nun sind aber die Landwirte weder mit einem industriellen Unternehmer noch mit einem Industriearbeiter zu vergleichen. Im Gegensatz zum industriellen Unternehmer reagiert der bäuerliche Warenproduzent nur im äußersten Fall mit einem Kapitalentzug aus der Agrarproduktion und Anlage in anderen Produktionsbereichen. Dies würde für den einzelnen Landwirt, der in den allermeisten Fällen der einzige Arbeiter in seinem eigenen Betrieb ist, gleichzeitig den Verlust seines Arbeitsplatzes bedeuten. Deshalb reagieren Landwirte, vor allem in Zeiten hoher Arbeitslosigkeit und deshalb fehlender alternativer Verdienstmöglichkeiten (vgl. hierzu die geringere Abwanderungsrate von Arbeitskräften aus der Landwirtschaft der BRD seit Beginn der Wirtschaftskrise 1973/74 - Agrarbericht 1979, S. 8), bei sinkenden Erzeugerpreisen überwiegend mit einer Steigerung der Produktivkraft ihrer Arbeit. Vor allem in Kleinbetrieben heißt dies nicht Einführung neuer Technologien und Rationalisierung, sondern zumeist Mehrarbeit für den Landwirt und seine mithelfenden Familienangehörigen.

Eine Angebotsminderung, die als Begründung für eine Preissenkung bzw. für ein "Einfrieren" der Agrarpreise angeführt wird, dürfte deshalb wohl mit diesen Maßnahmen nur schwer erreichbar sein. Es sei denn, diese würden so drastisch vorgenommen, daß ein Großteil der Betriebe sofort wegen Liquiditätsschwierigkeiten ausscheiden müßte und ein weiterer beträchtlicher Anteil kurzfristig nicht mehr in der Lage ist, eine entsprechende Produktionsausweitung und damit Einkommenserhöhung vorzunehmen. Dies wäre aber wegen der zu erwartenden sozialen Unruhen unter der Landbevölkerung politisch nicht durchführbar. Mäßige Preissenkungen oder auch "nur" das "Einfrieren" der Agrarpreise wird, auch unter dem Aspekt der noch längst nicht erreichten Grenze der Produktivitätssteigerung (vgl. hierzu Tabellen 9 und 10 über den möglichen und erreichten Stand der Betriebs- bzw. Produktionseinheitengrößen) zu einer ungebremsten, wenn nicht beschleunigten Produktionssteigerung (je nach allgemeinwirtschaftlicher Situation) führen.

4.3.2.4. Strukturänderungsfunktion

Die im Abschnitt 4.3.3. noch näher zu behandelnde Strukturpolitik, die verstärkt ab 1968 mit dem vom damaligen EG-Agrarkommissar Sicco Mansholt unterbreiteten und nach ihm benannten Plan angewandt wurde, fand auch in der Preispolitik ihren Niederschlag. Diese sollte eine Beschleunigung der Konzentration der Produktion auf wenige, leistungsfähige Betriebe unterstützen. Der Überlegung, daß zur Erreichung dieses Zieles die Preispolitik ein geeignetes Instrument sei, lag die moderne bürgerliche Agrartheorie zugrunde, daß eine gewisse Einkommensdisparität der Landwirtschaft gegenüber anderen Wirtschaftsbereichen notwendig ist, um einen "ausreichenden Antrieb zur Nutzung der vorhandenen und zumutbaren Möglichkeiten zur Anpassung des Faktoreinsatzes und der Strukturen" zu bieten (Plate/Neidlinger, 103, S. 6). Nach dieser Theorie wird auch die in den vorangegangenen Abschnitten ausführlich dargestellte Einkommensdisparität innerhalb der Landwirtschaft nicht nur erklärt, sondern sogar gerechtfertigt. Denn das Zurückbleiben bestimmter Einkommensgruppen ist hiernach eine zwangsläufige Folge einer zu geringen Faktormobilität. Einkommensdiskrepanzen sind deshalb auch ein Indikator dafür, daß eine Umstellung und Änderung der Faktorkombination notwendig ist.

Sowohl von der EG als auch von der Bundesregierung der BRD werden deshalb im Jahre 1968 strukturpolitisch ausgerichtete Programme vorgelegt, worin der Preispolitik ein Regulativ bezüglich vorhandener struktureller Überschüsse zugewiesen wird. "Eine Anhebung der Preise ..., insbesondere (für) Milch und Zucker, ist erst dann wieder möglich, wenn unter Berücksichtigung des Außenhandels die Nachfrage aufgrund der Einkommens- und Bevölkerungsentwicklung die Höhe des Angebots überschritten hat. Mithin ist eine Verbesserung der landwirtschaftlichen Einkommenslage durch die Preispolitik bei diesen Produkten in absehbarer Zeit nicht möglich. Die Aufrechterhaltung der gegenwärtigen gemeinschaftlichen Preise würde bei allgemeinem Wachstum und der Kostenentwicklung allerdings zu einer relativen Einkommenssenkung führen" (BML, 10, S. 14 f.). Fast gleichlautend werden die Möglichkeiten der Preispolitik im Memorandum der EWG-Kommission von 1968 dargelegt bzw. waren diese Formulierungen die Vorlage für das Agrarprogramm der Bundesregierung (vgl. Weinschenck/Meinhold, 146, S. 44 f.). Nach einer Phase der Stagnation und des teilweisen Rückgangs der Erzeugerpreisentwicklung stellte Weinschenck im Februar 1971 fest, daß in der Preispolitik "die untere Preisgrenze" bereits unterschritten sei. Der "bereits erreichte Stand" des strukturellen Anpassungsprozesses sei gefährdet, weil die Betriebsgrößen "die den langfristigen Zielvorstellungen der staatlichen Agrarpolitik schon weitgehend entsprechen, die aber umfangreiche Investitionen tätigen und mit Fremdkapital finanzieren müßten, um die neuen, modernen und rationellen Organisationsformen zu realisieren ... in ihrer Existenz bedroht" seien (139, S. 168 f.). Die Grenzen der Möglichkeiten, über die Preispolitik sowohl den Markt als auch das Einkommen der Landwirte und die Agrarstruktur zu realisieren, wurden allgemein zu dieser Zeit sichtbar (vgl. Baade/Fendt, 5, S. 73 ff.).

Trotzdem wird aber bis heute versucht, neben den seit dieser Zeit getrennt laufenden Maßnahmen einer Strukturverbesserung über Investitionsförderungen für "entwicklungsfähige" Betriebe und Sozialmaßnahmen für ausscheidende Landwirte etc., auch mit Hilfe der Marktordnungspreise die Strukturentwicklung zu beeinflussen (vgl. BML 13).

Wie wirkt nun die Preispolitik auf die Strukturentwicklung?

Für eine exakte Analyse der Quantität des Einflusses der Preispolitik auf den Strukturwandel müßten genauere Daten darüber vorliegen, welche Landwirte in welcher Einkommens- und Betriebsgrößenklasse die Bewirtschaftung aufgeben und von welchen Landwirten mit welchen Einkommens- und Betriebsstrukturen die freiwerdenden Produktionskapazitäten übernommen werden. Derartige Untersuchungen liegen noch nicht vor. Es muß hier deshalb auf einer globalen Ebene versucht werden, die Wirkung der Preisveränderungen zu eruieren. Ohne Frage hat die Höhe der Agrarpreise einen Einfluß auf den Strukturänderungsprozeß in der Landwirtschaft. Darüber hinaus besteht auch kein Zweifel daran, daß die Möglichkeiten einer Beschäftigungsaufnahme in anderen Sektoren der Volkswirtschaft für das Ausmaß des Strukturwandels relevant sind. Wie sich z.B. die steigende Arbeitslosigkeit ab 1974 auch im Strukturwandel widerspiegelt, ist aus Schaubild 5 zu ersehen. Die Zunahme der größeren Betriebe verringert sich ebenso wie die Abnahme der kleineren Betriebe. Auch die Abwanderungsrate der Arbeitskräfte aus der Landwirtschaft hat sich seit 1973/74 deutlich verringert (vgl. Agrarbericht 1979, S. 8). Daraus ergibt sich bereits eine wesentliche Konsequenz für die Preispolitik. Sie kann die ihr zugedachte Funktion hinsichtlich einer Regulierung der Abwanderungsgeschwindigkeit von Arbeitskräften aus der Landwirtschaft nur unter Mitwirkung weiterer Faktoren erfüllen. Denn fehlende außerlandwirtschaftliche Arbeitsplätze, ob gesamtwirtschaftlich oder nur auf regionaler Ebene, zwingt den einzelnen Landwirt auch bei sinkenden Preisen und damit sinkendem Einkommen, seine Tätigkeit in der Landwirtschaft weiter auszuüben. Dies geschieht oft unter Einschluß von Substanzverlusten durch zunehmende Verschuldung seines Betriebes.

Abgesehen von den außerlandwirtschaftlichen Beschäftigungsmöglichkeiten wirken sich Preis- und Einkommensminderungen, wie schon bei der Marktregulerung durch die Preispolitik gezeigt, auf die Strukturanpassung auch nicht in der Weise aus, daß der Abwanderungs- und Aufstockungsprozeß beschleunigt wird. Denn auch hier gilt, daß die Landwirte, von ganz wenigen Ausnahmen abgesehen, die Hauptarbeitskraft auf ihren Betrieben darstellen und jede Produktionseinschränkung den Ausstieg aus ihrem Beruf und den Einstieg in eine andere Erwerbsmöglichkeit bedeutet.

Ein weiteres Hemmnis eines niedrigeren Preis- und damit Einkommensniveaus für den Strukturwandel liegt darüber hinaus noch darin, daß auch den Betrieben, die langfristig entwicklungsfähig sind, Liquiditätsschwierigkeiten aus Betriebserweiterungen durch Übernahme von Produktionskapazitäten entstehen (vgl. Weinschenck, 139, S. 169).

Besonders aus dieser Überlegung heraus wurde die seit Anfang der 70er Jahre von der Preispolitik unabhängige Strukturpolitik in Form von Investitionsbeihilfen für nach Ansicht der Agrarpolitiker entwicklungsfähige und langfristig existenzfähige Betriebe verfolgt.

4.3.3. Die Strukturpolitik

4.3.3.1. Begründung der Strukturpolitik

Wurden noch Mitte der sechziger Jahre größtenteils ohne Rücksicht auf die Größe (vgl. 211, 1965) der Viehbestände und der Betriebe "möglichst vielen Betrieben" (Höcherl, 50, S. 14) Investitionshilfen für unzählige Maßnahmen zur Verbesserung der Produktionsbedingungen gewährt, setzte in den Folgejahren eine Konzentration der Förderung auf wenige und leistungsfähige Betriebe ein. Hierfür bildete das bereits vorgestellte Memorandum der EG-Kommission von 1968 die Grundlage. Nach offizieller Darstellung der EG-Kommission wurde damit "für alle interessierten Landwirte eine dynamische Strukturreformpolitik eingeleitet" (186, S. 17), was sich ebenso wie die Begründung der Einkommensunterschiede in den Agrarberichten der BRD so liest, als ob "Können und Initiative des Betriebsleiters" (Agrarbericht 1979, S. 18) überwiegend dafür ausschlaggebend sind, ob sich ein Betrieb günstig entwickelt und langfristig existenzsicher ist.

Im Abschnitt 4.1. wurden bereits Begründungen geliefert, die den Faktor Können und Initiative des Betriebsleiters, vor allem was die Strukturentwicklung betrifft, nicht so überaus relevant erscheinen lassen. Gerade weil dies so ist, sind wohl auch führende Agrarpolitiker zu der Ansicht gelangt, daß "der Marktmechanismus nicht alle Probleme unserer modernen Industriegesellschaft lösen kann", und die Landwirtschaft aufgrund "besonderer Anpassungsprobleme des Agrarsektors im volkswirtschaftlichen Strukturwandel ... einer der Wirtschaftsbereiche (ist), die ... ein Eingreifen des Staates in die strukturelle Entwicklung erfordern" (Ertl, 26, S. 42; vgl. auch BML 16, S. 16 und Pütz, 109, S. 27).

Diesen staatlichen Eingriffen in die Strukturentwicklung liegt die Auffassung der modernen bürgerlichen Agrarökonomie zugrunde, daß bei einem starken "Wirtschafts- und Wohlstandswachstum ... in den wirtschaftlich entwickelten Ländern ... auch die Einkommensansprüche der Landwirte rasch (steigen), denn sie orientieren sich an der allgemeinen Einkommensentwicklung. Das schnelle Wirtschaftswachstum (in den übrigen Wirtschaftsbereichen, W.G.) beruht auf Produktivitätssteigerung, die ihrerseits auf technische Fortschritte, Strukturänderungen sowie besserer Ausbildung und erhöhte geistige Regsamkeit der wirtschaftenden Menschen zurückzuführen ist" (Plate, 101, S. 243). "Im Zuge dieser Entwicklung steigt die Produktivität auch in der Landwirtschaft, und zwar hier sogar besonders stark. Viele technische Fortschritte erhöhen nicht nur die Produktivität, sondern gleichzeitig das Produktionspotential der Landwirtschaft ... Demgegenüber steigt die Nachfrage nach Agrarprodukten nur noch langsam ... Der Einsatz von Arbeit und Boden wird jedoch nicht entsprechend vermindert; die Mobilität der in der Landwirtschaft tätigen Arbeitskräfte ist aus objektiven und subjektiven Gründen zu gering, und die Immobilität des Bodens ist die unmittelbare Folge der unzureichenden Mobilität der Menschen. Bei dieser Konstellation führen Produktivitätssteigerungen und Erweiterung des Produktionspotentials zu schneller Steigerung der Agrarproduktion. ... Aus der Darlegung seiner Ursachen ergibt sich, daß der Angebotsdruck auf den Agrarmärkten nur durch laufende Anpassung des Faktoreinsatzes in der Landwirtschaft an die sich ändernden Bedingungen verhindert werden kann" (Plate/Neidlinger, 103, S. 1 f.).

Waren in den fünfziger Jahren für die sektorale Einkommensdisparität der Landwirtschaft gegenüber anderen Wirtschaftsbereichen nach Ansicht führender Interessenvertreter der Landwirte natur- und produktionstechnisch bedingte Nachteile (vgl. 181, Nr. 48 v. 1.12.55) und nach Auffassung neoliberaler Wirtschaftstheoretiker das unökonomische Verhalten der Landwirte (vgl. Niehaus, 90, S. 16) und ihre daraus resultierende geringe Produktivität verantwortlich, so wurde jetzt die Immobilität der in der Landwirtschaft tätigen Menschen als Grundübel für eine Überproduktion und deshalb auch für ein Zurückbleiben der Einkommen in der Landwirtschaft gegenüber anderen Wirtschaftssektoren herausgestellt. Diese theoretische Einschätzung des Agrarproblems, die in der BRD erst nach 1962 durch das sogenannte "Professoren-Gutachten" im Zusammenhang mit den Verhandlungen über einen gemeinsamen Getreidepreis in der EG bekannt wurde (vgl. Plate, Woermann, Grupe, 104), spielt seitdem in fast allen wissenschaftlichen Stellungnahmen eine wichtige Rolle und bildet ab Ende der sechziger Jahre die Grundlage der Agrarstrukturpolitik sowohl in der BRD als auch in der EG.

In der BRD wird diese neue Ausrichtung der Agrarpolitik im sogenannten "Agrarprogramm" der Bundesregierung 1968 wie folgt fixiert: "Der bisher vertretene Grundsatz, möglichst viele Menschen in der Landwirtschaft zu halten, gerät immer mehr in Widerspruch zu der Forderung, die Entwicklung der landwirtschaftlichen Einkommens- und Sozialverhältnisse an die der übrigen Wirtschaft anzupassen. Die Forderung nach einem steigenden Einkommen kann angesichts der begrenzten Aufnahmefähigkeit des Marktes für Agrarprodukte in erster Linie durch eine weitere Verringerung der Zahl der in der Landwirtschaft Tätigen erfüllt werden. Das sollte aber nicht zu einer Abwanderung der Bevölkerung aus den ländlichen Räumen führen. Einen wesentlichen Ansatzpunkt für strukturpolitische Maßnahmen bietet die Förderung des vollständigen oder teilweisen Übergangs von Landwirten mit unzureichender Existenzgrundlage in einen außerlandwirtschaftlichen Beruf.

Ein solcher Prozeß ist mit agrarpolitischen Mitteln allein weder einzuleiten noch zu verwirklichen. Voraussetzung ist einerseits eine prosperierende Wirtschaft und eine Politik, in die die aus der Landwirtschaft ausscheidenden Menschen Vertrauen setzen können, andererseits eine Regionalpolitik, die in ausreichendem Umfang Arbeitsplätze und wirtschaftliche Entfaltungsmöglichkeiten bietet" (zitiert nach Engel/Fendt, 24, S. 49).

Im Memorandum Landwirtschaft, das als Mansholtplan bekannt ist, wurden erstmals auf EG-Ebene die Vorstellungen einer konsequenten Ausrichtung der Agrarpolitik auf moderne Großbetriebe konkretisiert. Gemeinsame Richtlinien für eine entsprechende Strukturpolitik wurden allerdings erst 1972 beschlossen.

Im einzelnen wurden auf der Grundlage dieser agrarpolitischen Ausrichtung von der EG folgende Strukturrichtlinien verabschiedet:

- Modernisierung der landwirtschaftlichen Betriebe (Richtlinie 72/159/EWG; vgl. 162, Nr. L 96, v. 23.4.1972);
- Förderung der Einstellung der landwirtschaftlichen Erwerbstätigkeit und der Verwendung der landwirtschaftlich genutzten Fläche für Zwecke der Strukturverbesserung (Richtlinie 72/160/EWG; vgl. 162, Nr. L 96 vom 23.4.1972);
- sozio-ökonomische Information und die berufliche Qualifikation der in der Landwirtschaft tätigen Personen (Richtlinie 72/161/EWG; vgl. 162, Nr. L 96, v. 23.4.1972);
- gemeinsame Maßnahmen zur Verbesserung der Verarbeitungs- und Vermarktungsbedingungen für landwirtschaftliche Erzeugnisse (Verordnung EWG Nr. 355/77; vgl. 162, Nr. L 51, v. 23.2.1977).

Die einzige Regelung, die der sonst auf eine Forcierung des Größenwachstums der landwirtschaftlichen Betriebe ausgerichteten Strukturpolitik entgegenläuft, ist die

- Förderung der Landwirtschaft in Berggebieten und in bestimmten benachteiligten Gebieten (Richtlinie 75/268/EWG; vgl. 162, Nr. L 128, vom 19.5.1975).

Bezeichnend ist, daß in der BRD schon vor diesen Gemeinschaftsrichtlinien Förderungsmaßnahmen zur Beschleunigung der strukturellen Veränderung durchgeführt wurden. Hier war deshalb 1972 nur eine Anpassung der "bereits seit 1971 praktizierten einzelbetrieblichen Förderung erforderlich" (v. Urff, 135, S. 283). Eine sofortige Anwendung fand auch in den Niederlanden statt. Dagegen wurden in Frankreich die entsprechenden Vorschriften erst 1976 und in Italien erst 1977 erlassen (vgl. v. Urff, 135, S. 283). Entsprechend langsamer flossen auch die Mittel in die jeweiligen Länder, was zu der Vermutung führte, daß gerade die Länder, "die am stärksten darauf angewiesen waren" (v. Urff, 135, S. 283) die Mittel am spätesten erhielten. Andererseits kann aber auch davon ausgegangen werden, daß gerade in den Ländern, deren gesamtwirtschaftliche Entwicklung am stärksten prosperierte, die nichtagrarischen Sektoren an einer beschleunigten Agrarstrukturverbesserung am meisten interessiert waren und deshalb diese Politik am weitesten vorangetrieben, wenn nicht sogar auch auf Gemeinschaftsebene forciert haben.

Auf dem Gebiet der Marktstruktur waren vor allem in Frankreich schon lange vor diesen Gemeinschaftsregelungen zur Beschleunigung der Produktionskonzentration gesetzliche Maßnahmen zur Ausweitung des horizontalen und vertikalen Verbundes der Agrarerzeugung und Vermarktung in den Jahren 1960 - 1964 getroffen worden (vgl. Sichtermann/Fendt, 125, S. 7).

Die Marktstrukturpolitik in Frankreich ist vor allem durch das "Gesetz zur Lenkung der Landwirtschaft" (Loi d'orientation agricole) von 1960 und das "Vertragswirtschaftsgesetz" (Loi tendant à detiniv les principes et les modalitès du règime contractuel en agriculture) von 1964 sowie das "Marktorganisationsgesetz" (Loi relativ à l'organisation interprofessionale agricole) von 1975 gekennzeichnet. Sie ist auf eine wesentlich stärkere vertikale Integration der Landwirtschaft ausgerichtet als die Marktstrukturpolitik der BRD, die im Marktstrukturgesetz vom 16.5.1969 niedergelegt ist und auch das Ziel einer stärkeren Angebotskonzentration verfolgt (vgl. Sichtermann/Fendt, 125, S. 261 ff. und 13).

Auf EG-Ebene folgte diesen nationalen Vorläufern im Jahre 1978 mit der Verordnung (EWG) Nr. 1360/78 eine entsprechende Regelung für die Einrichtung von Erzeugergemeinschaften und ihre Vereinigungen. In dieser Verordnung werden zunächst die strukturellen Angebotsmängel vor allem in Italien, Belgien und in Teilen von Frankreich aufgezählt, die darin bestehen, daß "das Angebot von einer sehr großen Anzahl kleiner, ungenügend organisierter Betriebe getätigt (wird) ... Das Fortdauern vorgenannter Mängel" heißt es dann weiter, "verhindert die Erreichung der Ziele nach Art. 39 Abs. 1 des Vertrages, denn diese Situation erschwert das Wachstum der landwirtschaftlichen Produktivität, den technischen Fortschritt, die Rationalisierung der Produktion, den optimalen Einsatz der Produktionsfaktoren sowie die Erreichung eines angemessenen Lebensstandards für die Landbevölkerung und die Marktstabilisierung; diese Situation könnte darüber hinaus das Niveau der Verbraucherpreise beeinflussen" (154, 26/78, Sonderbeilage, S. 1).

Im übrigen sind in dieser Verordnung fast wörtlich die Bestimmungen des Marktstrukturgesetzes der BRD wiederzufinden (vgl. Sichtermann/Fendt, 125, S. 22 ff.). Wie bereits unter 4.2.2. dargelegt, besteht ein wesentlicher Grund für diese Maßnahmen u.a. auch darin, den nachgelagerten Verarbeitungs- und Vermarktungsunternehmen eine bessere Angebotsstruktur zu bieten.

4.3.3.2. Problematik und Auswirkungen der Strukturpolitik

Ein grundsätzliches Problem der Agrarstrukturpolitik besteht darin, daß einerseits das Ausscheiden wirtschaftlich schwächerer Betriebe aus der Produktion gefördert werden soll, andererseits aber auch die Folgen dieser Politik, nämlich die Aufstockung bestehender Betriebe mit den freiwerdenden Produktionsressourcen und die sozialen Probleme der ausscheidenden Landwirte zur Vermeidung von Unruhen in der Landbevölkerung kompensiert werden müssen.

Das Dilemma der Strukturpolitik zeigt sich vor allem in den mehrfach erforderlich gewordenen Änderungen der Anwendungsrichtlinien. Die Begrenztheit staatlicher Einflußnahmen, die zum einen, wie bereits gezeigt, durch die Interessen anderer Wirtschaftssektoren und zum anderen durch die Gesetzmäßigkeiten des Wirtschaftssystems insgesamt begründet ist, wird von den politisch Verantwortlichen größtenteils nicht gesehen bzw. nicht zugegeben und erst erkannt, wenn die Folgen der verfehlten Politik sichtbar werden. Dies geht besonders aus den "Vorschlägen zur Agrarstrukturpolitik" der EG-Kommission vom 19.3.1979 hervor (vgl. 66, S. 1 ff.).

4.3.3.2.1. Problematik der Trennung zwischen förderungswürdigen und nicht förderungswürdigen Betrieben.

Aus mehreren Gründen war die Einteilung in "wachsende" und "weichende" Betriebe (vgl. Weinschenck, 141, S. 105 f.) von Anfang an problematisch. Nach welchen Kriterien soll z.B. die Abgrenzung erfolgen? Geht man in der bundesdeutschen "Förderungsgeschichte" zurück, so stellt man fest, daß zu allen Zeiten und zum Teil in erheblichem Umfang Betriebe als "förderungswürdig" bzw. als "aufstockungswürdig" bezeichnet wurden, die nach einigen Jahren dann doch aus der Produktion ausgeschieden sind. Andere wiederum wurden nach diesen Kriterien nicht gefördert und produzieren heute noch weiter.

Betrachtet man die enormen Arbeitsproduktivitätssteigerungen (vgl. Tabellen 8, 9 und 10 auf den Seiten 39 und 40) und das sich ständig beschleunigende Größenwachstum gerade der größten Produktionseinheiten (vgl. Schaubilder 5 - 9 auf den Seiten 44, 46 und 48 sowie Tabelle 12 auf Seite 47 dieser Arbeit), dann nimmt im Vergleich dazu das durchschnittliche Größenwachstum nur sehr langsam zu. Daraus werden auch Überlegungen und Forderungen von Agrarpolitikern und Agrarökonomen verständlich, die den Wachstumsprozeß beschleunigen möchten, weil sonst nach ihrer Ansicht trotz der feststellbaren Wachstumsraten "über 30 Jahre benötigt würden, um die durchschnittlichen Bestandsgrößen auf kostengünstiges Niveau anzuheben" (Brandes, 18, S. 7). Es werden zwar auch die enormen Schwierigkeiten gesehen, "infolge der vorhandenen Strukturen und der Kosten, die mit der Änderung dieser Strukturen verbunden sind, einen optimalen Zustand überhaupt zu erreichen" (Brandes, 18, S. 7). Aber trotzdem oder gerade weil das optimale Ziel so weit liegt, besteht angesichts solcher Überlegungen die Gefahr, daß mit agrarpolitischen Maßnahmen auf niedrigerem Niveau und damit auf breiter Front eine Beschleunigung dieser Entwicklung versucht wird.

Aus dem Schaubild 5 (Seite 44) läßt sich anhand der Entwicklung der mittleren Betriebsgrößenklassen ablesen, wie eine solche Förderung wirken und welche Folgen sie haben würde. Betrachtet man z.B. die Betriebsgröße mit 10 bis 20 ha, so erscheint diese bis 1960 noch lebensfähig. Ab 1966 nimmt die Zahl dieser Betriebe aber bereits rapide ab. Bei den Betrieben mit 20 bis 30 ha setzt diese Entwicklung 1970 bzw. 1974 ein. Bei Betrachtung des Zeitraums zwischen 1974 und 1978 zeigt sich, obwohl hier noch konjunkturelle Einwirkungen berücksichtigt werden müssen, daß auch die Betriebsgrößen zwischen 30 und 50 ha diesen Weg gehen werden. Für die Agrarpolitiker heißt dies, daß mit großer Wahrscheinlichkeit immer sehr viel mehr Betriebe gefördert werden als in absehbarer Zeit lebensfähig bleiben. Die Frage nach der Überlebenschance bleibt für einen sehr großen Teil der Landwirte immer bestehen und damit auch die berufliche Unsicherheit und der Zwang, durch Mehrproduktion dem Untergang zu entgehen, was letztlich dann doch nicht möglich ist.

Wie bereits gezeigt wurde, liegt die subjektive "Lebensfähigkeitsschwelle" in den einzelnen Mitgliedsländern in einer sehr unterschiedlichen Grössenordnung (vgl. EB-Bericht 1978, S. 30 Ziff. 59 und Tabelle 1 auf Seite 19 dieser Arbeit). Zusätzlich bestehen innerhalb der Mitgliedsländer zwischen den verschiedenen Regionen erhebliche Unterschiede. Zudem haben alle begleitenden Maßnahmen, z.B. soziale Hilfen für ausscheidende Landwirte - zur Beschleunigung der Strukturanpassung - immer dort ihre größte Wirkung, wo ohnehin eine schnelle Strukturentwicklung stattfindet (vgl. 185, 3/78, S. 7). Diese bestehenden Differenzen führten dazu, daß in die bereits besser strukturierten Regionen (wie z.B. Schleswig-Holstein und Niedersachsen) gegenüber anderen (wie z.B. West-Irland und Süditalien - vgl. 66, S. 5 f.) sowohl erheblich schneller als auch in größerem Umfang die nach diesen Strukturverbesserungsrichtlinien bereitgestellten Mittel einflossen (vgl. von Urff, 135, S. 382 f. und 66, S. 3). Obwohl diese Entwicklungen bereits 1975 zu einer "Regionalisierung" der Förderungsrichtlinien führte (vgl. Richtlinie 75/268/EWG - L 128 vom 19.5.1975) sind diese Tendenzen nicht aufgehoben. Die strukturelle Diffenrenzierung zwischen Groß- und Kleinbetrieben entwickelt sich nach wie vor regional sehr unterschiedlich.

Die geringe Finanzkraft der betroffenen Länder Irland und Italien, die nicht ausreichte, den nationalen Beitrag zur Anwendung der EG-Richtlinien zu leisten, aber auch die immer noch zu hohe Förderungsschwelle angesichts der großen Zahl von Kleinbetrieben führte 1979 zu einem erneuten Ergänzungsvorschlag der EG-Kommission für die Regionen Westirland und Mezzogiorno in Süditalien. Darin heißt es beispielsweise: "Angesichts der grossen Zahl der sehr kleinen Betriebe in den benachteiligten Regionen des Mezzogiorno sollte die für die Ausgleichszulage vorgesehene Mindesbetriebsgröße von 3 Hektar auf 2 Hektar verringert werden" (66, S. 5). Auch für andere benachteiligte Regionen wurden Ausnahmen und Zusätze zu früheren Richtlinien vorgeschlagen (66, S. 10 ff.). Doch nicht nur in den benachteiligten Regionen zeigt sich die soziale Ungerechtigkeit einer Trennung von förderungswürdigen und nicht förderungswürdigen Betrieben. Die Agrarberichte der BRD zeigen, daß Betriebe, die nach den Richtlinien nicht förderungswürdig und daher von Förderungsmaßnahmen ausgeschlossen sind, zum Teil in erheblichem Maße investieren (vgl. Zu- und Vollerwerbsbetriebe in Materialband 1979, S. 53, 62 und Anhang). Zwar sind in den unteren Größenklassen der Vollerwerbsbetriebe die Nettoinvestitionen, je Hektar und auch auf den Gewinn bezogen, wesentlich kleiner als bei den größeren Vollerwerbsbetrieben (vgl. Materialband 1979, S. 53, 62 und Anhang), doch würden diese teilweise doch erheblichen Investitionen sicherlich nicht getätigt, wenn bei den Betriebsleitern in absehbarer Zeit die Absicht zur Aufgabe ihres Betriebes bestehen würde. Dies untermauert im übrigen auch die in Abschnitt 4.3.2. getroffene Feststellung, daß Preissenkungen nicht unbedingt auch zur Aufgabe kleinerer Existenzen führen. Vor allem in Zeiten abgeschwächter Konjunktur führt diese "Klasseneinteilung" bei den strukturellen Förderungsmaßnahmen zu sozialen Ungerechtigkeiten. Denn gerade dann wird es für untere Einkommensgruppen schwierig, außerhalb der Landwirtschaft eine Beschäftigungsmöglichkeit zu finden. Nicht umsonst wurde deshalb im Jahre 1977 beim BML ein Agrarkreditprogramm erörtert, das eine "sogenannte 'magere' Zinsverbilligung" (Weinschenck, 141, S. 4) vorsah. Hiernach sollte "neben der weiterhin vorgesehenen Förderung von Investitionen in 'entwicklungsfähigen' Betrieben ... eine generelle Zinsverbilligung um 2 - 4 % für Investitionen in solchen landwirtschaftlichen Betrieben ..." erfolgen, "deren Inhaber die bisherigen Investitionsförderungsmaßnahmen entweder wegen der damit verbundenen Auflagen nicht in Anspruch nehmen wollen ("entwicklungsfähige" Betriebe) oder aber diese nicht in Anspruch nehmen können, weil sie die Förderungsschwelle nicht erreichen ("nicht entwicklungsfähige" Betriebe)" (192, Nr. 3/1978, S. 8).

4.3.3.2.2. Wachsende Marktungleichgewichte

Die Förderung des Größenwachstums bei gleichzeitiger Förderung der Aufgabe kleinerer Betriebe hat eine Verschärfung der Marktungleichgewichte auf dem Agrarsektor nicht verhindern können. Gerade das Verbleiben vieler kleinerer, vor allem auch Zuerwerbsbetriebe in der Produktion, das sich bei abflachender Konjunktur noch verstärkte, führte zu einem Anwachsen dieses Problems. Es kommt noch hinzu, daß die Produktionsleistung in den wachsenden Betrieben, wie bereits nachgewiesen, überproportional ansteigt.

Überschußsituationen, aber auch die zunehmende Mittelknappheit, führten zu einer Revision der bisherigen Förderrichtlinien. Wurde z.B. noch vor wenigen Jahren ohne eine obere Begrenzung der Kuhzahl der Bau von Milchviehställen mit erheblichen Aufwendungen gefördert, werden neuerdings Obergrenzen von 60 bzw. 80 Milchkühen bzw. 100 Liegeplätzen für Mastschweine als Voraussetzung für die Vergabe von Förderungsmitteln festgesetzt (vgl. Besters, 9, S. 18 und Peters, 97, S. 11416). Es muß aber wohl bezweifelt werden, ob mit dieser Regelung tatsächlich eine Begrenzung der zu fördernden Produktionseinheiten erreicht wird. Denn diese Verfügungen schaffen zwar die technischen Voraussetzungen, lassen aber die vielfältigen Möglichkeiten ihrer Umgehung außer acht, die durch die Angabe manipulierter Betriebsdaten gegeben sind. In mehreren neueren Veröffentlichungen wird auch schon die völlige Einstellung dieser einzelbetrieblichen Investitionsförderung gefordert (vgl. Weinschenck, 140). Der wissenschaftliche Beirat beim BML vertritt sogar die Auffassung, daß die Mehrzahl der entwicklungsfähigen Betriebe auch ohne staatliche Kreditverbilligung die zur Rationalisierung und Aufstockung der Produktionskapazitäten notwendigen Investitionen finanzieren kann (vgl. 192, S. 8). Er spricht sich deshalb nicht nur gegen "Investitionsförderungen 'entwicklungsfähiger' Betriebe unter den gegenwärtigen Rahmenbedingungen" aus, sondern hält auch "jede Ausweitung des potentiellen Empfängerkreises ... in noch weit stärkerem Maße ... als nicht gerechtfertigt" (192, S. 8), da durch eine solche Förderung die bereits bestehenden Marktungleichgewichte nachhaltig verstärkt würden (vgl. 192, S. 8).

Die Art der Oberschußvermarktung, wie sie am ausgeprägtesten bei der Milch durch die sogenannte Mitverantwortungsabgabe praktiziert wird, ist eine faktische Erzeugerpreissenkung, die am wenigsten die Betriebe trifft, die am meisten und daher am kostengünstigsten produzieren, also die großenteils durch Investitionsbeihilfen ihre Produktion ausgeweitet haben. Weinschenck drückt diesen Zustand für die kleineren Produzenten noch milde aus, wenn er feststellt, daß "die Gefahr (besteht), daß die Investitionsbeihilfen nicht nur von ihren Empfängern, sondern von allen Landwirten indirekt zurückgezahlt werden müssen, nämlich in Form einer Selbstbeteiligung an der Vermarktung von landwirtschaftlichen Oberschüssen oder durch Inkaufnahme von Preissenkungen dort, wo es keine wirksamen Interventionsmechanismen gibt" (Weinschenck, 140, S. 10). Da es aber, wie bereits nachgewiesen wurde, kaum wirksame Interventionen für die Produkte der Landwirte gibt, ist damit auch schon gesagt, daß die Investitionshilfen für die "förderungswürdigen" Betriebe vorwiegend zu Lasten der nicht geförderten Landwirte gehen.

4.3.3.2.3. Agrarpolitischer Einfluß blieb begrenzt

Die Ergebnisse der Strukturpolitik nehmen sich gegenüber den proklamierten Zielen gering aus. Allgemein ist bei Politikern, aber mehr noch bei den Agrarwissenschaftlern, eine Umorientierung feststellbar. Wie aus dem im vorangegangenen Abschnitt bereits zitierten Gutachten des wissenschaftlichen Beirates beim BML aus dem Jahre 1977 hervorgeht, sind entwicklungsfähige Betriebe auch ohne staatliche Hilfen in der Lage, notwendige Investitionen zu tätigen (vgl. 192, S. 8).

Außerdem kommt Weinschenck in einer Modellrechnung über die Einkommenswirkung von Investitionsförderungen zu dem Ergebnis, daß aus gesamtwirtschaftlicher Sicht "der Einkommenszuwachs ... in jedem Fall niedriger (ist) als der Kostenzuwachs, und man hätte besser daran getan, das dem Bauern M. zugedachte Einkommen diesem direkt zu zahlen und es beim bisherigen Umfang der Milchviehhaltung zu belassen" (Weinschenck, 140, S. 10). Unter Zugrundelegung des Agrarstrukturberichtes des Bundes und der Länder sieht Weinschenck seine Berechnungen erhärtet und kommt zu der Annahme, daß in den Jahren 1975 und 1976 der Kuhbestand durch Investitionsförderungen um 100.420 Kühe ausgedehnt wurde. Daraus folgert er, daß einem "Einkommenszuwachs von 200 Mio DM je Jahr ... öffentliche Aufwendungen von rund 400 Mio DM gegenüber - (stehen)" (Weinschenck, 140, S. 10). Hieraus wird die prekäre Situation ersichtlich, in der sich die Strukturpolitik gegenwärtig befindet. Fügt man noch die Überlegung hinzu, daß eine Förderung des Größenwachstums die ohnehin vorhandene Tendenz vermehrter Flächennachfrage verstärkt (vgl. Willer/Hase, 149), was nicht ohne Wirkung auf die Grundstücks- und Pachtpreise bleiben konnte (vgl. 192, S. 8), wodurch wiederum Betriebe mit einer geringeren Eigenkapitalbildung bzw. Kreditwürdigkeit in ihrem Wachstum gehemmt werden, dann erscheint dieses Dilemma noch größer. Das Anwachsen von Produktionsgrößen der bodenunabhängigen Produktionseinheiten flächenarmer Betriebe hat nicht zuletzt ihre Ursache in diesen Bodenpreisen, die durch Zukauf von Futtermitteln (eine indirekte "Zupachtung" von Futterflächen - überwiegend sogar außerhalb der EG, nämlich durch Futtermitteleinfuhren - vgl. hierzu Abschnitt 4.2.3. -) umgangen wird.

Sieht man einmal von einem zweifellos beschleunigten Größenwachstum der größten Betriebseinheiten ab, wodurch zwar eine bessere Darstellung der d u r c h s c h n i t t l i c h e n Wirtschaftssituation der Landwirtschaft (bei Auslassung unterer Einkommensgruppen) möglich wurde, so stellt sich doch die Frage, welche positiven Entwicklungen für den Agrarsektor insgesamt (und nicht nur für die Spitzengruppen und -regionen - vgl. 66, S. 3) überhaupt erreicht wurde.

Die EG-Kommission selbst kommt zu dem Schluß, daß die mit den Richtlinien 72/159/EWG und besonders 72/160/EWG verfolgten Ziele bisher nicht erreicht wurden (vgl. v. Urff, 135, S. 281 ff.).

5. Untersuchungsergebnisse und Konsequenzen

5.1. Zusammenfassung der Ergebnisse

Die bisher getroffenen Feststellungen zeigen, daß es der EG-Agrarpolitik nicht gelungen ist, die Probleme auf dem Agrarsektor zu lösen bzw. die von ihr selbst im EWG-Vertrag definierten Ziele zu erreichen. Im einzelnen muß folgendes festgestellt werden:

5.1.1. Probleme der Einkommenspolitik

(1) Für die Einkommenswirkung der Preise auf dem EG-Agrarsektor ist von Bedeutung, daß es sich bei diesen Preisen um Marktordnungspreise handelt. Diese dienen lediglich der Schaffung zusätzlicher Nachfrage, um die Marktpreise zu stabilisieren. Da diese Nachfrage fast ausschließlich bei Produkten ansetzt, die nicht von den Landwirten, sondern von den Großhandels- und Weiterverarbeitungsunternehmen angeboten werden, ist die Einkommenswirkung für die Landwirte nur sehr begrenzt.

(2) Das durchschnittliche Einkommen aller landwirtschaftlichen Betriebe liegt weiter unter dem Einkommen vergleichbarer Berufe. Nur etwa ein Fünftel der landwirtschaftlichen Betriebe der BRD erwirtschaftet ein Einkommen, das eine längerfristige Existenz sichert. Dies gilt auf EG-Ebene in gleicher Weise (vgl. S. 18 und Tabelle 1 auf S. 19 dieser Arbeit).

(3) Die Einkommenskonzentration verstärkt sich, und zwar umso mehr, als globale staatliche Förderungsmaßnahmen durchgeführt werden.

(4) Ein immer geringerer Teil der Landwirte erwirtschaftet ein Einkommen, das für eine längerfristige Existenz ihrer Betriebe ausreicht.

(5) Die enormen intrasektoralen Einkommensdisparitäten lassen keine operationalen intersektoralen Einkommensvergleiche auf der immer wieder herangezogenen Ebene der "durchschnittlichen" Einkommen der Landwirte zu.

(6) Investitionshilfen für Produktionserweiterungen, mit dem Ziel der Ein-

kommensverbesserung der Landwirte, verursachen wesentlich höhere volkswirtschaftliche Kosten als die erhöhte Einkommenswirkung für die Landwirte insgesamt ausmacht (vgl. 4.3.3.2.3. dieser Arbeit).

5.1.2. Probleme der Marktregulierung

(1) In einem marktwirtschaftlichen System haben politisch festgesetzte Preise, auch wenn es sich - wie bei den Marktordnungspreisen der EG - um Richt- und Orientierungspreise bzw. bei bestimmten Produkten um Interventionspreise zur Schaffung zusätzlicher Nachfrage handelt, nur einen begrenzten und temporären Einfluß auf die Marktentwicklung.

Sofern die Produktionsleistung die Nachfrage übersteigt, drängen politische Instanzen ebenso auf Preissenkungen wie dies ohne ihre Zwischenschaltung die Marktkräfte direkt tun würden. Lediglich kurzfristige Preisschwankungen lassen sich durch die bestehenden Marktordnungssysteme abmildern (vgl. 4.3.1.2.1.).

(2) Das Größenwachstum der landwirtschaftlichen Betriebe und die Zunahme der Konzentration der Produktion sind gekoppelt mit einer überproportionalen Produktionssteigerung je Produktionseinheit (z.B. je AK, je Tier, je ha).

(3) Die Expansion der Produktion durch das Größenwachstum der Betriebs- und Produktionseinheiten wird nicht durch eine Abnahme der Produktion in kleineren Betrieben oder durch deren Ausscheiden kompensiert. Es versuchen ständig mehr Betriebe durch eine Produktionsausweitung dem Ausscheiden aus der Produktion zu entgehen als längerfristig existenzfähig sind. Diese produzieren größtenteils auch bei Substanzverlusten ihres Betriebskapitals noch unter Bedingungen weiter, die ihnen nur noch einen minimalen Lohn für den Einsatz ihrer Arbeitskraft sichern.

(4) Der Übergang von Vollerwerbsbetrieben in den Bereich der Zuerwerbsbetriebe ist nicht mit einer Verringerung der Produktion gekoppelt.

(5) Bei mangelnder Bodenmobilität führt der Zwang zur Produktionsausweitung zum Zukauf von Futtermitteln und anderen produktionssteigernden Investitionsgütern und Produktionsmitteln. Dies ist ein nicht unwesentlicher Grund für die wachsenden Überschüsse bei den Veredlungsprodukten, vor allem bei der Milch.

(6) Die Substitution von Futtergetreide durch Billigeinfuhren verschärft auch auf dem Getreidesektor zunehmend die Marktungleichgewichte.

(7) Die Festsetzung der Investitionspreise für Produkte, die nicht von der Landwirtschaft, sondern von den ihr nachgelagerten Industrie- und Handelsunternehmen auf den Märkten angeboten werden, führt zur vermehrten Produktion dieser Produkte und zu teilweise manipulierten Überangeboten an die Interventionsstellen. Die Nachfrage der Molkereien und Milchwerke nach immer mehr Milch für die Produktion von Interventionsprodukten (z.B. Butter und Magermilchpulver) ist die Folge.

(8) Sinkende Preise führen nicht zu einer Verringerung des Angebots. Denn alle Betriebe, die nicht kurzfristig zur Aufgabe ihrer Produktion gezwungen sind, werden angesichts noch vorhandener erheblicher Steigerungsmöglichkeiten der Produktivität (vgl. Tabelle 10) ihre Produktion ausweiten.

(9) Außenhandelsinteressen und internationale Handelsverpflichtungen, die überwiegend den Exportinteressen der Industrie dienen, tragen durch Agrarimporte (z.B. Butter, Zucker und eiweißhaltiges Futtergetreide) nicht unwesentlich zur Überschußsituation auf bestimmten Märkten bei (vgl. 4.2.3. dieser Arbeit).

(10) Die Ausgaben für den gemeinsamen Agrarmarkt belasten die Verbraucher nicht unerheblich; denn letztlich müssen diese Kosten über Steuern und damit von den Verbrauchern aufgebracht werden.

5.1.3. Probleme der Preispolitik

(1) Die ökonomischen und wirtschaftlichen Divergenzen innerhalb der Gemeinschaft führten zu Wechselkursänderungen zwischen den Währungen der Mitgliedsländer. Die an eine gemeinsame Rechnungseinheit gekoppelten Agrarpreisbeschlüsse sollten mit Hilfe von Währungsausgleichszahlungen und der Einführung von Grenzausgleichsbeträgen aufrecht erhalten werden. Diese Maßnahmen, die zudem noch zu autonomen, von den Preisbeschlüssen separaten Veränderungen der Währungsparitäten durch die einzelnen Mitgliedsländer führte, läßt die gemeinsamen Preisbeschlüsse irrational und den gemeinsamen Agrarmarkt als eine Fiktion erscheinen.

(2) Die größtenteils aus den divergierenden Wirtschaftsentwicklungen resultierenden unterschiedlichen Produktionsmittelkosten und die erheblichen Diskrepanzen zwischen den einzelnen Mitgliedsländern, und noch mehr zwischen den einzelnen Regionen, führen bei gemeinsamen Förderungsmaßnahmen sowie bei einheitlichen preis-, markt- und strukturpolitischen Maßnahmen zu einer weiteren Differenzierung der Einkommens- und Strukturverhältnisse.

(3) Die der Preispolitik zugedachte mehrdimensionale Funktion der Einkommens-, Markt- und Strukturregulierung kann von ihr nicht erfüllt werden.

5.1.4. Probleme der Strukturpolitik

(1) Die bestehenden erheblichen Diskrepanzen in der Agrarstruktur zwischen den einzelnen Regionen wurden durch die Anwendung gemeinsamer strukturwirksamer Maßnahmen verstärkt und machten immer weitere Ergänzungsmaßnahmen und Regionalisierungen erforderlich.

(2) Die Trennung zwischen förderungswürdigen und nicht förderungswürdigen landwirtschaftlichen Betrieben impliziert grobe Ungerechtigkeiten. Die subjektive Lebensfähigkeitsschwelle ist in den einzelnen Mitgliedsländern und noch mehr in den einzelnen Regionen zu differenziert, als daß hier einheitliche Förderungsmaßstäbe angelegt werden könnten.

(3) Konjunkturelle gesamtwirtschaftliche Entwicklungen beeinträchtigen den Strukturwandel erheblich und haben auch Rückwirkungen auf die Strukturpolitik (zunehmende Arbeitslosigkeit in den nicht landwirtschaftlichen Sektoren läßt eine Förderung der Abwanderung von Arbeitskräften aus der Landwirtschaft ökonomisch irrational erscheinen). Doch dessen ungeachtet wird auch weiterhin der Strukturwandel von vielen Agrarökonomen als rationalste Maßnahme zur Verbesserung der Produktions- und Einkommenssituation in der Landwirtschaft angesehen.

(4) Die Regionalisierung strukturverbessernder Maßnahmen ist mit zwei Problemen behaftet. Zum einen ist die Abgrenzung der bevorzugt zu fördernden Gebiete schwierig und zum anderen bestehen auch innerhalb dieser Gebiete noch wieder strukturelle Unterschiede.

(5) Die Konzentration der Produktion und die damit verbundene Produktionssteigerung führte zu einer oberen Begrenzung der Förderungswürdigkeit. Nicht nur die zu fördernden Produktionseinheiten (Stallplätze für Kühe etc.) mußten begrenzt werden, sondern auch die Höhe des Einkommensziels. So soll gemäß Kommissionsvorschlag vom 19.3.1979 (66, S. 4) in den Entwicklungsplänen das Einkommen nach Durchführung der geförderten Investition "das vergleichbare Einkommen um nicht mehr als 20 %" überschritten werden. Die damit geschaffenen technischen Voraussetzüngen schließen jedoch mögliche Manipulationen der zugrunde zu legenden Betriebsdaten und damit auch eine Investitionsförderung unerwünschter Größeneinheiten nicht aus.

(6) Förderungswürdige Betriebe sind auch ohne staatliche Hilfen in der La-

ge, erforderliche Investitionen vorzunehmen (vgl. 192, S. 8). Investitionsförderungsprogramme stellen daher eine doppelte Benachteiligung von Betrieben unterhalb der festgelegten Förderschwelle dar.

5.2. Konsequenzen

5.2.1. Negative Wirkungen des marktwirtschaftlichen Systems wurden nicht ausgeschaltet, sondern teilweise noch verstärkt.

Aus der Erkenntnis heraus, daß ein marktwirtschaftliches System "nicht alle Probleme" (Ertl, 26, S. 42) zu lösen vermag, und deshalb negative Auswirkungen durch staatliche Eingriffe abgeschwächt oder beseitigt werden müssen, wurde im Rahmen der EG-Agrarpolitik versucht, die Wirtschaftsabläufe und Marktmechanismen auf dem Agrarsektor zu lenken.

Die proklamierten Ziele

- Produktivitätssteigerung der Landwirtschaft,
- Aufhebung der Einkommensdisparität zwischen Landwirtschaft und übriger Wirtschaft durch Erhöhung des Pro-Kopf-Einkommens der in der Landwirtschaft tätigen Personen,
- Herstellung eines Marktgleichgewichts und Stabilisierung der Agrarmärkte,
- Sicherstellung der Nahrungsmittelversorgung zu angemessenen Preisen,
- Abbau aller innergemeinschaftlichen Zollschranken und Herstellung eines Gemeinsamen Marktes auch auf dem Agrarsektor,

wurden jedoch nur zum Teil und in den für die Landwirtschaft und den gemeinsamen Agrarmarkt wichtigsten Bereichen nicht erreicht.

Aus den Ergebnissen der Ursachenanalyse läßt sich ablesen, daß marktwirtschaftliche bzw. systemimmanente Entwicklungen nicht ausgeschaltet, sondern in den meisten Bereichen aufgrund der staatlichen Maßnahmen noch verstärkt wurden. Solche Ziele der Agrarpolitik, die ohnehin mit der Entwicklung eines immer mehr in den kapitalistischen Wirtschaftsablauf integrierten Agrarsektors konform gehen, wie z.B. die Produktivitätssteigerung, wurden "glänzend" erreicht. Dagegen blieben das angestrebte Gleichgewicht auf den Agrarmärkten, das angemessene Einkommen (jedenfalls für rund 80 % der Landwirte) und die gemeinsame Preispolitik als Voraussetzung eines gemeinsamen Agrarmarktes auf der Strecke.

5.2.1.1. Falsche Einschätzung der Wirkungsweise des marktwirtschaftlichen Systems auf dem Agrarsektor

Bei richtiger Einschätzung und genauer Kenntnis der Wirkungsweise der bisher angewandten agrarpolitischen Maßnahmen in einem sonst den Marktkräften und der kapitalistischen Gesamtentwicklung frei überlassenen Wirtschaftsablauf, hätten die zum Teil fatalen Ergebnisse vorausgesehen werden müssen.

Die Art der Konzipierung agrarpolitischer Maßnahmen und die jeweils nach einer bestimmten Wirkungsperiode evident gewordenen Auswirkungen, die erneute Änderungen und Ergänzungen notwendig machten, zeigen jedoch, daß die Wirkungsgrundlagen nicht richtig eingeschätzt bzw. nicht erkannt wurden.

(1) Beispiel Preispolitik

Preispolitische Beschlüsse wurden bis 1971/72 frei unter den Mitgliedsländern ausgehandelt. Ab 1972/73 wurde versucht, sie mit Hilfe der "objektiven Methode" in ihrer Höhe unter Berücksichtigung der Kosten- und Produktivitätsentwicklung notwendigen Anpassungen zu bestimmen. Aufgrund der "Überschußsituation" wurden dann ab 1976/77, an diesen für die Einkommen der Landwirte als notwendig errechneten Preisanhebungen wieder Abstriche gemacht. Aber schon die Ausrichtung dieser "objektiven Methode" an den "modern geführten Betrieben" läßt die Einwirkung des Marktes erkennen. Denn "wenn die Masse der produzierten Waren größer ist als zu den mittleren Marktwerten Absatz findet, so regeln die unter den besten Bedingungen produzierten Waren den Marktwert" (79, S. 188). Mit ihrer Ausrichtung an modern geführten Betrieben fügen sich die EG-Marktordnungspreise diesem Marktmechanismus. Das gleiche gilt für die Einführung der Mitverantwortungsabgabe, die faktisch einer Besteuerung entspricht, die mit Überschüssen begründet wird. Diese Begründung ist allerdings in zweierlei Hinsicht zu kritisieren. Zum einen suggeriert sie, daß die Landwirte für die Überschüsse verantwortlich sind. Zum anderen negiert sie aber auch die bisher vertretenen marktwirtschaftlichen Lehrsätze, wonach die Landwirte Mengenanpasser und Preisnehmer sind, die durch ihr jeweils einzelnes Produktionsverhalten das Marktgeschehen und den Marktpreis nicht beeinflussen können.

Im übrigen belastet die Regelung der Mitverantwortungsabgabe die kleinen Produzenten mit einem niedrigeren Deckungsbeitrag wesentlich mehr als die größeren Milchviehbetriebe. Erst wenn tatsächlich die Betriebe mit einer höheren Abgabe belegt werden, die ihre Produktion am stärksten gesteigert haben, würde diesen Marktgesetzen entgegengewirkt. Diese Möglichkeit wird inzwischen diskutiert (vgl. 67, S. 41 f.und Schmidt-Gellersen 116, S. 11414).

(2) Beispiel Strukturpolitik

Die EG-Richtlinien zur Beschleunigung des Strukturwandels (72/159/EWG und 72/160/EWG sowie 72/161/EWG) wurden mehrfach durch neue Richtlinien und Maßnahmen ergänzt. Die Notwendigkeit zu diesen Ergänzungen wird aus den Vorschlägen der EG-Kommission zur Agrarstrukturpolitik deutlich. Hinsichtlich der 1972 beschlossenen Richtlinie 72/159/EWG heißt es beispielsweise, daß "geographisch betrachtet verschiedene Regionen der Gemeinschaft mehr als andere von dieser gemeinsamen Maßnahme profitieren ...".Aus der weiteren Beurteilung dieser Richtlinie und den vorgeschlagenen Änderungen durch die EG-Kommission geht hervor, daß "ein hoher Prozentsatz weniger benachteiligter Betriebe" gefördert wurde, wogegen andererseits "die Betriebsmodernisierung in ganzen Regionen mit sehr mangelhaften Betriebsstrukturen über erste Ansätze nicht hinausgegangen (ist)" (66, S. 3). Deshalb müßten auch die Förderungsmaßnahmen auf solche Betriebskategorien konzentriert werden, die am meisten darauf angewiesen sind" (66, S. 3).

5.2.1.2. Globale Förderungsmaßnahmen verstärken sowohl die intrasektoralen als auch die interregionalen Struktur- und Einkommensdifferenzen

Die bereits bestehenden enormen Einkommensdisparitäten verbieten es eigentlich schon von selbst, von einer Verbesserung d e r Einkommen d e r L a n d w i r t e oder von d e r Einkommenssituation d e r L a n d w i r t s c h a f t zu sprechen. Verantwortungsbewußte Politik, ob von seiten der Regierungen oder von seiten der Berufsverbände, kann ehrlicherweise nur darin bestehen, spezifische Maßnahmen zur Verbesserung bestimmter benachteiligter Gruppen (z.B. in benachteiligten Gebieten - wobei hier allerdings auch wieder die Schwierigkeit der Abgrenzung auftaucht) zu fordern und durchzusetzen. In keinem Produktionsbereich innerhalb der EG sind die Produktionsvoraussetzungen so differenziert und so beeinflussend auf die Ertragslage eines Betriebes wie in der Landwirtschaft (unterschiedliche Betriebsgrößen, Klimaverhältnisse, Bodenqualität, Absatzwege, Gebäude, innere Flächenstruktur, Ausbildungsstand und Familienverhältnisse des Landwirts und Betriebsinhabers). Jede globale staatliche Maßnahme und zwar auch wenn sie auf bestimmte Betriebsgrößen (z.B. beim einzelbetrieblichen Förderungsprogramm) ausgerichtet ist, verschärft deshalb die Probleme auf dem Agrarsektor in unverantwortlicher Weise. Sie verstärken nicht nur die Einkommensdiskrepanzen zwischen den unteren und oberen Einkommensgruppen, sondern auch die strukturellen Differenzen zwischen entwickelten und weniger entwickelten Regionen.

5.2.1.3. Preis- und Einkommensveränderungen verstärken die Konzentrations- und Zentralisationstendenzen

Nicht nur Förderungsmaßnahmen wirken, wenn sie global angewandt werden, auf benachteiligte Gruppen und Regionen diskriminierend, sondern auch globale Preis- und Einkommensänderungen.

Preiserhöhungen (sofern sich diese überhaupt mit dem bestehenden Marktordnungssystem und gegen andere Interessen durchsetzen lassen - vgl. Abschnitt 4.3.1.2.3.), haben nur kurzfristig sowohl für obere als auch für untere Einkommensgruppen eine positive Einkommenswirkung (vgl. Preisangleichungen in den Niedrigpreisländern bei Einführung gemeinsamer Agrarpreise für Getreide ab 1.7.1967, 5). Sie ist im übrigen für die oberen Einkommensgruppen überproportional, wodurch langfristig eine Produktionsausweitung durch Rationalisierungsinvestitionen und Konzentration der Produktion in den oberen Einkommensgruppen wegen der dort stattfindenden verstärkten Eigenkapitalbildung erfolgt, was wiederum zu markt- und politikgesteuerten Preissenkungen führt. In den letzten Jahren macht sich dies, angesichts von Überschußsituationen auf bestimmten Märkten, in vermehrten Preissenkungsvorschlägen bzw. Vorschlägen zu einem "Einfrieren" der Agrarpreise bemerkbar (vgl. Vorschläge der EG-Kommission, 68, S. 1; vgl. auch Schmidt-Gellersen, 116, S. 11414).

Preissenkungen bringen kurzfristig für einen sehr großen Teil der landwirtschaftlichen Produzenten eine erhebliche Verschlechterung ihrer Situation, veranlaßt einen Großteil der nicht unmittelbar zur Aufgabe gezwungenen Betriebe des "mittleren" Einkommensfeldes zur Mehrproduktion, verlangsamt aber im oberen Einkommensbereich wegen geringerer Liquidität die Durchführung von Rationalisierungsinvestitionen und Aufstockungen und damit auch den Strukturwandel. Freiwerdende Produktionsressourcen können nicht mehr in erforderlichem Umfang von den verbleibenden Betrieben übernommen werden (vgl. hierzu Weinschenck/Meinhold, 146, S. 13).

Längerfristig wird sich jedoch in beiden Fällen (ob Preiserhöhung oder Preissenkung) nichts an einer zunehmenden Produktions- und Einkommenskonzentration ändern; denn die in Tabelle 10 dargestellte Produktivitätssteigerung ist nur erst von einem Bruchteil der landwirtschaftlichen Betriebe erreicht, und sie wird sicherlich noch nicht die Endstufe der landwirtschaftlichen Produktivitäts- und Betriebsgrößenentwicklung sein. Diese Entwicklung wird nur um so problematischer und mit stärkeren sozialen und politischen Unruhen verbunden sein, je schlechter die gesamtwirtschaftliche Konjunkturentwicklung verläuft und (damit verbunden) je weniger alternative Beschäftigungsmöglichkeiten vorhanden sind.

5.2.1.4. Zusätzliche Probleme sind entstanden oder haben sich verschärft

Die Rolle der Landwirtschaft als "Erhalter der Naturlandschaft und Umweltschützer" wird durch den zunehmenden Zwang zur Produktionsausweitung und Konzentration in wenigen großen Betriebseinheiten zunehmend widersprüchlich. Dies wird noch dadurch verstärkt, daß nicht nur eine betriebliche, sondern auch regionale Konzentration der Produktion erfolgt. Besonders in der Nähe von Ballungsgebieten und Überseehäfen werden größere Veredlungsbetriebe errichtet. Die Immobilität von Grund und Boden läßt die bodenunabhängigen Produktionszweige stärker steigen, den Einsatz ertragssteigernder chemischer Pflanzenschutz- und Düngemittel sowie von zugekauften, zumeist eingeführten Futtermitteln ansteigen. Die natürliche Verwertung der Exkremente wird wegen der Verminderung der dafür zur Verfügung stehenden Flächen immer problematischer.

5.2.2. Systembedingte Widersprüche sind mit dem bestehenden Instrumentarium nicht zu lösen

So wie die neoliberalen Wirtschaftstheoretiker ihren bestimmenden Einfluß angesichts ihres Unvermögens verloren haben, für die wachsenden Probleme auf dem Agrarsektor Ende der 50er und Anfang der 60er Jahre eine ihrer Grundauffassung von einer freien Wettbewerbsordnung entsprechende Lösung anzubieten und einem zunehmenden Agrardirigismus weichen mußten, so mußten etwas später auch die Interessenvertreter der Landwirtschaft gegen Ende der 60er Jahre einer neuen Agrarkonzeption (Mansholt-Höcherl-Schiller-Pläne etc.) ihre Zustimmung geben. Die moderne bürgerliche Agrartheorie, die sich nicht nur auf das Wohlwollen anderer Wirtschaftssektoren stützen konnte, baute außerdem noch auf einer nicht zu widerlegenden und allgemein erkennbaren Entwicklung, daß die zur Schaffung der Ernährungsgrundlage notwendigen Arbeitskräfte relativ und absolut immer weniger werden. Die Erhöhung des Einkommens in der Landwirtschaft war von nun an weniger ein Problem einer zu geringen Arbeitsproduktivität - wie es die Neoliberalen definiert hatten -, sondern das einer zunehmenden Überproduktion als Folge einer zu geringen Mobilität der Produktionsfaktoren und vor allem der Arbeitskräfte. Zu viele Arbeitskräfte in der Landwirtschaft mußten sich ein, durch zunehmende Marktsättigung begrenztes Gesamteinkommen des Agrarsektors teilen. Die Verringerung der Arbeitskräfte in der Landwirtschaft wurde damit zu einem der wichtigsten Ziele der Agrarpolitik. Jede Produktivitätssteigerung in der Landwirtschaft kam deshalb aber auch nicht in erster Linie dem Agrarsektor, sondern primär anderen Wirtschaftsbereichen zugute.

Schon die Ausrichtung der Marktordnungspreise der EG an den "modern geführten Betrieben" beweist dies. Lediglich die Geschwindigkeit der Abwanderung von Arbeitskräften aus der Landwirtschaft und die Form des Strukturwandels blieben auch noch weiterhin umstritten.

Inzwischen hat sich allerdings gezeigt, daß auch unte Einschluß dieser Erkenntnis vom notwendigen Strukturwandel und der darauf aufbauenden Markt-, Preis- und Strukturpolitik, einschließlich der ergänzenden Maßnahmen, die Probleme langfristig nicht gelöst werden können. Immer neue und umfangreichere Eingriffe scheinen erforderlich. Es stellt sich heute in der agrarpolitischen Diskussion, wie schon einmal in den 60er Jahren, erneut die Frage nach den Ursachen und nach einer grundlegenden Änderung der Agrarpolitik. Die Ergebnisse der in dieser Arbeit analysierten Entwicklung auf dem Agrarsektor und der angewandten Agrarpolitik haben einige wesentliche Ursachen aufgezeigt; andere lassen sich daraus ableiten:

Der relevanteste Grund, weshalb die fundamentalen politischen Instrumente der Struktur-, Preis-, Markt- und Einkommenspolitik incl. ihrer ergänzenden Maßnahmen nicht den Erfolg brachten, der, jedenfalls nach offizieller Darstellung, erreicht werden sollte, ist darin zu suchen, daß immer nur an einer Seite der marktwirtschaftlichen Komponente mit staatlichen Eingriffen operiert wurde. Aus der Erkenntnis heraus, daß die Marktwirtschaft nicht in der Lage war, die problematischen Aufgaben auf dem Agrarsektor zu lösen, wurde (jedenfalls versucht) nur in bestimmten Bereichen und einseitig die Marktwirtschaft außer Kraft zu setzen. Vor allem die Tatsache, daß nicht auch die Produktion und die Produktionsmittelpreise reglementiert wurden und also der Marktmechanismus von daher weiter wirken konnte und zum Teil und längerfristig sogar verstärkt und verzerrt auch in negativer Weise weiterwirkte, machte immer weitere Eingriffe notwendig(vgl. z.B. 209, S. 11414 ff., vor allem S. 11416; vgl. auch 66, S. 4 ff., und 69, S. 31 ff.).

Der Versuch, negative Auswirkungen marktwirtschaftlicher Gesetzmäßigkeiten durch bestimmte Eingriffe zu verhindern und auf der anderen Seite die Furcht vor der Konsequenz, planwirtschaftliche Produktionsmethoden anzuwenden, ließ das Dilemma der Agrarpolitik immer gravierender erscheinen. Dieser Zustand gibt allerdings der neoliberalen Einschätzung der EG-Agrarpolitik recht, die diese, weil sie sich weder nach marktwirtschaftlichen noch nach planwirtschaftlichen Grundsätzen vollzieht, als ein "Monstrum eines Fisches mit Beinen" ansieht, das sich "im Wasser mangels Flossen" und "auf dem Land mangels einer Lunge" nicht bewegen kann (Heuss, 49, S. 112).

6. Mögliche Alternativen

6.1. Übersicht

Aus der Erkenntnis heraus, daß vor allem das Hauptinstrument der gemeinsamen Agrarpolitik, die Preispolitik, eine mehrdimensionale Zielfunktion nicht erfüllen kann, werden bereits seit mehreren Jahren alternative agrarpolitische Konzeptionen und Instrumente zur Regulierung von Markt, Einkommen und Struktur des Agrarsektors diskutiert. Dabei lassen sich die Vorschläge und Denkmodelle in etwa vier Gruppen einteilen.

(1) Zur ersten Gruppe gehören Auffassungen, die in der neo-klassischen Tradition verwurzelt sind. Für sie liegt die Ursache der Schwierigkeiten auf dem Agrarsektor in dem zunehmenden Staatsinterventionismus. Der Preis kann nach ihrer Meinung wegen der von der EG praktizierten "Manipulation von Preisen mit Hilfe des Außenhandelsschutzes, der Intervention und der Subvention" (Plate/Böckenhoff, 102, S. 102) seine Funktion als Regulator von Angebot und Nachfrage nicht mehr erfüllen. Die Lösung der Agrarprobleme wird deshalb in einer Einschränkung bzw. Aufhebung der Staatseingriffe gesehen. Die Preise und das Einkommen der Landwirte sollen wieder "vom freien Spiel der Kräfte" im Rahmen eines "freien Marktes" und uneingeschränkten Wettbewerbs gestaltet werden.

(2) Eine weitere Gruppe vertritt die Auffassung, daß die "säkularen Ungleichgewichte im Faktoreinsatz und der Faktorentlohnung des Agrarsektors

... das Resultat unzureichender Faktormobilität innerhalb der Landwirtschaft und insbesondere zwischen Landwirtschaft und den übrigen Sektoren einer Volkswirtschaft (sind)" (Schmitt, 118, S. 339).

Diese unzureichende intersektorale Faktormobilität ist nach Meinung dieser Agrarökonomen "eine Folge der zu niedrigen Opportunitätskosten der in der Landwirtschaft tätigen Arbeitskräfte" (Schmitt, 118, S. 339). Sie schlagen deshalb eine verstärkte Anwendung von wirtschafts- und sozialpolitischen Instrumenten, verbunden mit agrarstrukturwirksamen politischen Maßnahmen vor, um eine optimale Faktorallokation innerhalb des Agrarsektors zu erreichen.

Die Preispolitik kann nach Auffassung dieser Gruppe allerdings so lange ihre Funktion nicht erfüllen, wie die divergierenden gesamtwirtschaftlichen Bedingungen zwischen den einzelnen Mitgliedsländern nicht auf ein gemeinsames Niveau gebracht worden sind. Es wird daher eine den nationalen Bedingungen gerecht werdende Anwendung der Steuerungselemente empfohlen. Dies wäre gleichbedeutend mit einer Aufhebung des gemeinsamen Agrarmarktes.

(3) Praktisch eine Weiterentwicklung der genannten Vorstellungen der zweiten Gruppe wird von einer dritten Kategorie von Agrarökonomen vertreten. Ihre Vorschläge zur Reform der Agrarpolitik sind zum einen rein pragmatisch-politisch begründet und lassen deshalb auch neoliberale ordnungspolitische Grundsätze außer acht. Zum anderen richten sie ihre Vorschläge hinsichtlich ihrer Zielfunktion nach einer zuvor bestimmten volkswirtschaftlich optimalen Produktionsstruktur aus. In diese Gruppe gehören Vorschläge der Mengenkontingentierung und der Einkommensübertragung. Hierunter sind allerdings nur Einkommensübertragungen zu verstehen, die bei einer Trennung der Preis- von der Einkommenspolitik zum Ausgleich von Einkommensminderungen bei Preissenkungen gezahlt werden.

(4) In der 4. Gruppe finden sich Vorschläge, die keine Erweiterung des bestehenden Instrumentariums darstellen. Dies insofern nicht, als sie gegenüber den vorgenannten Alternativvorschlägen nicht zunächst bestimmen, wie die optimale Produktionsstruktur auszusehen hat, um daran dann die agrarpolitischen Maßnahmen zur Erreichung dieses Zieles auszurichten. Es sind dies vielmehr Vorschläge, die von den Produktionskosten eines durchschnittlich gelagerten Betriebes ausgehen und auf dieser Grundlage bestimmen, welche Erzeugerpreise notwendig sind, um den Landwirten und ihren Familien ein ausreichendes Einkommen bzw. eine angemessene Entlohnung ihrer eingesetzten Arbeit zu sichern. Diese Einkommenssicherung kann auch durch Einkommens-

übertragungen in der Weise erfolgen, daß die Produktionskosten nicht über die Erzeugerpreise, sondern über entsprechende Einkommenszuschläge berücksichtigt werden. Vorschläge dieser Art werden deshalb als Produktionskostenkonzepte bezeichnet.

In den nachfolgenden Abschnitten sollen vor allem die unter (3) und (4) genannten drei Alternativvorschläge, nämlich die Einkommensübertragung, die Angebotskontingentierung und das Produktionskostenkonzept inklusive möglicher Kombinationen als die bisher am weitestgehenden agrarpolitischen Änderungsvorschläge vorgestellt und analysiert werden. Bei dieser Analyse geht es primär um eine Gegenüberstellung mit dem bestehenden agrarpolitischen System und um die Frage, ob mit diesen alternativen Konzepten eine positive Veränderung der Situation auf dem Agrarsektor hinsichtlich der im ersten Teil dieser Arbeit herausgestellten Probleme möglich erscheint.

Bezüglich der Kontingentierungsmodelle muß vorab noch darauf hingewiesen werden, daß hier wegen fundamentaler Differenzen in der Funktion und Zielsetzung verschiedener Vorschläge eine Trennung und damit unterschiedliche Zuordnung zu den verschiedenen Alternativkonzepten vorgenommen werden muß. Denn einerseits werden Vorschläge gemacht, deren Hauptfunktion in einer Angebotskontingentierung und Marktregelung bestehen, während andererseits Modelle konzipiert werden, die durch betriebs- bzw. personengebundene Produktionsmengenkontingentierung in erster Linie zur Sicherung der beruflichen Existenz und des Einkommens der Landwirte beitragen sollen.

Die erste Form der Kontingentierung geht von gesamtwirtschaftlichen Gesichtspunkten aus und bestimmt die Kontingente bzw. ihre Reduzierung von der Situation eines Basisjahres aus. Die Trennung von Einkommens- und Marktregulierungsfunktion des Preises bewirkt hier, daß der Preis zwar seine Marktregulierungsfunktion verliert, dafür aber an Relevanz bezüglich seiner Einkommensfunktion wegen der begrenzten Produktionsmenge gewinnt.

Die Preisgestaltung hat aber nur globalen Einfluß auf die Einkommenssituation der Landwirtschaft. Auch wenn eine degressive Preisgestaltung bei Angebotssteigerungen vorgesehen ist, so dient diese lediglich der Angebotsbegrenzung und weniger einer Einkommensumverteilung zugunsten niedrigerer Einkommensgruppen. Neben der steigenden Relevanz für die Einkommenssituation auf dem Agrarsektor hat der Preis bei dieser Form der Angebotskontingentierung auch noch eine direkte Bedeutung für die Gestaltung der Verbraucherpreise. Hauptziel dieser Kontingentierungsform ist jedoch die Regulierung des Marktgleichgewichts.

Die zweite Form der Kontingentierung geht von der Einkommens- und

Existenzsicherung der Landwirte aus. Die Kontingente werden in ihrer Quantität auf die Leistungsfähigkeit eines Betriebes oder auf eine landwirtschaftliche Familie so abgestellt, daß diese bei angemessenem Arbeitseinsatz erfüllt werden können. Für diese Kontingente werden die Preise unter Berücksichtigung der jeweiligen Produktionskosten so determiniert, daß sie für ein angemessenes Einkommen bzw. für eine angemessene Entlohnung der eingesetzten Arbeit ausreichend sind. Diese Form der Kontingentierung gehört zu den Produktionskostenkonzepten.

6.2. Trennung der Preis- und Einkommenspolitik und Transferzahlungen zur Kompensation von Einkommensminderungen

Damit der Preis seine ihm gemäß volkswirtschaftlichen Lehrsätzen zugesprochene Funktion als Regulator von Angebot und Nachfrage auch auf dem Agrarsektor besser erfüllen und eine weitere Verschärfung der Überschußsituation verhindern kann, wurden bereits mehrere Vorschläge zu seiner Entlastung von der Einkommensfunktion gemacht. Dabei geht es im wesentlichen darum, die Preise für Agrarprodukte zu senken bzw. sie dem "freien Spiel der Marktkräfte" zu überlassen und das Einkommen der Landwirte durch direkte Ausgleichszahlungen zu sichern. Die ersten Vorschläge für einen solchen Einkommenstransfer wurden bereits im Zusammenhang mit den Verhandlungen über die Einführung einheitlicher Getreidepreise in der EWG unterbreitet (vgl. Weinschenck, 142, S. 131). Die Transferzahlungen oder Einkommensübertragungen sind je nach Bezugsgröße oder Zielsetzung zu unterscheiden in

- pruduktgebundene direkte Einkommensübertragungen (deficiency payments)
- faktorgebundene direkte Einkommensübertragungen
- personengebundene direkte Einkommensübertragungen.

Bekannteste und umfassendste Darstellung einer auf Einkommensübertragungen basierenden agrarpolitischen Alternative ist das Modell von Koester und Tangermann (60). Dieses Modell, im folgenden als Referenzsystem bezeichnet, gibt der personengebundenen direkten Einkommensübertragung den Vorzug vor produkt- oder faktorgebundenen Einkommensübertragungen.

6.2.1. Darstellung des Referenzsystems

6.2.1.1. Volkswirtschaftliche und agrarstrukturelle Zielsetzungen

Hauptziel der mehrdimensionalen Zielfunktion des Referenzsystems ist die Erhöhung des Sozialproduktes. Die Herausstellung dieses Zieles begründet sich aus dem methodischen Vorgehen der Verfasser. Während andere Wissenschaftler die Staatsausgaben für die Regulierung des Agrarsektors als Kosten der Agrarpolitik bezeichnen, stellen diese Kosten nach Koester/Tangermann einen Verzicht an Sozialprodukt dar. Denn die Förderung einer optimaleren Faktorallokation auf dem Agrarsektor würde Arbeitskräfte aus der Landwirtschaft verdrängen und in der übrigen Wirtschaft zu einer Erhöhung des Sozialproduktes führen. Bei den Kosten des gegenwärtigen agrarpolitischen Systems handelt es sich deshalb nach ihrer Auffassung um eine Einkommensumverteilung zugunsten der Landwirte.

Da ein Gleichgewicht auf den Faktormärkten auch "bei Existenz von einzelbetrieblichen Renten aufgrund suboptimaler sektoraler Produktionsstruktur ... gegeben sein (kann)" (60, S. 16), verlangen Koester/Tangermann von einem agrarpolitischen System, daß es auf eine optimale sektorale Produktionsstruktur im Zeitablauf hinwirkt (vgl. 60, S. 17). Dabei verstehen sie unter optimaler Produktionsstruktur die Agrarstruktur mit der größten Produktionseffizienz, also die Produktion von Agrarprodukten mit dem möglichst geringsten Faktoreinsatz. Das Hauptziel des Referenzsystems ist deshalb, den Faktoreinsatz, insbesondere Arbeit und Kapital, auf dem Agrarsektor zu minimieren. Die Faktoren Arbeit und Kapital sollen nach den Vorstellungen dieses Modells aus dem Agrarbereich abgezogen und in andere Sektoren der Volkswirtschaft transferiert werden, wo sie einen zusätzlichen Beitrag zur Güterproduktion und damit zum Sozialprodukt leisten sollen.

6.2.1.2. Funktionsweise

Die bisherige (mißlungene) Lenkungsfunktion der Preispolitik soll sich nach Abtrennung der Einkommens- und Strukturfunktion allein auf die Marktregulierung beschränken. Dies soll eine "Realpreissenkung" und damit eine bessere Anpassung der Angebote an die Nachfrage auf den Agrarmärkten ermöglichen. Die Einkommensminderung der Landwirte soll dann durch direkte Zahlungen kompensiert werden.

Im einzelnen heißt es im Gutachten von Koester/Tangermann (60, S. 257 ff.; die in dem nachfolgenden Text angegebenen Seitenzahlen beziehen sich auf die Seiten der Studie):

(1) "Das Niveau der gestützten Agrarpreise sollte durch Preissteigerungen, die 2 - 2,5 % p.a. unter der gesamtwirtschaftlichen Infaltionsrate liegen, allmählich an das Niveau der "koorigierten" Weltmarktpreise herangeführt werden (S. 108 ff.)."

(2) "Personengebundene, direkte Einkommensübertragungen sollten nur an die gegenwärtigen Betriebsinhaber gezahlt werden und sich maximal auf die gesamte Erwerbstätigkeit der gegenwärtigen Generation - möglichst aber auf nicht mehr als 15 - 20 Jahre - erstrecken. Neu beginnende Betriebsinhaber sollten grundsätzlich keine direkten Einkommensübertragungen erhalten (109 f.)."

(3) "Betriebsinhaber sollen die Möglichkeit zur bedingten Kapitalisierung der personengebundenen, direkten Einkommensübertragungen erhalten. Die Kapitalisierung soll möglich sein, wenn die landwirtschaftliche Nutzfläche des Betriebes an andere Betriebe durch Verkauf oder langfristige Verpachtung übergeht (S. 110 f.).

Andere Bedingungen könnten sein, daß in der betreffenden Region ein Arbeitsplatz gefunden wird oder daß die konjunkturelle Entwicklung eine erhöhte Abwanderung aus der Landwirtschaft empfehlenswert erscheinen läßt (S. 111)."

(4) "Die Zahlung der personengebundenen, direkten Einkommensübertragungen könnte in einer Übergangsphase durch die Bindung an zusätzliche partielle Produktionsauflagen ergänzt werden (S. 111)."

(5) "Falls es nicht möglich sein sollte, die direkten Einkommensübertragungen durch direkte Einkommenssteuern zu finanzieren - und dies scheint gegenwärtig abgelehnt zu werden -, sollte die Finanzierung durch eine die Verbraucher belastende Strukturabgabe erfolgen (S. 106 f.). Die Höhe der Strukturabgabe ergibt sich maximal als Differenz zwischen Agrarpreisniveau beim gegenwärtigen System und dem beim Referenzsystem. Die Erhebung sollte analog zur Mehrwertsteuer vom Einzelhandel erfolgen. Da der gesamte Betrag der direkten Einkommensübertragungen infolge der durch den Generationswechsel verringerten Zahl der Empfänger im Zeitablauf abnimmt, wird der Systemwechsel zu sinkenden Verbraucherpreisen führen."

(6) "Das vorgeschlagene System sollte auch auf EWG-Ebene übertragen werden

(S. 244 ff.). Auf der EWG-Ebene sollten lediglich die Agrarpreise für alle Mitgliedsländer verbindlich festgelegt werden. Grenzausgleichsmaßnahmen sind zu unterlassen. Um den unterschiedlichen ökonomischen und sozialen Umweltbedingungen in den einzelnen Ländern Rechnung zu tragen, sollten national unterschiedlich hohe personengebundene, direkte Einkommensübertragungen gewährt werden. Höhe und Finanzierung dieser Einkommensübertragungen kann von den einzelnen Mitgliedsstaaten in Eigenverantwortung festgelegt werden."

(7) "Die EWG-Mitgliedsländer sollten durch ein Druck- und Anreizsystem zu EWG-zielkonformem Verhalten gezwungen werden. Insbesondere sind gemeinsame Produktionsziele mit nationaler Differenzierung aufzustellen. Zwischen nationalem Zielverwirklichungsgrad und nationalem finanziellen Beitrag zum EWG-Fonds sollte eine funktionale Beziehung geschaffen werden. Dies ist als EWG-System stabilisierendes Element bei national differierenden Zielen, aber gemeinsamer Finanzierung, eine Notwendigkeit."

Um eine abrupte Systemänderung zu vermeiden, wird vorgeschlagen, im "Gleitflug" von einem System zum anderen zu gelangen (vgl. S. 14). Der Anpassungsprozeß an das neue System sollte allerdings nicht länger als 15 Jahre dauern (vgl. S. 158 ff.).

Wenn auch das Endziel dieser Systemänderung die Produktion von Agrarerzeugnissen zu Weltmarktpreisen ist, so bestimmen Koester/Tangermann den optimalen Marktpreis nicht in erster Linie aus dem Verhältnis zum Weltmarktpreis. Denn dieser Weltmarktpreis könnte durchaus auch einmal über dem EG-Inlandspreis liegen. Koester/Tangermann bestimmen den Marktpreis vielmehr in Anlehnung an Weinschenck und Henrichsmeyer (144, S. 1 und 145, S. 103) unter Berücksichtigung seiner Steuerungsfunktion hinsichtlich des strukturellen Anpassungsprozesses. Die von Koester/Tangermann als notwendig erachtete intersektorale Einkommensdisparität könnte bei höheren Weltmarktpreisen eliminiert werden und damit eine Stockung im Strukturwandel eintreten. "Hierdurch würde eine Reihe von gegenwärtig ökonomisch und technisch submarginalen Betrieben lebensfähig bleiben, und der Prozeß von Betriebsabstockung und Aufstockung würde verzögert werden. Der intrasektorale Strukturwandel, der eine wesentliche Voraussetzung für die Annäherung der sektoralen Produktionsstruktur an das Produktionsoptimum darstellt, würde hierdurch gehemmt werden" (60, S. 8).

Für Koester/Tangermann ist also ausschließlich die Zielfunktion im Hinblick auf einen beschleunigten strukturellen Anpassungsprozeß an die effizienteste Produktionsstruktur Bestimmungsfaktor für die Höhe des Preises.

Hinsichtlich des Weltmarktpreises als Parameter für eine Preisgestaltung auf dem EG-Agrarmarkt muß allerdings folgende Kritik angebracht werden. Die Möglichkeit eines evtl. höheren Weltmarktpreises wird zwar berücksichtigt, nicht aber die Tatsache, daß es sich bei den auf dem Weltmarkt angebotenen Agrarprodukten fast ausschließlich um Überschußmengen der jeweiligen Exportländer handelt. Diese werden oft erheblich unter den Inlandspreisen der Exportländer verkauft. So gewähren auch die USA ihren eigenen Farmern Preise, die über den Exportpreisen liegen bzw. werden Agrarexporte gefördert (vgl. BML 15, vgl. auch 226, S. 14 ff. und bezüglich der überragenden Weltmarktstellung der USA auf dem Agrargütersektor vgl. S. 58 f. dieser Arbeit).

6.2.1.3. Berechnung und Verteilung der Einkommensübertragungen

Die quantitative Bestimmung der Einkommensminderung soll "nach einem ähnlichen Schlüssel ... wie bisher bei Agrarpreissenkungen als Folge von Aufwertungen" (Koester/Tangermann, 60, S. 109) erfolgen. Allerdings wäre dieser Einkommensverlust nach einem differenzierten Schlüssel zu berechnen, der z.B. auch die unterschiedlichen Bodennutzungssysteme und Regionen berücksichtigt.

"Auf Grund des für eine Basisperiode berechneten Einkommensverlustes erhält jeder Betriebsinhaber ein Zertifikat mit einer Punktzahl, die in enger Korrelation zum Einkommensverlust in der Basisperiode steht. Das Zertifikat berechtigt jeden Betriebsinhaber, für eine vorgegebene Periode (maximal bis zum Ausscheiden aus dem Erwerbsleben) eine Einkommensübertragung unabhängig von der betrieblichen Produktionshöhe und bearbeiteten Fläche zu erhalten" (60, S. 109).

In der Basisperiode, also im ersten Jahr der Einführung des Referenzsystems, entspricht "die Höhe der direkten Einkommensübertragung ... genau dem Einkommensverlust. In den folgenden Jahren wird die direkte Einkommensübertragung pro Zertifikatpunkt berechnet aus der Differenz des der Landwirtschaft zugebilligten Einkommens und dem erzielten Markteinkommen und Division des Ergebnisses durch die Gesamtzahl der für die Basisperiode berechneten Zertifikatpunktzahl" (60, S. 109).

Vom zweiten Jahr an werden nach Einführung dieses Systems wegen der jährlichen Realpreissenkungen, die direkten Einkommensübertragungen pro Zertifikatpunkt entsprechend erhöht. Die Zahlungen werden für die gesamte Zeit der Erwerbstätigkeit geleistet, die jedoch mit längstens 15 - 20 Jahren angegeben wird. Es ist zwar aus der Studie nicht zu entnehmen, ob die Zahlungen bis zur Erreichung des Rentenalters geleistet werden, doch soll hier davon ausgegangen werden. Da Landwirte, die nach Einführung dieses Systems einen Betrieb übernehmen, keine Zahlungen erhalten, wird die Zahl der Empfangsberechtigten durch das natürliche Ausscheiden von Landwirten bei Erreichung des Rentenalters laufend geringer.

6.2.1.4. Finanzierung des Referenzsystems

Zur Finanzierung heißt es in der Studie Koester/Tangermann, daß "in dem Maße, in dem beim Systemwechsel die Erzeugerpreise gesenkt werden, ... eine Strukturabgabe erhoben (wird). Die Abgabe, die ebenso wirkt wie eine Erhöhung der Mehrwertsteuer für die Agrarprodukte bei gleichzeitiger Preissenkung, fließt in einen Strukturfonds, aus dem die direkten Einkommensübertragungen gezahlt werden. Für die Verbraucher ändert sich damit zunächst durch den Systemwechsel gar nichts, die Verbraucherpreise bleiben unbeeinflußt. Man nimmt lediglich auf der einen Seite den Landwirten mittels Strukturabgabe etwas und gibt es ihnen auf der anderen Seite in Form der direkten Einkommensübertragungen. Die Erhebung der Strukturabgabe sollte analog zur Mehrwertsteuer vom Einzelhandel erfolgen, und die Auszahlungen könnten die Alterskassen übernehmen" (60, S. 107).

6.2.2. Funktionsweise und Auswirkungen im Vergleich mit dem bisherigen agrarpolitischen System

6.2.2.1. Beurteilung hinsichtlich der Einkommensfunktion

Koester/Tangermann gehen davon aus, daß auch das derzeitige "Preisstützungssystem" in Zukunft nur noch geringere Preissteigerungsraten zulassen wird. Dies vor allem deshalb, weil die Erwerbstätigen in der Landwirtschaft sich fortlaufend zahlenmäßig verringern und damit auch eine "Abnahme des politischen Gewichtes der Landwirte" (60, S. 117) zu erwarten ist. Das führt dazu, daß immer weniger "politische Preiszugeständnisse" (60, S. 11) zu erwarten sind. Auch aus Gründen der Inflationsbekämpfung und der Belastung unterer Einkommensschichten (Rentner etc.) durch höhere Agrarpreise, sehen Koester/Tangermann für die Zukunft geringere Chancen für Preisanhebungen (vgl. 60, S. 11 f.) Eine konkrete Begründung für diese Voraussagen wird allerdings in der Studie nicht mitgeliefert. Im übrigen muß hier auch hinsichtlich der als Preisstützungssystem bezeichneten Preispolitik auf die in dieser Arbeit festgestellten Determinanten der Agrarpreisbeschlüsse und ihre Wirkung verwiesen werden (vgl. 4.3.1.2.).

Hinsichtlich der Einkommenswirkung des vorgeschlagenen Referenzsystems kann gesagt werden, daß für die verbleibenden Landwirte sich das Einkommen aus den am Markt erzielten Einkommen und den Einkommensübertragungen zusammensetzt. Für aus der Produktion ausscheidende Landwirte ergibt sich dieses Einkommen aus dem Lohn der alternativen Beschäftigung und dem Zinseinkommen aus der kapitalisierten personengebundenen Einkommensübertragung.

Für die Zeit der Angleichung bzw. für die Übergangszeit von einem System zum anderen ändert sich an der Einkommenssituation also nichts, wenn man die Landwirte unberücksichtigt läßt, die nach Einführung dieses Systems einen Betrieb übernehmen. Im Anschluß an diese Übergangszeit würde allerdings nach der Konzeption von Koester/Tangermann als Folge des um ca. 15 - 20 % niedrigeren Agrarpreisniveaus das Einkommen der Landwirte sinken. Es ist jedoch nicht sicher, daß diese prognostizierte Preissenkung real auch eintritt. Es wäre durchaus möglich, daß eine Erhöhung der Weltmarktpreise (wie gegenwärtig bei Zucker) oder auch eine innergemeinschaftliche Preisanhebung bei Fortfall der Marktordnungen eintreten könnte; z.B. bei Produkten mit starker Nachfrage und Absatzmöglichkeiten auf dem Weltmarkt (wie Getreide etc.).

Nach dem vorgeschlagenen Konzept von Koester/Tangermann wird eine Änderung oder gar Verbesserung des Einkommens bei keiner Gruppe der Landwirte erreicht und auch nicht angestrebt. Die entscheidende Funktion dieses Systems dürfte deshalb darin liegen, daß den entwicklungsfähigen Betrieben durch ein kurzfristigeres Ausscheiden der weniger lebensfähigen Betriebe eine Ausdehnung ihrer Produktion dadurch erleichtert wird, daß das Flächenangebot für ihre Aufstockungswünsche erhöht und damit der Strukturwandel beschleunigt wird. Nur auf diese Weise und nur für die bereits jetzt effektivsten Betriebe wird eine Einkommensverbesserung erreicht.

Koester/Tangermann unterstreichen diese Wirkung auch explizit, wenn sie ausführen, daß entwicklungsfähige Betriebe nach Einführung des Referenzsystems bessergestellt sind. Konkret heißt dies, daß entwicklungsfähige Betriebe d a n n n o c h b e s s e r - gestellt sind als im derzeitigen agrarpolitischen System.

6.2.2.2. Marktregulierungsfunktion

Koester/Tangermann gehen in ihrer Studie davon aus, daß Erzeugerpreissenkungen zu niedrigeren Deckungsbeiträgen führen, die wiederum - bei rationalem Verhalten der Landwirte - zu einer Verringerung der Investitionen und damit letztlich auch zu einem verminderten Produktionswachstum führen (60, S. 113 ff., 133 u. 254). Wie im Verlauf dieser Arbeit bereits gezeigt wurde, ist diese Annahme nicht zutreffend. Landwirte treffen ihre Investitions- und Produktionsentscheidungen nicht ausschließlich nach rationalen Gesichtspunkten in dem Sinne, daß damit ein größtmöglicher Gewinn oder der geringste Aufwand verbunden ist (vgl. Hülsen/Sakowski, 53, S. 120 f.).

Das vorgeschlagene System von Koester/Tangermann, das ausschließlich auf der Annahme von ökonomisch rational handelnden Landwirten aufbaut, bietet deshalb keine Gewähr dafür, daß sich damit auch ein Marktgleichgewicht erreichen läßt.

Da außerdem das Größenwachtsum noch stärker forciert wird und, wie die Tabellen 13, 14, 15, V, VI und VII zeigen, eher mit einer intensiveren Produktionsweise der durch die Übernahme der freiwerdenden Flächen anwachsenden "entwicklungsfähigen Betriebe" zu rechnen sein wird, ist auch nach Einführung dieses Systems die Entstehung von Überschußsituationen nicht ausgeschlossen.

6.2.2.3. Auswirkungen hinsichtlich der gemeinsamen Preispolitik

In dem Modell von Koester/Tangermann ist vorgesehen, daß eine zukünftige restriktive Preispolitik durch national finanzierte, personengebundene, direkte Einkommensübertragungen ausgeglichen wird. Dies bedeutet eine Rückverlagerung der gemeinschaftlichen Aufwendungen für die Landwirtschaft in einzelstaatliche Zuständigkeiten. Die Möglichkeit der national unterschiedlichen Festsetzung der Einkommensübertragungen würde eine weitere Abkehr von der gemeinsamen Preis- und Einkommenspolitik bedeuten. Die bisherigen Differenzen in der gemeinsamen Preispolitik würden nicht beseitigt, sondern noch weiter verschärft.

6.2.2.4. Auswirkungen hinsichtlich der Strukturpolitik

Die entscheidende Wirkung des Koester/Tangermann-Modells liegt in der Strukturänderung. Denn lediglich die Trennung von Preis- und Einkommenspolitik und der durch direkte Einkommensübertragungen ausgeglichene Einkommensverlust bewirkt weder eine Verringerung des Angebots noch eine effektivere Faktorallokation. Erst die personengebundene Einkommensübertragung in Verbindung mit der Regelung, daß nach Einführung dieses Systems keine neuen Personen mehr in die Förderung aufgenommen werden können, führt zu einer Forcierung des Strukturwandels. Es darf allerdings nicht übersehen werden, daß dieses System in gewisser Hinsicht auch strukturkonservierende Elemente beinhaltet. Denn die an einer Person gekoppelte Einkommensübertragung dürfte dazu führen, daß die geförderte Person möglichst lange die Bewirtschaftung ihres Hofes aufrecht erhält und damit den Bestrebungen nach frühzeitiger Hofübergabe entgegenwirkt. Im übrigen ist für die Strukturwirksamkeit dieses Systems auch Voraussetzung, daß ein ausreichendes Angebot außerlandwirtschaftlicher Arbeitsplätze vorhanden ist.

6.2.3. Abschließende Würdigung des Referenzsystems

Im Verlauf der vorangegangenen Betrachtungen des Referenzsystems ergab sich, daß bei seiner Anwendung zwei Wirkungen unbestritten erreicht werden dürften. Dies ist zum einen eine Entlastung der staatlichen Aufwendungen für den Agrarsektor und zum anderen ein verstärkter Strukturwandel. Eine weitere Auswirkung, nämlich die Senkung der Verbraucherpreise, wie von Koester/Tangermann angenommen wird, weil "der gesamte Beitrag der direkten Einkommensübertragungen infolge der durch den Generationswechsel verringerten Zahl der Empfänger im Zeitablauf abnimmt" (60, S. 258), dürfte aus folgenden Gründen kaum als gesichert gelten:

(1) Die Verringerung der Erwerbstätigen in der Landwirtschaft wird mit Einführung des Referenzsystems nur eintreten, wenn akzeptable alternative Erwerbsmöglichkeiten für ausscheidende Landwirte vorhanden sind (und zwar auch für die Hofnachfolger, die nach diesem Modell nicht mehr an der Einkommensübertragung partizipieren).

(2) Die Senkung der Strukturabgabe bei einer tatsächlich eintretenden Verringerung der Zahl der Erwerbstätigen ist in dem System nicht gesichert. Zumeist werden einmal eingeführte, steuerähnliche Abschöpfungen nicht wieder abgeschafft und ggf. zur Finanzierung anderer Aufgaben verwandt.

(3) Es besteht keine Überprüfungs- und Eingriffsmöglichkeit, wenn eine Senkung der Strukturabgabe vom Handel nicht an die Verbraucher weitergegeben wird. Alle bisherigen Erfahrungen über die Entwicklung der Handelsspannen

bei Preisänderungen in der Vorstufe oder im Handelsbereich, sprechen dafür, daß eine Weitergabe solcher Kostensenkungen an die Verbraucher höchst unwahrscheinlich sind.

Eine weitere Schwäche dieses Systemänderungsvorschlags liegt darin, daß nicht ausgeführt wird, in welcher Form und welchen Gruppen die eingesparten Staatsausgaben zufließen bzw. wofür der erhöhte Beitrag des Sozialproduktes verwandt wird. Im übrigen muß festgestellt werden, daß dieses System aus der Sicht der Landwirte

a) nur für einen immer geringer werdenden Teil einen Einkommensausgleich schafft und

b) für einen immer größer werdenden Teil und letztlich für alle Landwirte eine Agrarpreissenkung bedeutet und außerdem am bisherigen System nichts ändert: der Konkurrenzdruck wird nach wie vor zu einer Konzentration und Zentralisation der Produktion führen; die Produktionsmenge wird weiter zunehmen; benachteiligte Gebiete bleiben nach wie vor benachteiligt.

6.2.4. Produktgebundene Einkommensübertragungen in Gegenüberstellung zum Referenzsystem

6.2.4.1. Darstellung der produktgebundenen Einkommensübertragung

Gegenüber dem Referenzsystem ist hier vor allem die Bemessungsgrundlage eine andere. Während beim Referenzsystem die Einkommensminderung, die durch eine Herabsetzung der Marktordnungspreise gegenüber dem Basisjahr eintritt - unabhängig von der Produktionsmenge und dem Umfang der Produktionsfaktoren - als Bemessungsgrundlage dient, werden bei der produktgebundenen Einkommensübertragung die erzeugten Mengen bestimmter Produkte oder der Wert dieser Produkte bzw. der Umsatz als Basis herangezogen. Dabei beziehen sich die in die Bemessungsgrundlage eingehenden Größen auf eine bestimmte Produktions- oder Basisperiode. Dieses System wurde in Großbritannien bis zum Eintritt in die EG praktiziert und ist unter der Bezeichnung "Deficiency Payments" bekannt. Grundprinzip dieser Form der Einkommenssicherung der Landwirte ist, daß auf eine administrative Beeinflussung der Marktpreise verzichtet wird. Dafür werden den Landwirten für bestimmte Produktionsperioden jeweils ausgehandelte Garantiepreise für die einzelnen Agrarprodukte unter Berücksichtigung der Produktionskosten zugesichert. Die Differenz zwischen Markt- und Garantiepreisen (gemessen an der Produktionsmenge bzw.

am Umsatz) wird den Erzeugern direkt ausgezahlt.

6.2.4.2. Wirkungsweise

Die Anwendung der produktgebundenen Einkommensübertragung (Deficiency Payments) sorgte in Großbritannien dafür, daß die Verbraucher relativ preisgünstig (vor allem auch wegen der billigen Weltmarkteinfuhren) mit Nahrungsmitteln versorgt wurden. Die Einkommenssicherung der Landwirte wurde aber nur bedingt und nur für einen Teil erreicht. Die produktbezogenen Einkommensübertragungen führen c.p. zu einer divergierenden Einkommensverteilung zwischen den verschiedenen Betriebsformen. Gegenüber der personenbezogenen Einkommensübertragung geht dieses System nicht von einem statischen Einkommen im Basisjahr aus. Diese Einkommensübertragung ist produktmengenbezogen und begünstigt die Betriebe. die in der Lage sind, ihre Produktionsmenge auszuweiten. Dies jedenfalls solange wie keine gleichzeitige Kontingentierung der Produktmenge oder wenigstens eine Begrenzung der Einkommensübertragung auf untere Einkommensgruppen bzw. auf ein bestimmtes Produktionsvolumen erfolgt. Eine unbegrenzte Produktmenge führt bei diesem System zu einer weiteren Verstärkung der intrasektoralen Einkommensdifferenzen. Dies wurde bereits anhand der Untersuchungen von Josling und Hamway (56, vgl. S. 88 dieser Arbeit) und von J. T. Bonnen (17, vgl. S. 88 dieser Arbeit) festgestellt. Josling und Hamway kommen z.B. für Großbritannien zu dem Ergebnis, daß die preisgebundenen Ausgleichszahlungen (Deficiency Payments) einen stärkeren Konzentrationsgrad aufweisen (Gini-Koeffizient = 0,435) als die Einkommen der Landwirte incl. sämtlicher Stützungszahlungen (Gini-Koeffizient = 0,303). Bei Vernachlässigung der Stützungszahlungen ergibt sich noch ein geringerer Konzentrationsgrad der Einkommensverteilung (Gini-Koeffizient = 0,215 - vgl. hierzu Josling/Hamway, 56, S. 58). Diese Auswirkungen werden sich demnach auch für das Referenzsystem ergeben. Nur dürften sie deshalb etwas schwächer ausfallen, weil dort das Basisjahr für die Einkommensausfälle maßgebend und eine weitergehende Einkommensübertragung bei zusätzlicher Produktion nicht möglich ist. In ihrer Auswirkung auf die Einkommenssituation der Landwirte, einschließlich der Konkurrenzsituation und der daraus folgenden Konzentrations- und Produktionskraftentwicklung, bestehen bei den produktgebundenen preisabhängigen Einkommenszahlungen kaum Differenzen zum bisher praktizierten System. Der staatliche Aufwand für diese Zahlungen liegt jedoch höher, weshalb auch die zeitweilig diskutierte Übernahme des Deficiency Payments durch die EWG abgelehnt wurde (vgl. Heidhues, 43, S. 771).

6.2.5. Faktorgebundene Einkommensübertragungen in Gegenüberstellung zum Referenzsystem

6.2.5.1. Darstellung der Faktorgebundenen Einkommensübertragung

Die Faktorgebundenen Einkommensübertragungen sind dadurch gekennzeichnet, daß die eingesetzten Produktionsfaktoren, unabhängig von der Produktionsleistung, die Bezugsgrößen darstellen. Im landwirtschaftlichen Bereich sind dies im wesentlichen

- die landwirtschaftlich genutzte Fläche
- die Zahl der Arbeitskräfte und
- die Tierbestände.

Es lassen sich natürlich noch weitere Untergliederungen dieser Produktionsfaktoren vornehmen. Ohne Einführung bzw. Berücksichtigung einer Begrenzung der Quantität der Produktionsfaktoren würde sich bei diesem System die Verteilung der direkten Einkommenszahlungen aus dem Anteil der vorhandenen Faktoreinheiten der jeweiligen Betriebe ergeben.

Wie bereits bei den produktgebundenen Transferzahlungen aufgezeigt, würde dieses Verfahren allerdings zu einer weiteren Konzentration der Einkommenszahlungen auf Betriebe mit einem hohen Anteil an Faktoreinheiten und damit zumeist auch einem hohen Einkommen führen. Dies könnte verhindert werden, wenn, wie aus Tabelle 22 hervorgeht, die Transferzahlungen auf eine bestimmte Quantität von Faktoreinheiten begrenzt werden bzw. bei größeren Betriebseinheiten degressive Transferzahlungen erfolgen.

6.2.5.2. Wirkungsweise

Mit den faktorgebundenen Einkommensübertragungen können, vor allem bei einer Limitierung der Quantität der Produktionsfaktoren, auch intrasektorale Einkommensdifferenzen durch an die LF gebundene Transferzahlungen am ehesten ausgeglichen werden. Denn Einkommensübertragungen, die an die landwirtschaftlich genutzte Fläche (oder auch den Tierbestand) als Bemessungsgrundlage gebunden sind, und damit unabhängig von der Produktionsleistung

Tabelle 22

Wirkungen unterschiedlicher Transferzahlungen am Beispiel von Futterbaubetrieben[x]) der BRD

StBE x) in 1.000,- DM	Ø Größe der Betriebe in ha LFx)	Vieh-Einheiten (VE) x)	Gewinn DM/je Unternehmenx)	Diff. in %	Gewinn + konstantexx) Zahlungen Zahl.	Sa in DM	Diff. in %	Gewinn + degressive xxx) Zahlungen Zahl.	Sa in DM	Diff. in %
bis 30	14,16	9,8	18.311,-	100	4.792,-	23.103,-	100	4.792,-	23.103,-	100
30 - 50	26,56	19,8	35.008,-	191,2	9.272,-	44.280,-	191,7	4.636,-	39.644,-	171,6
über 50	43,13	36,2	54.209,-	296,0	15.866,-	70.075,-	303,3	3.967,-	58.176,-	151,8

x) Gemäß Angaben im Materialband zum Agrarbericht der BRD 1980, Seite 169 - 171 (VE = Milchvieheinheiten)

xx) Konstante (einheitliche) Transferzahlungen von DM 200,- je ha LF und DM 200,- je Milchkuh

xxx) Degressive Transferzahlungen:

bis 20 ha LF	DM 200,-	je ha LF
20 - 40 ha LF	DM 100,-	je ha LF
über 40 ha LF	DM 50,-	je ha LF
bis 15 VE	DM 200,-	je Milchvieh-Einheit (VE)
15 - 30 VE	DM 100,-	je VE
über 30 VE	DM 50,-	je VE

Quelle: Eigene Berechnungen (vgl. auch ähnliche Berechnungen und Ergebnisse in: Martin Wille, Formen, Möglichkeiten und Wirkungen direkter Einkommensübertragungen an die Landwirtschaft, (Dissertation an der Universität Göttingen) Göttingen 1974, Seite 72 dieser Produktionsfaktoren gewährt werden, führen gegenüber der produktgebundenen Einkommensübertragung zu einer relativ stärkeren Begünstigung der Betriebe mit geringerer Leistung je Faktoreinheit. Dies könnte auch zu einer Angleichung der Einkommensdifferenzen zwischen benachteiligten Standorten bzw. Regionen und bevorzugten Lagen führen, vor allem dann, wenn hinsichtlich der Betriebsgrößen degressive Transferzahlungen vorgenommen würden (vgl. Tabelle 22). Damit könnte ganz gezielt auf die intrasektorale Einkommensverteilung Einfluß genommen werden. Allerdings würden auch Einkommensvorteile, die auf Betriebsleiterfähigkeiten beruhen, mit dieser Anwendungsweise abgebaut. Außerdem besteht bei den ausschließlich auf Faktoreinheiten beschränkten bzw. bei einer (mit wachsender Betriebsgröße) starken Degression der Transferzahlungen die Gefahr, daß fiktive Betriebsteilungen mit dem Ziel vorgenommen werden, möglichst hohe Transferzahlungen zu erhalten.

Aus der Sicht der Befürworter des Referenzsystems würde diese Form der faktorgebundenen Einkommensübertragungen im übrigen genau das Gegenteil der von ihnen beabsichtigten agrarpolitischen Einflußnahme bewirken: Unter der Voraussetzung, daß eine solche degressive faktorgebundene Transferzahlung nicht zeitlich begrenzt ist, würde nämlich weitgehend eine Konservierung der bestehenden Faktorallokation eintreten. Die volkswirtschaftlichen Kosten dieses Systems würden sich nicht verringern und nach der Terminologie von Koester/Tangermann könnte das Sozialprodukt nicht erhöht werden.

6.3. Kontingentierungen

6.3.1. Vorbemerkung

Eine Beibehaltung der gegenwärtigen Konstellation der Marktordnungspreise als Einflußgröße für die Einkommen in der Landwirtschaft erscheint angesichts zunehmender Marktsättigung bzw. -übersättigung auf verschiedenen Märkten des Agrarsektors der EG immer mehr problematisch.

Wie unter 4.3.2. bereits festgestellt wurde, ergibt sich aus der Funktion des Preises auf dem Agrarsektor, daß auch Preissenkungen nicht zwingend zu einer Verminderung des Angebotes führen, es sei denn, diese würden einen erheblichen Umfang annehmen. Dies würde aber wieder zu erheblichen politischen Problemen führen. Diese Situation ist überwiegend der Ausganspunkt für Überlegungen, den Preis von seiner Markregulierungsfunktion zu trennen und die Angebotsmengen durch Kontingentierungen zu steuern.

Nun haben jedoch Vorschläge und Konzeptionen, die mit Hilfe von Kontingentierungen die Produktion und das Angebot lenken wollen, in einem marktwirtschaftlichen System eine gewisse Brisanz. Sie setzen nicht nur die Lenkungsmechanismen des Marktes außer Kraft, sondern stellen nach Ansicht einer nicht geringen Zahl von Agrarökonomen auch einen administrativen Eingriff in die ökonomische Entscheidungsfreiheit des einzelnen Produzenten dar (vgl. Henze/Zeddies, 47, S. 1). Eine solche Wirkung geht zwar auch schon vom bisher praktizierten Marktordnungssystem der EG, insbesondere von der Festlegung einer Förderungsschwelle aus. Doch wird dies überwiegend, mit Ausnahme eines Großteils der Landwirte selber, in der agrarpolitischen Diskussion nicht so empfunden als wenn eine indirekte oder direkte Kontingentierung der Produktion erfolgen würde.

Kritiker von Kontingentierungen sehen zwar auch Schwierigkeiten, via Senkung der Marktordnungspreise kurzfristig Marktgleichgewichte herzustellen, da das Angebot auf den Agrarmärkten überwiegend preisunelastisch ist (wie im Laufe dieser Arbeit bereits dargestellt wurde). Doch wird eine langfristig konzipierte Preispolitik noch immer als geeignetstes Mittel zur Angebotsregulierung angesehen (vgl. Plate/Böckenhoff, 102, S. 100). Gegenüber Kontingentierungsvorschlägen wird argumentiert, daß mit solchen Maßnahmen die strukturelle Anpassung an die günstigsten Standorte und Betriebsgrößen verhindert wird.

Diese negativen Wirkungen und auch die Behinderung des technischen Fortschritts lassen sich nach Ansicht dieser Kritiker auch nicht durch einen Kontingentetransfer ausschalten. Die Verhinderung der günstigsten Faktorallokation, die eine unausweichliche Folge der Kontingentierung sei, werde auch zur Unterauslastung der Faktoren führen. Außerdem ist eine Ausdehnung der Kontingentierung auf alle wichtigen Agrarprodukte erforderlich, um eine lediglich intrasektorale Überschußverlagerung zu verhindern. Je restriktiver im übrigen eine Kontingentierung angewandt werde, desto stärker werde sie den strukturellen Wandel und damit das gesamtwirtschaftliche Wachstum hemmen (vgl. Schmitt, 117, S. 19).

Als ein weiteres schwerwiegendes Argument gegen Kontingentierungen werden die Schwierigkeiten der praktischen Durchführung genannt. In der Erfassung und Kontrolle der Produktion sowie in den Kosten des Verwaltungsaufwandes werden erhebliche Hindernisse gesehen (vgl. Plate/Böckenhoff, 102, S. 134).

Wie unter 6.1. ausgeführt, sollen in diesem Abschnitt zunächst lediglich Kontingentierungsversuche und -vorschläge bzw. -modelle analysiert werden, die nicht vorrangig von den Produktionskosten und der Einkommenssituation der Landwirte bzw. von deren Betrieben ausgehen und damit primär die Existenzsicherung der Landwirte zum Ziel haben. Hauptziel der hier zu untersuchenden allgemeinen Kontingentierungen auf dem Agrarsektor ist die Wiederherstellung und Sicherung des Marktgleichgewichtes sowie die Senkung der Agrarausgaben bzw. die Erhöhung des volkswirtschaftlichen Nutzens. Diese Erhöhung des volkswirtschaftlichen Nutzens soll dadurch eintreten, daß durch eine effektivere Faktorallokation im Agrarbereich vor allem Arbeitskräfte für andere Bereiche der Volkswirtschaft frei werden und dort durch ihren Einsatz diesen zusätzlichen Nutzen bringen.

Die bisher wohl umfassendste Untersuchung einer solchen Angebotskontingentierung wurde von den Agrarwissenschaftlern Henze und Zeddies für den Milchmarkt im Auftrag der Bundesregierung erstellt. Die nachfolgenden Darstellungen beruhen deshalb im wesentlichen auf diesen Untersuchungen, die durch weitere, von anderen Wissenschaftlern (vgl. z.B. Albers/Trauelsen/Willms, 2, und Rodemer/Röckseisen,103 sowie Weinschenck, 139, S. 173) unterbreiteten und gegebenenfalls abweichenden Vorschlägen jeweils ergänzt und dann hinsichtlich ihrer Lösungsmöglichkeiten für die bestehenden Probleme auf dem Agrarsektor analysiert werden.

6.3.2. Darstellung und Anwendungsmöglichkeiten von Kontingentierungen

6.3.2.1. Indirekte oder Faktorkontingentierung

Eine Beschränkung des Angebots kann bereits bei der Beschränkung der Produktionsfaktoren ansetzen. Eine solche indirekte Mengenkontingentierung könnte theoretisch bei allen Produktionsfaktoren der zu kontingentierenden Agrarprodukte erfolgen.

In den USA werden z.B. bei einigen Kulturarten (Reis, Erdnüsse, besonders langfaserige Baumwolle und Tabak) Faktorkontingentierungen in der Form angewandt, daß pro Anbaufläche nur ein bestimmtes Kontingent angeboten werden darf. Für Absatzmengen, die das Flächenkontingent übersteigen, sind Geldbußen zu zahlen. In Zeiten größerer Nachfrage werden diese Geldbußen ausgesetzt. Die Regierung ist jedoch seit dem Landwirtschaftsgesetz von 1973 bestrebt, die Erzeugung dieser Produkte nicht mehr durch Kontingentierungen zu regeln, sondern wieder "stärker marktwirtschaftlich zu orientieren" (BML, 15, S. 48 f.). Von den Erzeugern sprachen sich allerdings mehr als 90 % für eine Beibehaltung dieser Kontingentierungsregelungen aus, da diese für sie eine gesicherte Einkommensplanung ermöglicht (vgl. BML, 15, S. 48). Die Wirksamkeit der Faktor-Kontingentierung dürfte jedoch im Hinblick auf eine verbesserte Marktregulierung nur sehr beschränkt sein. Dies vor allem aus zwei Gründen: Zum einen kann eine rein quantitative Beschränkung der Produktionsfaktoren nicht verhindern, daß pro Faktoreinheit eine Intensivierung der Faktorleistung erfolgt. Eine Beschränkung der Milchkuhzahl je Betrieb würde beispielsweise mit Sicherheit dazu führen, daß Tiere mit geringerer Leistung ersetzt und zusätzlich noch durch vermehrten Kraftfuttereinsatz zu noch höherer Leistung gebracht würden. Zum anderen läßt sich eine faktorgebundene Kontingentierung schwieriger kontrollieren als eine Angebotskontingentierung, da sie in den einzelnen Betrieben ansetzen muß. Es kommt hinzu, daß ähnlich wie bei den heutigen Bodennutzungserhebungen und Viehzählungen, bei denen falsche Angaben wegen ihrer Verwendung als Bemessungsgrundlage für bestimmte Lasten und Abgaben (z.B. Viehseuchenbeiträge) an der Tagesordnung sind, auch bei der Erfassung der Faktorquantitäten nicht die tatsächlichen Daten erfaßt werden.

6.3.2.2. Direkte oder Produktmengenkontingentierungen

Die direkte Kontingentierung bestimmt die Quantität des Angebotes von Agrarprodukten. Sie schließt zwar Produktionssteigerungen pro Faktoreinheit nicht aus, diese können jedoch nur im Rahmen einer gleichzeitigen Faktorverminderung erfolgen. Außer einer direkten Beeinflussung der Angebotsmengen hat diese Form der Kontingentierung auch den Vorteil einer einfacheren Erfassung und Kontrolle durch die Weiterverarbeitungsbetriebe. Bei einigen Produkten besteht jedoch die Gefahr der Umgehung der Erfassungsstellen, wenn keine entsprechenden Regelungen zu ihrer Verhinderung getroffen werden. Im Hinblick auf unvermeidbare Produktionsschwankungen, vor allem bei leicht verderblichen Produkten (z.B. Milch), könnten Überschreitungsrechte eingeräumt werden. Wobei Überschußmengen dann ausschließlich zu (eventuell gestaffelten) niedrigeren Preisen abgesetzt werden dürften, wenn das Ziel einer Angebotsregulierung nicht verfehlt werden soll.

In diesen Bereich der Kontingentierung gehören auch Überlegungen einer progressiv gestaffelten Mitverantwortungsabgabe. Diese stellen zwar keine direkte Mengenkontingentierung dar, kommen aber in ihrer Wirkung in etwa einer Kontingentierung gleich und sind in der Praxis einfacher anwendbar.

6.3.2.3. Transferierbarkeit von Kontingenten

Ohne die Möglichkeit eines Kontingententransfers würde die bisherige Zielsetzung der Strukturpolitik und damit auch der weiteren Produktivkraftsteigerung erheblich behindert. Unter Beibehaltung einer zumindest formalen marktwirtschaftlichen Ordnung und der bisherigen Zielvorstellungen in Bezug auf einen Strukturwandel könnte eine Kontingentierung nur dann eingeführt werden, wenn gleichzeitig Regelungen für eine Handelbarkeit der Kontingente getroffen würden. Denkbar wäre auch, außer einer ohnehin notwendigen Erstverteilung oder -zuteilung, eine administrative Umverteilung der Kontingente. Dies allerdings unter Beibehaltung des Konkurrenzprinzips. Eine staatliche Umverteilung müßte deshalb nach Henze/Zeddies den "Betrieben mit unterdurchschnittlicher Effizienz (geringer Kontingentsrente) Kontingente fortlaufend entziehen und Betrieben mit überdurchschnittlicher Effizienz neue Kontingente zuweisen ... ohne diese Umverteilung würden Betriebe und Regionen mit expansiver Entwicklung des Marktanteiles benachteiligt" (47, S. 72).

Im Gegensatz zu der staatlichen Umverteilung, die zweifellos mit einem höheren Verwaltungsaufwand belastet wäre, würde bei einer Handelbarkeit die Umverteilung der Kontingente durch Angebot und Nachfrage geregelt. Dies setzt aber voraus bzw. impliziert, daß die Kontingente einen Preis haben. Dieser Preis für Kontingentsrechte, der gewissermaßen eine Nutzungsgebühr darstellt, müßte dann an ausscheidende Produzenten gezahlt werden. Dies wiederum stellt eine zusätzliche Belastung für expandierende Betriebe dar und muß zwangsläufig zu einem Hemmnis für den Strukturwandel bzw. für die Erreichung der effizientesten Faktorallokation führen. Die Zahl der dann noch zur Expansion fähigen Betriebe wird dadurch weiter verringert.

Eine weitere Schwierigkeit ergibt sich noch für neu in die Produktion einsteigende Landwirte, die diese Produktionsrechte zunächst käuflich erwerben müssen. Um dadurch nicht auch noch den Generationswechsel zu erschweren, wird von einer niederländischen Arbeitsgruppe, die sich mit Fragen alternativer Agrarpolitiken befaßt (vgl. Werkgroep Beter Zuivelbeleid, 147), eine kostenlose Übertragbarkeit von Kontingenten auf den Hofnachfolger gefordert.

Bei diesem niederländischen Vorschlag wird nicht von handelbaren, sondern von administrativ umzuverteilenden Kontingenten ausgegangen. Es können hiernach auch nur dann neue Produzenten in die Produktion eintreten, wenn zuvor andere ihren Betrieb aufgeben. Eine Reduzierung des Angebotes wäre nur durch eine Verminderung der Kontingentsrechte möglich. Dies könnte z.B. in der Weise geschehen, daß der Staat als Nachfrager auftritt und solange freiwerdende Produktionskontingente ankauft (und einbehält), bis eine entsprechende Produktionsreduzierung erreicht worden ist. In der Wirkungsweise käme diese Maßnahme etwa einer "Nichtvermarktungsprämie" gleich. Die dadurch an die kontingenteverkaufenden Produzenten fließenden Kaufpreise haben praktisch die Funktion von Einkommensübertragungen (vgl. Henze/ Zeddies, 47, S. 130).

Trotzdem kamen Henze/Zeddies bei einer angenommenen Reduzierung der Milchkontingente um 10 % zu dem Schluß, daß sich nicht nur der Einkommensverlust für die Landwirtschaft bei handelbaren Kontingenten merklich gegenüber nicht handelbaren Kontingenten verringert (von 436 Mio DM auf 298 Mio DM), sondern auch die Belastung des öffentlichen Haushaltes (vgl. 47, S. 163 - 169). Bei diesen Modellrechnungen besteht jedoch wegen der Begrenzung der Kontingentierung auf das Produkt Milch jeweils eine Ausweichmöglichkeit der Produzenten auf andere Produkte (im wesentlichen Schweinefleisch), für die von bestimmten, für die Modellanalyse festgesetzten Produktpreisen ausgegangen wird. Dies impliziert vor allem langfristig die Gefahr, daß sich die Marktungleichgewichte auf andere Produktionsbereiche verlagern und weitere Kontingentierungsmaßnahmen erforderlich machen.

6.3.3. Funktionsweise und Auswirkungen hinsichtlich einer Lösung bestehender Probleme

Eine starre Produktionsmengenkontingentierung, ohne die Möglichkeit der Übertragung von Kontingenten auf die jeweils produktivsten, kapitalkräftigsten und damit konkurrenzfähigsten Produzenten, würde nicht nur einen gravierenden Eingriff in die Entwicklungstendenzen des herrschenden kapitalistischen Wirtschaftssystems darstellen. Sie würde auch objektiv eine endgültige Abkehr von den Grundsätzen einer freien Marktwirtschaft als Leitlinie aller bisherigen agrarpolitischen Maßnahmen bedeuten. Eine Abkapselung des Agrarsektors von der planlosen, d.h. von der durch Konkurrenz und damit von den jeweils mächtigsten Kapitalfraktionen bestimmten Wirtschaftsabläufen wäre die Folge. Nur eine Transferierbarkeit der Kontingente kann diesen endgültigen Bruch mit dem System verhindern und gleichzeitig noch eine wirkungsvollere Wiederherstellung und Sicherung des Marktgleichgewichts als die bisherige Preis- und Marktpolitik garantieren. Ihre Durchsetzungschancen dürften aus diesem Grunde ungleich größer sein. Im folgenden soll deshalb ausschließlich von einer transferierbaren Kontingentierung ausgegangen werden.

6.3.3.1. Auswirkungen hinsichtlich der Einkommenssituation

Nach Henze/Zeddies ist eine "leistungsgerechte Einkommensverteilung" gleichzusetzen mit einer "funktionsgerechten Verteilung" entsprechend dem Beitrag zum Sozialprodukt und ergibt sich "in der Regel aus der Allokationseffizienz" (47, S. 79). Das Einkommen der Landwirte ist hiernach, ausgehend von ihrem Beitrag zum Sozialprodukt, in jedem Fall leistungsgerecht. Steigende Produktionskosten, also Faktorkosten, bleiben bei dieser Betrachtung außer acht. Vielmehr sind sie dadurch auszugleichen, daß die Quantität der Faktoren mittels intersektoraler Reallokation auf dem Agrarsektor verringert werden, womit auch die Produktionskosten minimiert und die sektoralen Einkommen in der Landwirtschaft erhöht werden.

Diese Überlegung bestimmt im wesentlichen die gesamte Studie von Henze/Zeddies zur Frage der Angebotskontingentierung auf dem Agrarsektor. Daß dabei besonders für einkommensschwache Regionen und Betriebe hinsichtlich bereits bestehender Probleme keine Lösungsmöglichkeiten angeboten werden, versteht sich von selbst. Es ist im Gegenteil geradezu so, daß die Einkommensprobleme in diesen Bereichen noch verstärkt werden, wenn vorgeschlagen wird, daß z.B. bei einer möglichen staatlichen Erstverteilung von Kontingenten die "Schrumpfungsregionen und -betriebe (z.B. Kleinbetriebe mit geringer Bestandsgröße) ... nach Möglichkeit ein relativ kleines Kontingent erhalten oder gar unberücksichtigt bleiben (müßten)" (Henze/Zeddies, 47, S. 72). Dies würde für die benachteiligten Regionen Italiens und Irlands (vgl. hierzu 66, S. 14 und EG-Bericht 1978, S. 35 f.) bedeuten, daß ganze Landstriche von der Produktion ausgeschlossen würden. Und dies sind zudem auch noch Regionen, die von ihrer Gesamtstruktur her kaum alternative Beschäftigungsmöglichkeiten bieten.

Im übrigen setzt eine, vor allem restriktive Kontingentierung, die ja wegen der als Hauptziel verfolgten Überschußbeseitigung notwendig wäre, eine Preisanhebung voraus, wenn eine gleichzeitige Einkommensminderung für die Landwirte verhindert werden soll. Denn der Preis verliert zwar durch die Kontingentierung seine Allokationsfunktion, "doch steigt dafür seine einkommenspolitische Bedeutung" (Henze/Zeddies, 47, S. 78).

So lange keine Differenzierung der Preisgestaltung in der Weise erfolgt, daß benachteiligte Einkommensschichten und Regionen bessergestellt werden, ändert sich jedoch an der im ersten Teil dieser Arbeit festgestellten zunehmenden Konzentration der Einkommen in den oberen Einkommensgruppen und an der weiteren Einkommensdifferenzierung innerhalb der Landwirtschaft mit Hilfe der Kontingentierung nichts. Würde gar nach den Vorschlägen von Henze/Zeddies verfahren, und eine Subventionierung des Kontingentetransfers bzw. eine staatliche unentgeltliche Umverteilung der Kontingente (vgl. 47, S. 81, 82 und 203) in der Weise vorgenommen, daß diese beschleunigt den effizientesten Produzenten zugeführt werden, so würde sich die Konzentration und Zentralisation noch schneller vollziehen. Das ist allerdings auch das deklarierte Ziel der Überlegungen von Henze/Zeddies. Deshalb halten sie auch die Handelbarkeit von Kontingenten hinsichtlich eines beschleunigten Strukturwandels noch nicht für effizient genug. Nach Henze/Zeddies ermöglichen handelbare Kontingente "zwar die innersektorale Strukturanpassung, gehen aber zu Lasten einer leistungsbezogenen Verteilung des kontingentsbedingten sektoralen Einkommenstransfers, weil .... die Abstockung erst prämiert werden muß, um die Aufstockung vornehmen zu können" (47, S. 81). Daß für eine reibungslose Umverteilung der Kontingente hin zu den produktivsten Betrieben und damit für das Ausscheiden der weniger produktiven Betriebe auch ein ausreichendes außerlandwirtschaftliches Arbeitsplatzangebot notwendig ist, wird auch von Henze/Zeddies hervorgehoben (vgl. 47, S. 143 f.). Doch wurde oben bereits aufgezeigt, daß gerade in den weniger produktiven Regionen (Westirland, Süditalien etc.) gleichzeitig der Mangel an alternativen Beschäftigungsmöglichkeiten am größten ist.

Nun ist aber mit einer lediglichen Kontingentierung und deren effektivsten Umverteilung noch keine Verminderung des Angebots erreicht. Hierzu ist eine restriktive Angebotskontingentierung notwendig. Das würde wiederum eine Einkommensminderung für die Landwirtschaft bedeuten. Ohne gleichzeitige einkommenswirksame Maßnahmen würden deshalb Angebotsminderungen mit Hilfe von Kontingentierungen ebenso zu Einkommensverlusten der Landwirte führen wie Preissenkungen.

Hinsichtlich der Lösung der Einkommensprobleme ändert sich also, was auch einleuchtend ist, mittels einer Angebotskontingentierung gegenüber dem bestehenden System nur dann etwas, wenn eine gleichzeitige Anhebung der Erzeugerpreise erfolgt. Ein Abbau der intrasektoralen Einkommensdiskrepanzen würde außerdem noch weitere Eingriffe erforderlich machen.

6.3.3.2. Auswirkungen hinsichtlich der Marktregulierung

Von fast allen Agrarwissenschaftlern bzw. Agrarökonomen wird nicht bestritten, daß die Angebote der meisten Agrarprodukte kurzfristig nur sehr preisunelastisch reagieren. Größere Marktungleichgewichte lassen sich deshalb zumindest kurzfristig nicht durch Preissenkungen beheben (vgl. 4.3.2.3.).

Eine Angebotsreduzierung würde sich zwar am einfachsten durch nichthandelbare Kontingente und damit durch das natürliche Ausscheiden einzelner Produzenten im Zeitablauf erreichen lassen. Wegen der bereits erwähnten Nachteile hinsichtlich einer verminderten Strukturanpassung scheidet diese Form der Kontingentierung aber aus. Bei einer restriktiven Angebotskontingentierung müßte zunächst von den bestehenden Angebotsmengen ausgegangen werden. Von diesem Ist-Zustand aus wäre dann durch Kontingentskürzungen und Prämien für die Abgabe von Kontingentsrechten bzw. durch staatlichen Ankauf und damit Einkommensausgleich für ausscheidende Produzenten, eine Anpassung des Angebotes an ein niedrigeres Niveau vorzunehmen.

Bei handelbaren Kontingenten, immer vorausgesetzt, daß eine Substitution der Produkte durch eine umfassende Kontingentierung ausgeschlossen ist, kann eine Angebotsregulierung auf zweierlei Weise erfolgen. Zum einen wäre eine Reduzierung (bzw. Ausweitung) der Kontingentsmenge möglich, zum anderen auch der staatliche Ankauf (bzw. Verkauf) von Kontingenten. Eine administrative Reduzierung der Kontingente erfordert im Gegensatz zum Ankauf von Kontingenten zwar keine finanziellen Aufwendungen, doch wären gegebenenfalls Einkommensausgleichszahlungen erforderlich, wenn die zu erwarten-Mindereinnahmen nicht durch eine Preisanhebung und damit Abwälzung der Kosten auf die Verbraucher ausgeglichen werden. Letzteres impliziert aber die Gefahr einer zusätzlichen Nachfragereduzierung.

Hinsichtlich der Wiederherstellung eines Marktgleichgewichtes würde sich nach den Untersuchungen von Henze/Zeddies kurzfristig (und für die Landwirte auch einkommensmäßig weniger schmerzlich) über die Kontingentierung eine größere Wirkung erzielen lassen als mit preispolitischen Maßnahmen. Gesamtwirtschaftlich gesehen kommen Henze/Zeddies in ihrer Studie zur Regulierung des Milchmarktes zu dem Schluß, daß "eine schnelle und starke Beschränkung des Milchangebotes mittels Kontingentierungsmaßnahmen ... nur geringe kurzfristige volkswirtschaftliche Vorteile (brächte)" (47, S. VIII).

6.3.3.3. Auswirkungen hinsichtlich der gemeinsamen EG-Preispolitik

Hinsichtlich ihrer Einkommensfunktion würde sich für die Preispolitik bei Einführung von Angebotskontingentierungen zwar ein größerer Anhebungsspielraum ergeben, doch würde damit das Ziel angemessener Verbraucherpreise beeinträchtigt. Die Interessengegensätze innerhalb der EG dürften sich deshalb bei den Preisverhandlungen kaum vermindern. Ein weiterer Streitpunkt könnte sich aus der Erstvergabe der Kontingente ergeben. Bei den Kontingenten für Produkte, deren Marktanteile unterschiedlich expandieren bzw. in einigen Mitgliedsländern expandieren und in anderen schrumpfen, werden sich Mitgliedsländer mit schrumpfenden Marktanteilen eher mit einer Kontingentierung auf der Grundlage des Ist-Zustandes einverstanden erklären als Länder mit expandierenden Marktanteilen. Auch einer Reduzierung der Kontingentsmengen würden sich Länder mit expandierenden, aber auch mit hohen Ist-Angeboten mehr widersetzen. Eine EG-weite Handelbarkeit ist deshalb von vornherein Bedingung. Des weiteren wäre den Grundsätzen des EWG-Vertrages entsprechend auch "nur ein EG-einheitlicher Markt für Kontingente" (Henze/Zeddies, 47, S. 93) möglich. Das alles würde aber nichts an dem bestehenden agrarpolitischen System hinsichtlich der Diskrepanzen in den Produktionsbedingungen und Erzeugerpreisen ändern. Im Gegenteil: Wollte man eine EG-einheitliche Kontingentesteuerung einführen, z.B. eine Kontingenterestriktion für ein bestimmtes Produkt um 10 %, so würde dies "Betriebe und Regionen mit preiselastischer Angebotsreaktion einkommensmäßig begünstigen und Betriebe mit preisunelastischer Angebotsreaktion benachteiligen" (Henze/Zeddies, 47, S. 81). Das heißt, daß in den von Natur aus benachteiligten Regionen der EG, in denen Betriebe auf eine bestimmte Produktionsrichtung aufgrund ihrer Boden- oder Klimaverhältnisse festgelegt sind, die größten Einkommensnachteile eintreten würden.

6.3.3.4. Auswirkungen hinsichtlich der Strukturpolitik

Da hier von handelbaren Kontingenten ausgegangen werden soll, ist bezüglich ihrer Strukturwirkung zu sagen, daß bei vollkommenem Markt für Kontingente der intrasektorale Strukturwandel theoretisch genauso verläuft wie bei der Preissteuerung des Sektorangebotes (vgl. Henze/Zeddies, 47, S. 73). Im Gegensatz zur staatlichen und unentgeltlichen Umverteilung der Kontingente von weniger produktiven zu produktiven Betrieben haben handelbare Kontingente einen Preis. Dieser Preis würde für weniger produktive Betriebe einen

Anreiz zur Abstockung bieten, wenn er auch nicht unbedingt eine Garantie dafür darstellt, daß dies auch erfolgt. Für aufstockungsbereite Betriebe würde dieser Preis jedoch hemmend wirken und damit die "Lebensfähigkeitsschwelle heruntersetzen. Aus der Sicht der langfristig nicht entwicklungsfähigen Betriebe würde diese Regelung aber sicherlich eine frühzeitigere Produktionseinstellung fördern. Auf jeden Fall aber würde eine Betriebsaufgabe mit geringeren Einkommens- und Vermögensverlusten verbunden sein. Andererseits stellt der Preis für handelbare Kontingente eine zusätzliche finanzielle Belastung für aufstockungswillige und entwicklungsfähige Betriebe dar. Henze/Zeddies schlagen deshalb im Falle von handelbaren Kontingenten die Festsetzung eines Höchstpreises für den Verkauf und eine Subventionierung für den Ankauf vor, um den Strukturwandel bei dieser Form der Kontingentierung nicht zu hemmen (vgl. 47, S. 203).

Eine leistungsgerechtere und produktionseffizientere Verteilung und Umverteilung der Kontingente und damit ein beschleunigter Strukturwandel wäre nach Ansicht von Henze/Zeddies möglich, wenn sie staatlich durchgeführt würde (46, S. 228). Hierzu fehlen aber die entsprechenden Kriterien. Außerdem meinen Henze/Zeddies, daß der Staat hierzu "politisch ... nicht in der Lage wäre" (47, S. 207).

Wie aus den Ausführungen dieser Untersuchung weiter zu entnehmen ist, dürfte sich bei dieser Form der Kontingentierung an den bestehenden Problemen der Strukturpolitik wenig ändern (vgl. Henze/Zeddies, 47, S. 206 ff.). Dies wird auch dadurch unterstrichen, daß mehrfach der Hinweis gemacht wird, daß wesentlich auch die außerlandwirtschaftlich angebotenen alternativen Beschäftigungsmöglichkeiten entscheidenden Einfluß auf den Strukturwandel haben.

6.3.4. Zusammenfassung und abschließende Wertung

Die Mengensteuerung mit Hilfe der verschiedenen Formen der Kontingentierung wird schon seit Jahren verstärkt diskutiert und trifft ebenso häufig auch auf entschiedene Ablehnung. Dies vor allem bei den überzeugten Verfechtern einer freien Marktwirtschaft. Sie sehen in einer mengenmäßigen Produktionsbeschränkung "einen sehr starken dirigistischen Eingriff" und für eine große Zahl von Betrieben eine "unzumutbare Härte und Einengung ihrer Entwicklungsmöglichkeiten", die auch durch eine "Handelsfähigkeit der Produktionsquoten" (Rohr, 114, S. 32) nicht gelindert werden kann. Von den gleichen Mahnern vor einer Mengenkontingentierung wird aber "Die Einführung der Mitverantwortungsabgabe, gekoppelt mit einer vorsichtigen Preispolitik" als "ein ganz wesentlicher Schritt in die richtige Richtung" (Rohr, 114, S. 31) bezeichnet. Ähnlich sehen es die Verfasser der hier vorwiegend untersuchten Studie über Kontingentierungsmaßnahmen (vgl. Henze/Zeddies, 47, S. 207).

Schon in der vorangestellten Kurzfassung zu dieser Studie wenden Henze/ Zeddies ein, daß vor allem ordnungspolitische Bedenken gegen eine Kontingentierung sprechen. Denn "Märkte mit einer Mengenregelung (sind) nur schwer wieder in freie Märkte oder Märkte mit einer Preissteuerung zurückführbar ..." (47, S. VIII). Diesen Einwand kann nur gelten lassen, wer davon überzeugt ist, daß, abgesehen von vorübergehenden Marktungleichgewichten, der Markt langfristig und auch generell in der Lage ist, Angebot und Nachfrage und also auch Preise und Einkommen angemessen zu regeln. Hiervon sind Henze/Zeddies überzeugt. Denn an anderer Stelle führen sie aus: "Preissenkungen stellen nicht nur die marktkonformere Maßnahme dar. Sie würden zudem das einzelbetriebliche Wachstum und die regionale Produktionsanpassung als auch den intersektoralen Strukturwandel weniger hemmen als Kontingentierungsmaßnahmen. Der daraus resultierende langfristige volkswirtschaftliche Gewinn dürfte größer sein als der einer eventuell größeren Angebotsbeschränkung im Falle von Kontingentierungen" (47, S. IX). Konkret nachgewiesen wird diese Annahme allerdings in dieser Studie nicht. Eine noch unverkennbarere ideologische Färbung lassen Henze/Zeddies in ihrer Feststellung durchschimmern, daß "die ordnungspolitischen Einwände gegen die Kontingentierung größer sind als gegen preispolitische Instrumente", deshalb "wäre die Kontingentierung anderen Instrumenten erst dann vorzuziehen, wenn sie diesen in der Zielkonformität überlegen wäre" (47, S. 9). Wann und ob die Kontingentierung überhaupt als "zielkonformste" Lösung zu wählen wäre, hängt vom konkreten Einzelfall ab. Und da eine solche "Abwägung ... ein Werturteil (beinhaltet)", kann sie "nicht wissenschaftlich, sondern nur politisch erfolgen. Sie muß dem Politiker überlassen bleiben" (47, S. 9). Henze/Zeddies urteilen dann aber doch zugunsten preispolitischer Maßnahmen (vgl. 47, S. 134 - 145 und VII - X). Denn Kontingentierungsmaßnahmen bringen nach ihrer Ansicht zwar kurzfristig eine schnellere Produktionsanpassung, "längerfristig würden aber die hemmenden Wirkungen auf den innerlandwirtschaftlichen Produktivitätsfortschritt und intersektoralen Strukturwandel an Bedeutung erlangen" (47, S. 206).

Entgegen der Feststellung in dieser Arbeit, daß die durch Produktivitätssteigerungen in der landwirtschaftlichen Produktion erfolgten Preissenkungen nicht adäquat an die Konsumenten weitergegeben, sondern im Bereich der Handelsstufen vereinnahmt werden (vgl. hierzu Tabellen 4, 5 und 17), vertreten Henze/Zeddies in ihrer Studie die Auffassung, daß "im Gegensatz zur Preissteuerung ... bei der Kontingentierung Kostensenkungen (technische Fortschritte) nicht an die Konsumenten weitergegeben (werden)" (47, S. 74 - vgl. auch S. 90). Diese Auffassung wird jedoch nicht konkret belegt.

Als einen weiteren Nachteil bzw. als eine mit der Einführung von Kontingenten verbundene Gefahr sehen Henze/Zeddies die Möglichkeit einer "Kettenreaktion weiterer Maßnahmen, (die) den marktwirtschaftlichen Lenkungsmechanismus in einem solchen Umfang ausschalten, daß es schließlich zu einer Transformation der Marktwirtschaft in eine Zentralverwaltungswirtschaft, in der die Mengensteuerung das Hauptinstrument der Mikroplanung darstellt, kommen kann" (47, S. 7 f.).

Offenbar aus Furcht vor dieser Version werden die nach wie vor wirksamen marktwirtschaftlichen Elemente einer transferierbaren bzw. handelbaren Kontingentierung übersehen und der zumindest in einem Punkt, nämlich in der Möglichkeit einer kurzfristigen Herstellung eines Marktgleichgewichtes bestehende Vorteil gegenüber dem bisherigen System vernachlässigt. Leider wird auch, außer einer Gegenüberstellung dieser Kontingentierungsmaßnahmen mit preispolitischen Maßnahmen, kaum auf die mögliche Kombination zwischen Kontingentierungen und Einkommensübertragungen bzw. preispolitischen Maßnahmen und Einkommensübertragungen eingegangen.

6.4. Produktionskostenkonzepte

Die bisher angewandten agrarpolitischen Maßnahmen, aber auch die bisher in dieser Arbeit behandelten Alternativkonzepte hatten fast alle zur Folge, daß sie vor allem aufgrund der differierenden Produktionsvoraussetzungen den ohnehin schon begünstigten Betrieben (und den Betrieben in begünstigten Regionen) zusätzliche Einkommen und damit kostensenkende Investitionen sowie Produktionsausweitungen ermöglichten. Die Maßnahmen zur Produktionseinschränkung und Überschußbeseitigung (wie z.B. die Mitverantwortungsabgabe für Milchproduzenten) gehen dagegen in erster Linie zu Lasten kleinerer Produzenten und unterer Einkommensgruppen, weil diese Abgaben sich hier wegen der bereits vorhandenen geringen Deckungsbeiträge besonders einkommensmindernd bemerkbar machen.

Außerdem gingen fast alle bisherigen Überlegungen zur Beeinflussung der

Entwicklungen auf dem Agrarsektor von einer zuvor determinierten optimalen Produktions- und Marktstruktur aus und bestimmten von daher die notwendigen Maßnahmen zur Realisierung dieses angestrebten Idealzustandes. Um diesen Idealzustand z.B. hinsichtlich der günstigsten Produktionsstruktur mit möglichst wenig Fehlinvestitionen zu erreichen, wurde von G. Weinschenck bereits 1971 vorgeschlagen, mit Hilfe einer "Tragfähigkeitsberechnung ... zunächst ... die Zahl der langfristig entwicklungsfähigen Betriebe" in den einzelnen Regionen zu ermitteln (230, S. 175 f.). Aus dieser Konzeption wird besonders die gesamtwirtschaftliche Zielsetzung der Agrarpolitik deutlich, möglichst kurzfristig und mit einem minimalen Förderungsaufwand die kostenoptimalste Produktionsstruktur auf dem Agrarsektor zu erreichen. Dies schließt natürlich eine beschleunigte Abwanderung von Arbeitskräften aus der Landwirtschaft ein.

Demgegenüber basiert das Produktionskostenkonzept auf Überlegungen, die Existenz und das Einkommen der Landwirte langfristig zu sichern. Damit unterscheidet sich dieses Konzept grundlegend sowohl vom bisherigen agrarpolitischen System als auch von den übrigen Alternativvorschlägen.

6.4.1. Darstellung der Produktionskostenkonzepte

Produktionskostenkonzepte gehen nicht von gesamtwirtschaftlichen Marktregulierungsinteressen aus, obwohl sie auch die Lösung der Marktprobleme erleichtern, sondern von den Produktionskosten eines durchschnittlich gelagerten mittleren Betriebes. Die Produktionsleistung eines solchen Betriebes, der für die jeweilige Nutzungsart gesondert zu ermitteln wäre, muß dann mit einem Erzeugerpreis vergütet werden, der einen angemessenen Lohn der bäuerlichen Familie sowie die Abdeckung der weiteren Produktionskosten und einen gewissen Überschuß für die Erhaltung des Betriebes sichert.

Erzeugerpreisforderungen der Landwirte würden auf dieser Grundlage den Lohnforderungen der Gewerkschaften nahekommen. Sie würden im Gegensatz zu den heutigen Agrarpreisforderungen wesentlich stärker den tatsächlichen Kostensteigerungen der einzelnen Landwirte entsprechen und machen gleichzeitig die grundsätzlich andere Dimension dieses Konzeptes gegenüber bisherigen Alternativvorschlägen deutlich.

Alternative agrarpolitische Modelle dieser Art wurden besonders in den Niederlanden entwickelt. Eine Arbeitsgruppe, die sich für eine Verbesserung der Milchmarktpolitik einsetzt (Werkgroep Beter Zuivelbeleid, 147) hat ein solches Konzept für die Milchproduktion in der EG entwickelt. Dieses Konzept geht aus von einem mittleren milchviehhaltenden Betrieb und bestimmt, unter Berücksichtigung der vorhandenen Arbeitskräfte, welche Produktionsmengen bei angemessener Arbeitszeit erstellt werden können. Danach werden dann die erforderlichen Erzeugerpreise ausgerichtet. Das für die Milchviehhaltung auf dieser Basis entwickelte Beispiel sieht dann wie folgt aus:

Für einen mittleren Familienbetrieb mit 1,3 VAK (Landwirt 1 VAK und Ehefrau 0,3 VAK) wird festgestellt, daß dieser beim augenblicklichen Technisierungsstand etwa 30 Kühe halten und demnach 150.000 kg Milch produzieren kann. Diesem Betrieb wird dann ein Kontingent von 150.000 kg Milch zugestanden. Bei einem Zweimannbetrieb wird dagegen von 50 Kühen und 250.000 kg Milch ausgegangen (Höchstgrenze jeweils 125.000 kg Milch je VAK). Milchlieferungen oberhalb dieser Kontingente werden zwar noch angenommen, aber zu wesentlich niedrigeren und, mit steigender Überlieferungsmenge, degressiven Preisen. Bei einer Milchpreisanhebung werden ebenfalls nur diese Kontingentsmengen voll berücksichtigt. Für Mehranlieferungen werden nur noch degressive Preisanhebungen und letztlich keine Preisanhebungen mehr vorgenommen.

Bei einer Preisanhebung von 7 cent je kg würde dies für einen Familienbetrieb bzw. Zweimannbetrieb nach den Modellrechnungen der Werkgroep die in der Tabelle 23 dargestellte Wirkung haben.

Die entsprechende Auszahlung des Milchpreises wird durch die Molkereien vorgenommen.

Auch wenn für die so definierten Mittelbetriebe ein lohnender Milchpreis festgelegt wird, werden doch noch Landwirte verbleiben, die nach Ansicht der Werkgroep nicht den gesetzlichen Mindestlohn erreichen. Diese Landwirte sollen dann längstens bis zu ihrem 65. Lebensjahr einen Einkommenszuschlag erhalten. Dies gilt allerdings nur für Landwirte, die bereits einen Milchviehbetrieb bewirtschaften. Einkommenszuschläge können nicht mehr an Hofnachfolger gegeben werden. Dies soll zur Aufgabe dieser Betriebe führen (vgl. 147, S. 60 f.).

Andererseits soll Einmannbetrieben mit erfüllter Einkommensnorm die Möglichkeit gegeben werden, sich zu Zweimannbetrieben zu vergrößern (147, S. 61). Damit wird das Argument entkräftet, daß mit einem solchen Konzept Arbeitsplätze vernichtet werden. Außerdem soll ein Betriebshilfsdienst dafür sorgen, daß Betriebe mit übermäßigem Arbeitsaufwand entlastet werden. Dieser Betriebshilfsdienst leistet für die entsprechenden Betriebe 200 Arbeitsstunden jährlich kostenlos. Ein solcher Betriebshilfsdienst, den es in

Tabelle 23

Auswirkung einer Milchpreiserhöhung bei einer auf die Vollarbeitskraft (VAK (VAK) bezogenen Kontingentierung

	Produktion in der Ausgangssituation	Kontingent	Zusätzliche Einkommenssteigerung x)
a) Familientrieb (1,3 VAK)	40.000 Liter	40.000 Liter	f 2800,-
	80.000 "	80.000 "	- 5600,-
	120.000 "	120.000 "	- 8400,-
	160.000 "	160.000 "	- 11200,-
	200.000 "	192.000 "	- 10260,-
	220.000 "	207.000 "	- 9064,-
	240.000 "	221.000 "	- 7584,-
	260.000 "	233.000 "	- 5240,-
	280.000 "	246.000 "	- 3472,-
	320.000 "	274.000 "	-,-
	360.000 "	308.000 "	-,-
	400.000 "	342.000 "	-,-
	440.000 "	376.000 "	-,-
	480.000 "	410.000 "	-,-
	500.000 "	427.000 "	-,-
b) Zweimannbetrieb (2 VAK)	40.000 Liter	40.000 Liter	f 2800,-
	80.000 "	80.000 "	- 5600,-
	120.000 "	120.000 "	- 8400,-
	160.000 "	160.000 "	- 11200,-
	200.000 "	200.000 "	- 14000,-
	220.000 "	220.000 "	- 15400,-
	240.000 "	240.000 "	- 16800,-
	260.000 "	257.000 "	- 16900,-
	280.000 "	264.000 "	- 16600,-
	320.000 "	305.000 "	- 15000,-
	360.000 "	332.000 "	- 12000,-
	400.000 "	360.000 "	- 8800,-
	440.000 "	382.000 "	- 2800,-
	480.000 "	411.000 "	- 600,-
	500.000 "	427.000 "	- -,-

x) Grundlage dieser Berechnung ist (1) eine Milchpreiserhöhung um 7 cent/kg Milch; (2) Saldo von Erträgen abzüglich zugerechnete Kosten je Kuh, nach einer Milchpreiserhöhung von 7 cent/kg Milch, von 2.400,- Gulden; (3) Zuteilung eines Kontingentes gemäß Produktion in der Ausgangssituation bis zu 125.000 kg Milch je VAK

Quelle: 147, 58 und 59; eigene Textübersetzung

der BRD bereits in ähnlicher Form gibt, soll gleichzeitig auch für kleinere Betriebsinhaber die Möglichkeit bieten, sich diesem zur Verfügung zu stellen, um damit auch eine eigene Einkommensverbesserung zu erreichen. Alle diese Bestrebungen zum Erhalt von Arbeitsplätzen in der Landwirtschaft sollen aber nicht zum "Einfrieren" von Betriebsstrukturen führen, die in Anpassung an "vernünftige Maßstäbe" zu klein geworden sind (147, S. 61).

Die genannten Einkommenszuschläge müßten von den einzelnen Mitgliedsländern geregelt werden, da die gesetzlichen Mindestlöhne dieser Länder stark differieren. Eine einheitliche Regelung zur Auffüllung der Stundenlöhne bis zur Höhe der gesetzlichen Mindeslöhne wäre deshalb schwierig.

Der Abbau der Überschüsse wird nach den Initiatoren dieses Modells dadurch erreicht, daß in den ersten Jahren nach seiner Einführung keine Kontingente zur Verfügung gestellt werden. Durch den Abbau von - durch diese Art der Kontingentierung - unrentabel gewordenen Kontingentsrechten und das natürliche Ausscheiden von Produzenten ohne Hofnachfolger wird eine Produktionskontraktion angenommen.

Ein weiteres Problem besteht aber noch darin, daß die auf EG-Ebene stark differierenden Produktionsbedingungen die Definition eines "durchschnittlichen normalen Mittelbetriebes" sehr schwierig gestalten. Ein mit normalem Arbeitsaufwand zu bewirtschaftender Mittelbetrieb hat in den Niederlanden z.B. eine andere Größe als in Italien. Die Werkgroep schlägt deshalb vor, daß für jede Region eine eigene Mittelbetriebsnorm als Richtgrösse determiniert wird. Auf diese Weise werden innerhalb dieser Regionen etwa freiwerdende Kontingente zunächst an kleinere Betriebe vergeben. Im weiteren Verlauf soll aber auch zwischen den Regionen ein Ausgleich erfolgen. Dieser Ausgleich hat nach einem vorher festgelegten Verteilerschlüssel zu erfolgen. Dieser Schlüssel ist von den Landwirten selbst bzw. von ihren Organisationen festzulegen, wie auch die Regelungen zur gerechteren Verteilung der freiwerdenden Kontingente und die Feststellung, mit welcher Betriebsgröße jemand berechtigt ist, sich für weitere Kontingente vormerken zu lassen. Die Durchführung der Distribution von Kontingenten soll dann einer "unabhängigen juristischen Instanz" (147, S. 65) übertragen werden.

Gegen das Argument, daß mit diesem System die Unternehmensfunktion der Landwirte eliminiert wird, wenden die Initiatoren dieses Modells ein, daß bei einer Verwirklichung ihrer Vorschläge zwar keiner "Millionär werden kann", daß dies aber auch mit dem bestehenden System kaum jemandem möglich sein dürfte (147, S. 63).

Es wird darauf hingewiesen, daß das derzeitige System auch den gut wirtschaftenden Landwirt immer zu neuen und größeren Investitionen zwingt und letztlich nicht mehr sein "Können", sondern die Chance, genügend und kosten- sowie entfernungsmäßig günstig Bodenflächen hinzukaufen zu können, über seine Zukunft entscheidet.

Das vorgeschlagene System ermöglicht es demgegenüber den gut wirtschaftenden Landwirten, ohne Sorge um ihre Existenz durch entsprechende Investitionen zur Arbeitserleichterung und Verminderung der Kosten sowie durch möglichst leistungsfähige Kühe mit möglichst wenig Tieren ihr Kontingent auszufüllen und ihr Einkommen zu erreichen (vgl. 147, S. 64).

Als weitere positive Auswirkungen dieses Systems werden angeführt, daß wegen der Ausschaltung der Konkurrenz um Boden und Produktionsanteile sowie der Wegfall des Zwanges, immer mehr zu produzieren, eine bessere Landschaftserhaltung und eine Senkung der Bodenpreise möglich wird (vgl. 147, S. 65). Außerdem werden weniger umwelt- und gesundheitsgefährdende produktionssteigernde Mittel (Pflanzenschutz- und Düngemittel) eingesetzt.

6.4.2. Funktionsweise und Auswirkungen im Vergleich zum bisherigen System

Neben dem hier dargestellten Modell für den Milchmarkt gibt es noch zahlreiche ähnlich geartete und auch auf andere Bereiche der Agrarproduktion bezogene Vorschläge (vgl. 177, Nr. 19/1979, S. 6 ff.). Die Möglichkeit einer Anwendung dieses Alternativvorschlags auf die gesamte landwirtschaftliche Produktion würde eine eingehendere Prüfung der Funktionsweise und der möglichen Auswirkungen auf den verschiedenen Produktions- und Marktsektoren erforderlich machen als das hier leistbar ist.

Ein Vergleich mit den bisher praktizierten agrarpolitischen Systemen auf dem Milchsektor läßt aber zumindest eine Aussage darüber zu, inwieweit eine allgemeine Anwendung dieses Konzeptes möglich ist und ob die Lösung der derzeit bestehenden Probleme auf dem Agrarsektor dadurch erleichtert werden.

6.4.2.1. Beurteilung hinsichtlich der Einkommenswirkung

Unbestritten könnte mit dem hier vorgestellten System am ehesten das Einkommensgefälle nicht nur intersektoral, sondern auch intrasektoral verringert werden. Allerdings dürfte eine Vereinheitlichung auf EG-Ebene auch noch weiterhin mit Schwierigkeiten verbunden sein. Denn die vorgeschlagene regionale Determinierung von "mittleren" Betrieben, die in diesem System ausdrücklich mit dem Hinweis auf bestehende Differenzen in den Betriebsgrößen und damit Einkommensgrößen der einzelnen Mitgliedsländer begründet wird, beinhaltet bereits das Eingeständnis, daß auch noch weiterhin und auf eine nicht absehbare Zeit nicht unerhebliche Einkommensdifferenzen bestehen bleiben. Durch die vorgeschlagene Umverteilung der Kontingente zwischen begünstigten und benachteiligten Betrieben und Regionen würde nur eine sukzessive Angleichung der Einkommen möglich sein. Eine beschleunigte Angleichung könnte nur über eine rigorose Umverteilung der Kontingente erfolgen.

Dies wäre aber nur möglich, wenn auch entsprechende Ressourcen für die Erfüllung dieser neu zugeteilten Kontingente vorhanden wären. Wie sollen aber z.B. in der Toskana und in Ligurien (vgl. S. 18 dieser Arbeit), wo mehr als zwei Drittel der Rinder- bzw. Milchviehbestände nur aus 2 Tieren bestehen, die benötigten Flächen beschafft werden, wenn nicht (was ja verhindert werden soll), durch eine Freisetzung von Arbeitskräften, also Aufgabe von landwirtschaftlichen Betrieben und Bereitstellung dieser Flächen zur Vergrößerung bestehenbleibender Betriebe? Es könnte u.U. auch notwendig, zumindest von Vorteil sein, wenn die Konzeption der Einzelbetriebe zugunsten von größeren Gemeinschaftsbetrieben aufgegeben würde.

Zusätzlich wären erhebliche Mittel erforderlich, um die Empfangsbetriebe dieser neu zugeteilten Kontingente auch technisch in den Stand zu versetzen, die Kontingente auszufüllen. Dem vorgeschlagenen Konzept entsprechend stände für die Anpassung zwar ein wesentlich längerer Zeitraum zur Verfügung, und es würde zumindest auch keine nennenswerte weitere Differenzierung der Einkommenshöhe mehr erfolgen, doch würden die bestehenden Einkommensdifferenzen eben auch nur nach einer oder mehreren Generationen abgebaut sein.

Ein weiteres, in diesem Modell noch nicht gelöstes Problem sind die stark differierenden Produktionskosten, bedingt durch die unterschiedlichen Produktionsbedingungen und gesamtwirtschaftlichen Entwicklungen der einzelnen Mitgliedsländer (vgl. 4.3.2.1.2.). Sollen die Erzeugerpreise für einen "mittleren Betrieb" an den realen Produktionskosten ausgerichtet sein, so würde dies zu einem astronomischen Erzeugerpreisgefälle innerhalb der EG führen. Dieser Umstand zeigt bereits an, daß für dieses Konzept bei einer EG-weiten Anwendung noch weitere Regelungen erforderlich sind.

Denkbar und auch praktikabel wäre z.B. eine Zusatzregelung für dieses Modell, mit der einerseits eine beschleunigte Angleichung unterentwickelter Betriebe und Regionen ermöglicht würde und andererseits auch eine Angleichung der differierenden Einkommen erfolgen könnte. Diese Zusatzregelung müßte darin bestehen, daß nicht nur Kontingente aus den höheren Produktions- und Einkommensbereichen abgezogen würden, sondern auch die durch Übererfüllung von Kontingenten und damit geringeren Erzeugerpreisauszahlungen hereinkommenden Mittel als Investitions- und Angleichungshilfe (quasi als Einkommensübertragung) in diese Betriebe und Regionen fließen.

6.4.2.2. Beurteilung hinsichtlich der Marktregulierung

Auch auf diesem Gebiet ließe sich mit Hilfe des Produktionskostenkonzeptes zumindest langfristig eine Angleichung von Angebot und Nachfrage erreichen. Über Kontingentskürzungen bzw. stärkere Erzeugerpreisregressionen bei den Betrieben mit Kontingentsüberschreitungen ließe sich das Marktgleichgewicht ebenso regeln wie bei den im vorigen Abschnitt vorgestellten allgemeinen Kontingentierungen. Es ist in diesem Modell allerdings weniger an eine direkte Kürzung der Kontingente gedacht, sondern daran, daß in den ersten Jahren nach Einführung dieses Systems zunächst keine neuen Kontingente an Betriebe vergeben werden, deren Produktionsmengen noch unterhalb der Höchstmengen liegen (vgl. 147, S. 62).

6.4.2.3. Beurteilung hinsichtlich der gemeinsamen Preis- und Marktpolitik

Wegen der grundsätzlich anders ausgerichteten Konzeption dieses Systems dürfte eine einheitliche Preisgestaltung völlig unmöglich sein. Wenn nämlich die Erzeugerpreise tatsächlich an den Produktionskosten eines "mittleren Betriebes" ausgerichtet werden, dann ergibt sich daraus, daß

- wegen der starken Differenzen in den Größen dieser "mittleren Betriebe" in den einzelnen Regionen der EG auch die Produktionskosten stark differieren, und
- damit auch die festzusetzenden Erzeugerpreise erhebliche Differenzen aufweisen müßten, womit
- eine einheitliche Marktpolitik noch weniger möglich wäre als beim jetzigen System.

Produktionskostenorientierte Erzeugerpreise können also nicht gleichzeitig Marktpreise sein. Es müßte deshalb ein zusätzlicher Mechanismus eingebaut werden, der dafür sorgt, daß diese differierenden Erzeugerpreise vor der

Weitergabe an den Markt bzw. Verbraucher nivelliert werden.

6.4.2.4. Beurteilung hinsichtlich der Strukturentwicklung

Im Gegensatz zu den vorangegangenen Alternativkonzepten geht von einem Produktionskostenkonzept die geringste Wirkung zur Strukturveränderung aus. Bei der allgemeinen Kontingentierung (s. Abschnitt 6.3.) soll die Allokation nach wie vor von den Marktkräften, also vom Wettbewerb gesteuert werden. Der Strukturwandel wird nur unwesentlich durch den Kaufpreis der Kontingente gehemmt. Die Kontingentierung nach dem Produktionskostenkonzept verhindert dagegen, wegen des Fehlens einer entsprechenden Konkurrenz zwischen den Produzenten, eine Strukturveränderung im Sinne der Zielsetzung bisheriger Agrarpolitik. Es ist im Gegenteil sogar mit einer Strukturentwicklung zu rechnen, die den Zielen der bisherigen Strukturpolitik entgegenwirken: Die Betriebe mit der umfangreichsten Produktionsleistung werden wegen der unrentablen Preisgestaltung für Produktionsmengen über dem jeweiligen Kontingentequantum Kontingentsrechte abgeben. Diese Kontingente stehen dann den Betrieben zur Aufstockung zur Verfügung, die aufgrund ihrer bisherigen submarginalen Kontingentserfüllung ein Anrecht auf eine Zuteilung zusätzlicher Kontingente haben. Hierzu ist gemäß dem vorgestellten Modell ein Antrag bei der für die Kontingentsverteilung zuständigen Instanz zu stellen (vgl. 147, S. 62). Technischer Fortschritt wird sich in der Betriebsstruktur also nur noch bemerkbar machen (bzw. bemerkbar machen können), wenn mehrere Betriebe (und damit Betriebsleiter bzw. landwirtschaftliche Familien) durch gemeinschaftliche Bewirtschaftung ihrer Betriebe größere Produktionseinheiten zur kostengünstigeren Auslastung neuer Technologien schaffen. Im Modell ist diese Form nicht ausdrücklich aufgeführt, dafür aber die Möglichkeit genannt, bisherige Familien- oder Einmannbetriebe zu "Zwei- oder Mehrmannbetrieben" (twee of meermansbedrejven, 147, S. 67) auszubauen. Jedoch ist technischer Fortschritt nur dann mit einer Freisetzung von Arbeitskräften verbunden, wenn die Kontingente je VAK über die im Beispiel der Milchproduktion zunächst vorgesehene Menge von 125.000 kg hinaus erhöht werden.

6.4.3. Zusammenfassung und abschließende Bewertung

Die Forderung, die Erzeugerpreise an den Produktionskosten eines mittleren Betriebes auszurichten, findet sich in ähnlicher Form in sehr vielen Alternativvorschlägen. Diese Vorschläge gehen, wie auch das vorgestellte Modell, sehr häufig auf Initiativen von Landwirten zurück (vgl. 164, Nr. 5/1977, S. 7 und Nr. 8/1978, S. 6, sowie Nr. 4/1976, S. 14 und: Nederlands Agrarisch Jongeren Kontakt, 88). Es ist deshalb einleuchtend, daß nicht primär gesamtwirtschaftliche Überlegungen zur Lösung der anstehenden Probleme auf dem Agrarsektor angestellt werden.

Fast alle Vorstellungen über produktionskosten-orientierte Erzeugerpreise gehen von einem mittleren landwirtschaftlichen Betrieb aus, der bei einer in Anlehnung an die übrige Wirtschaft in etwa angemessenen Arbeitszeit zu bewirtschaften ist. Eine exakte Produktionskostenermittlung für jeden einzelnen Betrieb, etwa unter Berücksichtigung der auf diesem Betrieb arbeitenden Personen wäre zwar die gerechteste, aber auch die am wenigsten durchführbare Lösung.

Die Ermittlung der Produktionskosten für einen mittleren Betrieb und die daran ausgerichteten Erzeugerpreise sowie die Berücksichtigung von unter- und überdurchschnittlich gelagerten Betrieben, ist demgegenüber wesentlich praktikabler. Doch tritt hier das gleiche Problem auf wie bei der Preisdeterminierung (s. Abschnitt 4.3.1.2. dieser Arbeit) bzw. bei der Ausrichtung der Preise an den "langfristig lebensfähigen Betrieben" im gegenwärtig praktizierten agrarpolitischen System. Es ist dies die Determinierung eines Betriebes mit mittleren Produktionsbedingungen. Und dieser Betrieb muß zumindest für mehrere, hinsichtlich ihrer Produktionsvoraussetzungen stark differierender Regionen und Nutzungsarten ermittelt werden. Ausgangspunkt für diese Ermittlung ist zwar das unter angemessenem Arbeitseinsatz zu erzielende Arbeitseinkommen. Doch bleibt noch die Frage offen, welche Betriebsstruktur und welcher Mechanisierungsgrad einen mittleren Betrieb kennzeichnen soll. Dieses Problem ist in den bisherigen Vorschlägen nicht gelöst und wird dadurch umgangen, daß von einer bestimmten, als Mittelwert angenommenen Betriebsgröße (Fläche bzw. Milchviehbesatz) ausgegangen wird.

Zu den Lösungsmöglichkeiten hinsichtlich der bestehenden agrarpolitischen Probleme bleibt folgendes festzuhalten:

(1) Eine weitere Polarisierung unterschiedlicher Einkommensgruppen kann mit diesem Konzept verhindert werden.

(2) Über die Lenkung der Kontingentierung ist auch eine Marktregulierung möglich.

(3) Die Vorteile des technischen Fortschritts kommen in erster Linie den Landwirten und nur nach einer Erhöhung der an die VAK gekoppelten Kon-

tingente auch der Gesamtgesellschaft zugute.

(4) Eine gemeinsame Preispolitik ist wegen der Diskrepanzen zwischen den einzelnen Regionen der EG und den für jede Region gesondert festzusetzenden Ausrichtungsbetrieb (mittlerer Betrieb) nicht mehr möglich. Dies könnte aber durch eine modifizierte Form des Dificiency Payments gelöst werden. Wenn nämlich von einem EG-einheitlichen Erzeugerpreis, der für jedes Produkt für einen mittleren Betrieb in einer mittleren Region festgesetzt würde, dem jeweiligen Betrieb ein Zuschlag gezahlt bzw.ein Abzug gemacht würde. Die Ausrichtung dieser Zu- bzw. Abschläge müßte dann nach der für einen mittleren Betrieb der jeweiligen Region festgelegten Kontingentsmenge (und damit nach den Produktionskosten) erfolgen.

(5) Die Fiskalkosten dieses Systems werden wegen der Möglichkeit einer direkteren Mengensteuerung wesentlich geringer als beim gegenwärtigen System. Dagegen würden sich aber die Verbraucherpreise entsprechend den Erzeugerpreisentwicklungen für einen mittleren Betrieb in einer mittleren Region der EG entwickeln.

(6) Bei einer Festsetzung der Preise für die Erzeuger, würden die Manipulationen der Großhandelsstufe (wie dies bisher in einigen Bereichen geschah; vgl. 4.3.1.4. dieser Arbeit) zwar weniger zu Lasten der Erzeuger gehen. Doch müßte dies dann zunehmend für die Verbraucher befürchtet werden.

(7) Ein unbestreitbarer Vorteil dieses Alternativkonzeptes wäre auch die durch die Abschaffung der Konkurrenzsituation wesentlich verringerte Gefahr übermäßiger Anwendung produktionssteigernder und in sehr vielen Fällen gesundheits- und umweltgefährdender Produktionsmittel.

7. Schlußfolgerungen aus der Analyse der Alternativvorschläge

7.1. Beurteilung der Veränderungswirkung alternativer Konzepte

Wie schon bei der Beurteilung der bisherigen Agrarpolitik muß auch hier zunächst die Interessenlage der Entscheidungsträger und der Betroffenen, der Landwirte, sowie der politische Standort dieser Gruppen herausgestellt werden. Eine wertfreie Beurteilung der Alternativen wäre Augenwischerei. Dies wurde bereits aus den Darstellungen der Alternativvorschläge und ihren

Begründungen deutlich. Denn hätten beispielsweise Köster/Tangermann die Interessen der Produzenten als Entscheidungskriterien für ihr Modell herangezogen, dann wäre eine Ausrichtung zukünftiger Agrarpolitik an der Erreichung eines höchstmöglichen Sozialproduktes völlig abwegig. Den Produzenten geht es hier um ihre eigene Existenzsicherung und Beibehaltung ihres ausgeübten Berufes sowie der Absetzung ihrer Produkte zu möglichst hohen Preisen. Andererseits ist aus gesamtgesellschaftlicher Sicht eine möglichst effektive und preisgünstige Agrarproduktion anzustreben. Diese Bestrebungen, die vor allem von außerlandwirtschaftlichen Gruppen und Sektoren ausgehen, finden dann ihre Begrenzung, wenn die dadurch unvermeidlichen Erzeugerpreissenkungen und Einkommenseinbußen, verbunden mit einer beschleunigten Konzentration und Zentralisation der Produktion, bei der großen Masse der Produzenten zu politischen Unruhen und einer Gefährdung des herrschenden Gesellschaftssystems führen würden. Dies ist umso mehr der Fall, je weniger alternative Beschäftigungs- und Verdienstmöglichkeiten für die durch Konkurrenz aus der Produktion gedrängten Landwirte vorhanden sind.

Es werden hieraus nicht nur zwei Interessengegensätze, sondern auch widersprüchliche ökonomische Entwicklungstendenzen evident. Sofern nämlich agrarpolitische Maßnahmen die soziale und ökonomische Sicherung der Landwirte zum Ziel haben, wird der Fortgang des kapitalistischen Entwicklungsprozesses gehemmt (immer vorausgesetzt, daß diese Maßnahmen nicht - wie bisher in erster Linie - auf die "modern geführten Betriebe" ausgerichtet sind). Die Folge ist ein Zurückbleiben der ökonomischen Entwicklung des Agrarsektors gegenüber anderen Wirtschaftssektoren. Eine Förderung der effektivsten Nutzung der Produktionsfaktoren auf dem Agrarsektor schafft dagegen soziale (und auch umweltbeeinträchtigende) Probleme.

Sowohl die bisher praktizierten als auch die vorgeschlagenen alternativen agrarpolitischen Konzepte lassen einen grundsätzlichen funktionalen Gegensatz erkennen. Die eine Variante dieser agrarpolitischen Einflußnahmen forciert - gewollt oder ungewollt - die im System angelegten tendenziellen Entwicklungen, die sich aus der Konkurrenz und der Kapitalakkumulation ergeben; die andere wirkt den systeminhärenten Tendenzen entgegen.

7.1.1. Systemkonforme Alternativen und Wirkungen

Die Anwendung systemkonformer Konzepte bewirkt, daß die vorhandenen und zufälligen natürlichen oder durch unterschiedliche wirtschaftspolitische Entwicklungen entstandenen Differenzen in den Produktionsvoraussetzungen und die daraus resultierenden Konzentrations- und Zentralisationstendenzen verstärkt werden. Zu diesen Konzepten zählen fast ausnahmslos alle bisherigen agrarpolitischen Maßnahmen, sofern sie nicht ganz gezielt nur an benachteiligten Regionen und Betrieben mit entsprechenden Entwicklungsförderungen ansetzen (vgl. Vorschläge der EG-Kommission, 66, S. 5 ff.).

Die gleiche Wirkung geht von der auf dem Milchmarkt der EG bereits praktizierten Erzeugermitverantwortungs-Abgabe zur Beseitigung von überschüssiger Produktion aus. Denn diese Regelung belastet am wenigsten die Betriebe, die am stärksten zur Produktionssteigerung beitragen.

Zu diesen Maßnahmen zählen aber auch die unter 6.2. und 6.3. dieser Arbeit aufgeführten Alternativkonzepte. Denn auch sie wirken zugunsten der ohnehin bevorteilten Regionen und Betriebe. Sie müssen daher, je nach der Quantität ihrer negativen Auswirkungen auf die benachteiligten Einkommensgruppen und deren Bereitschaft und Fähigkeit, ihren Unmut zu artikulieren, durch mehr oder weniger umfangreiche Ausgleichsmaßnahmen ergänzt werden. Typisches Beispiel einer solchen Politik ist das Einzelbetriebliche Förderungsprogramm für die Investitionsförderung entwicklungsfähiger Betriebe und das dazu gehörende soziale Ergänzungsprogramm für die aus der Produktion ausscheidenden Landwirte.

Da die unter 6.2. und 6.3. behandelten Alternativen im Endeffekt die gleichen Wirkungen zeigen wie die bisherige Agrarpolitik, sind sie eher als eine Weiterentwicklung denn als echte Alternativen anzusehen.

So ist die Einkommensübertragung des vorgestellten Referenzsystems auch lediglich eine temporäre Maßnahme, womit vor allem die sozialpolitischen Auswirkungen einer stärkeren Agrarpreissenkung abgeschwächt werden sollen. Genau genommen stellt dieses Referenzsystem deshalb auch keine Weiterentwicklung des bestehenden Systems, sondern langfristig eher eine Rückführung der Preisfunktion zu einer stärkeren Marktregulierungsfunktion dar. Ob damit effektiv ein verbessertes Marktgleichgewicht erreicht wird, muß nach den bereits angeführten Untersuchungsergebnissen ernsthaft bezweifelt werden. Auf jeden Fall werden sich aber die systembedingten Entwicklungstendenzen der Konzentration und Zentralisation erheblich verstärken.

Außer einer stärkeren politischen Beeinflußbarkeit des Marktgleichgewichtes ist von einem Kontingentierungssystem mit handelbaren Kontingenten die gleiche Wirkung zu erwarten (vgl. Abschnitt 6.3.3.). Wenn dagegen die Handelbarkeit bzw. Transferierbarkeit der Kontingente ausgeschlossen bzw. eine administrative Umverteilung der Kontingente zugunsten unterer Einkommensgruppen und benachteiligter Regionen erfolgt, dann würde eine den systemimmanenten Entwicklungstendenzen entgegenlaufende Wirkung erzielt. Dies trifft auch für eine produkt- bzw. faktorgebundene Einkommensübertragung zu, bei der die Quantität der Bezugsgrößen limitiert wird (vgl. hierzu Abschnitt 6.2.5. und Tabelle 22).

7.1.2. Systemwidersprechende Alternativen und Wirkungen

Die im letzten Absatz des vorangegangenen Abschnitts angeführten Formen der Kontingentierung und Einkommensübertragung sind bereits der zweiten Variante agrarpolitischer Reglementierungen zuzurechnen. Sie wirken den systembedingten Entwicklungstendenzen entgegen. Die Maßnahmen dieser Variante lassen sich noch wieder nach ihrer Wirkungsweise unterteilen. Zum einen sind dies Maßnahmen, die nur partiell und zumeist auch nur temporär dem bestehenden marktwirtschaftlichen System entgegenwirken. Zum anderen setzen sie aber generell kapitalistische Gesetzmäßigkeiten außer Kraft.

(1) Zu den partiell bzw. temporär wirkenden Maßnahmen gehören z.B. Erzeugerpreiszuschläge für benachteiligte Regionen und Betriebe, also in gewissem Sinne regionalisierte Deficiency-Payments-Regelungen, die sich an den Produktionsbedingungen der jeweiligen Region orientieren. Eine solche Form alternativer Agrarpolitik wird z.B. vom Österreichischen Bergbauernverein (ÖBV) für die in drei Zonen (je nach Lage und Bewirtschaftungsschwierigkeiten) eingeteilte sterreichische Landwirtschaft vorgeschlagen, wobei für die Zone III (extreme Berggebiete) ein 10%-iger "Produktionserschwerniszuschlag" gefordert wird (vgl. 177, Nr. 19/1979, S. 6 ff.).

Auch die bereits praktizierten Ausnahmeregelungen bezüglich der Mindestförderungsschwelle (vgl. 66, S. 5) sowie die Förderung benachteiligter Regionen in der EG haben eine solche Wirkung. Hierdurch werden nur bestimmte Betriebe oder Gebiete vor den Auswirkungen der kapitalistischen Wirtschaftsentwicklung und der Konkurrenz geschützt.

(2) Zu den agrarpolitischen Maßnahmen, die zumindest sektoral den Prinzipien eines marktwirtschaftlichen Systems generell zuwiderlaufen, gehört die in dieser Arbeit am Beispiel der Milchwirtschaft vorgestellte Alternative (vgl. Abschnitt 6.4.). Durch dieses Konzept, das sich in ähnlicher Form auch auf andere Bereiche der landwirtschaftlichen Produktion übertragen ließe, wird das Hauptelement der kapitalistischen Entwicklung, nämlich die Konkurrenz und damit die planlose Vernichtung landwirtschaftlicher Existenzen und Arbeitsplätze, aufgehoben. Auch die so oft als positives Merkmal

der kapitalistischen Produktionsweise herausgestellte "freie Unternehmerentscheidung" wird zumindest hinsichtlich der Entscheidung über die Produktionsmenge von einer übergeordneten Planung abhängig. Nach der Konzeption der W e r k g r o e p hat diese übergeordnete Planung jedoch nicht staatlich, sondern durch die Landwirte selbst bzw. durch ihre Organisationen zu erfolgen. Diese Auswirkung würde zweifellos eine gravierende Änderung gegenüber dem bisherigen agrarpolitischen Lenkungssystem darstellen. Denn die Feststellung von Henze/Zeddies, daß "die sektorale Lenkungsfunktion des Marktes schon bei dem bestehenden Marktordnungssystem außer Kraft gesetzt" (47, S. 207) wird, trifft so nicht zu. Im Laufe dieser Arbeit wurde nachgewiesen, daß lediglich der V e r s u c h unternommen wurde, den Markt einseitig und in bestimmten Bereichen a u ß e r K r a f t zu setzen bzw. gewisse Abläufe zu beeinflussen. Langfristig bestimmen nach wie vor marktwirtschaftliche Entwicklungen das Geschehen auf dem Agrarsektor und auch die politischen Entscheidungen zu seiner Regulierung. Ebenso falsch ist es, wenn andererseits hervorgehoben wird, daß im bisherigen System die "freie Unternehmerentscheidung" gewahrt blieb, ein Prinzip, dem "im Rahmen einer freiheitlichen Gesellschaftsordnung ein hoher Wert beigemessen wird" (Henze/Zeddies, 47, S. 207). Denn gerade dieses Prinzip wurde bereits durch die Einführung von Förderschwellen erheblich beeinträchtigt. Im übrigen stellt sich aber auch generell die Frage, welchen Wert die Beibehaltung dieses Prinzips auf dem Agrarsektor für die Landwirte und auch für die Gesellschaft insgesamt darstellt. Denn im Rahmen der bestehenden agrarpolitischen Bedingungen bleibt für rd. 80 % der Landwirte doch nur die Entscheidung, mehr zu produzieren, um ihre Einkommenssituation zu verbessern bzw. wenigstens zu halten oder aber ihren Beruf und ihre Existenz aufzugeben. Und speziell das "Prinzip der ökonomischen Entscheidungsfreiheit des Einzelnen" zwingt die Landwirte zur ständigen Produktionssteigerung, die einerseits die Märkte ins Ungleichgewicht geraten lassen und andererseits auch noch eine "Vernachlässigung oder sogar Schädigung anderer gesellschaftlicher Ziele" (Dierkes/Glaeser/Hartje, 20, S. 66) zur Folge hat.

Wenn die bisherige Absicht, die Lenkungsfunktion des Marktes zu beeinflussen bzw. teilweise und temporär außer Kraft zu setzen, daran gescheitert ist, daß die Marktkräfte größtenteils ungehindert weiterwirkten bzw. den agrarpolitischen Zielen oftmals sogar verstärkt entgegenwirkten, dann ist eine Produktionslenkung und damit auch eine produktionskostenorientierte Erzeugerpreis- bzw. Einkommensregulierung eigentlich nur noch eine konsequente Weiterentwicklung.

Zwar wird hierdurch der einzelne Landwirt quasi den Status eines Lohnempfängers erhalten, doch darf nicht übersehen werden, daß diese Entwicklungsstufe für mindestens 80 % der jetzt noch als "freie Unternehmer" tätigen Landwirte langfristig und höchstwahrscheinlich unter wesentlich schmerzlicheren sozialen und ökonomischen Bedingungen ohnehin unvermeidlich sein wird.

Durch die Ausrichtung der Erzeugerpreise (bzw. der Einkommensübertragungen) an den Produktionskosten der auf regionaler Ebene ermittelten und den jeweiligen Produktionsvoraussetzungen angepaßten Durchschnittsbetrieben, läßt sich zwar immer noch nicht eine differierende Entlohnung des Arbeitsaufwandes ausschließen. Doch wäre mit diesem Konzept eine wesentlich stärkere Annäherung der gerade auf dem Gebiet der bodenabhängigen Produktion und der damit verbundenen, gegenüber anderen Wirtschaftsbereichen sehr viel stärker differierenden Produktionsbedingungen zu erreichen.

7.2. Realisierungschancen

Entsprechend der unterschiedlichen Einschätzung der bestehenden Problemfelder auf dem Agrarsektor der EG, sind auch bezüglich einer Änderung des agrarpolitischen Systems gegensätzliche Auffassungen zu konstatieren. In der öffentlichen Diskussion stehen sich vor allem zu den Problemen

- Überschüsse und Kosten der Marktregulierung
- Preis- und Einkommenspolitik
- Produktivitätssteigerung und strukturelle Anpassung landwirtschaftlicher Betriebe an die optimalste Produktionsstruktur

objektiv und ideologisch begründete unterschiedliche Einschätzungen gegenüber. Diese unterschiedlichen Einschätzungen sind denn auch die Grundlage für die zum Teil sehr divergierenden Bestrebungen für oder gegen eine Änderung des bestehenden agrarpolitischen Systems. Es kommt noch hinzu, daß diese unterschiedlichen Bestrebungen in den meisten Fällen auch noch auf ganz konkreten subjektiven Interessen beruhen.

7.2.1. Allgemeine Einschätzung der Interessen an einer Änderung des gegenwärtigen Systems

Die Erkenntnis, daß die bisherigen Lenkungsmechanismen des EG-Agrarmarktes versagt haben und vor allem der Preis die ihm zugedachte mehrdimensionale Zielfunktion in bezug auf Markt- und Einkommensregulierung nicht erfüllt hat und auch nicht erfüllen kann, führten bereits 1970 bei einigen Wissenschaftlern zur Veröffentlichung von Denkmodellen, die sich über marktwirtschaftliche Grundsätze hinwegsetzten (vgl. Weinschenck/Henrichsmeyer, 144, S. 1 ff.). Seitdem wurde zwar mehrfach von Agrarökonomen und Politikern die Forderung nach einer grundsätzlichen Änderung des gegenwärtigen agrarpolitischen Systems erhoben und Gutachten über Alternativvorschläge in Auftrag gegeben und erstellt (vgl. z.B. Koester/Tangermann, 60, Henze/Zeddies, 47). Doch wurden bisher keine ernsthaften Vorstöße unternommen, die bisherige und gescheiterte Markt- und Preispolitik duch ein anderes Konzept zu ersetzen. Es hat den Anschein, als ob gerade die Grundsätzlichkeit der notwendigen Änderung und die sich diametral in ihrer Wirkungsweise gegenüberstehenden Änderungsvorschläge ihre Anwendung verhindern. Denn je nach ideologischer Ausrichtung der Modellverfasser und ihrer Befürworter wird entweder wesentlich mehr Markteinfluß verlangt (dies ist z.B. auch das langfristige Ziel des Koester/Tangermann-Konzeptes) oder es wird wesentlich mehr Planung angestrebt (wie bei verschiedenen Kontingentierungsmaßnahmen und bei den Produktionskostenkonzepten).

Nur aus dieser Einschätzung heraus lassen sich wohl Äußerungen erklären, die für eine Beibehaltung des gegenwärtigen Systems plädieren und dessen Nachteile bagatellisieren oder mit scheinbaren Vorteilen kompensieren (vgl. 183, Nr. 10/1979, S. 3 und 193, v. 15.3.1979, S. 4 und v. 31.8.1979, S. 6 sowie 154, Nr. 51/52/1978, Dok., S. 1 ff.). So meint z.B. auch BML-Ministerialdirigent Eisenkrämer, daß das gegenwärtige System "besser als sein Ruf" sei und ein "Maximum an Markt und ein Minimum an Bürokratie" gewährleiste. Im übrigen "könne sich die Gemeinschaft ... gerade in der heutigen Situation ... ein Experimentieren mit unausprobierten Systemen nicht leisten" (Eisenkrämer, zitiert nach: 170, Nr. 4, v. 16.2.1980, S. 2). In einer Stellungnahme der Planungsgruppe des BML zum Koester/Tangermann-Modell heißt es außerdem hinsichtlich der politischen Realisierbarkeit, daß es "kein Mitgliedsstaat ... gegenwärtig für zweckmäßig oder für zwingend notwendig (hält), aufgrund der gegebenen Situation in der gemeinsamen Agrarpolitik eine Änderung des derzeitigen agrarpolitischen Systems zu fordern"

(208, S. 5 - vgl. auch Rohr, S. 32).

Obwohl der Vorschlag von Koester/Tangermann von der BML-Planungsgruppe nicht ausdrücklich abgelehnt und sehr differenziert betrachtet wird, überwiegen doch die negativen Urteile (vgl. 208). Dagegen nimmt der Verbraucherausschuß beim BML in seiner Stellungnahme insgesamt eine positive Haltung ein und "empfiehlt ... der Bundesregierung, die EG-Kommission um Prüfung zu bitten, ob die Berechnungen und Überlegungen des Gutachtens auch auf andere Länder übertragen und die Vorschläge zunächst auf Teilmärkten angewendet werden können" (14, S. 4).

Eine härtere Kritik erfahren dagegen Vorschläge zur Kontingentierung. So heißt es in einem Beitrag des Staatssekretärs im BML, J. Rohr, daß sich gegen die Mengensteuerung "wie auch immer sie im einzelnen ausgestaltet sein möge, ... grundsätzliche ordnungspolitische Bedenken ... nicht ausräumen (lassen). Die Verteilung von Produktionsquoten mit unterschiedlicher Preisgarantie bedeutet schon einen sehr starken dirigistischen Eingriff, der bei allen Bemühungen um eine 'gerechte' Lösung von einer großen Zahl von Betrieben als unzumutbare Härte und Einengung ihrer Entwicklungsmöglichkeiten empfunden werden dürfte" (114, S. 32).

Diese Stoßrichtung der Diskussion wird auch von allen größeren Bauernverbänden der EG und von der COPA unterstützt. Sie befürworten fast ausnahmslos eine grundsätzliche Beibehaltung des gegenwärtigen Systems, das sie lediglich durch gewisse Zusatzregelungen ergänzt sehen möchten.

Sie fordern zwar

- "Halten des Status quo bei den Einkommen und Verbesserungen wie in anderen Sektoren.
- Keine Verschärfung des bisherigen Strukturwandels.
- Strukturwandel mit akzeptablen Alternativen.
- Erhaltung möglichst vieler selbständiger Existenzen."

(Schnieders, 122, S. 5),

treten aber im übrigen für marktwirtschaftliche Regelungen ein, die genau diese Forderungen nicht erfüllen können. Ausdrücklich werden Maßnahmen, die dem marktwirtschaftlichen System entgegenstehen, abgelehnt. Dies beweisen folgende Aussagen:

- "Wir haben nie eine Einkommensgarantie im Einzelfall gefordert" (Schnieders, 122, S. 5).

- "Ein Ausgleich des Einkommensverlustes durch personenbezogene Beihilfen etwa in Milchkuhbeständen unter 20 Kühen, würde im Grunde nichts bewirken und lediglich die Betriebe mit größeren Beständen schikanieren" (Schnieders, 122, S. 6).
- "Wir müssen ... respektieren, daß es in der Landwirtschaft immer ein breiteres Spektrum von Einkommensunterschieden geben wird. Bis zu einem bestimmten Maß muß es solche Unterschiede geben" (Schnieders, 122, S.5).
- "eine realistische Agrarpolitik kann sich nur am Durchschnitt der Betriebe ausrichten und sie muß dabei in Kauf nehmen, daß die Spitzenbetriebe dabei begünstigt werden, ebenso wie sie in Kauf nehmen muß, daß das untere Drittel unbefriedigende Einkommen erzielt und sich in einem längeren Zeitraum umstellen muß" (Schnieders, 122, S. 5).

Auf der Grundlage dieser Einschätzung und vor allem der durchschnittlichen Betriebe werden denn auch die jährlichen Preisforderungen gestellt, die dann zu den aufgezeigten Diskrepanzen und Divergenzen in den Einkommensverhältnissen und damit zur Beschleunigung von Konzentration und Zentralisation auf dem Agrarsektor führen. Da dieser Mechanismus aber für die Großbetriebe, deren Besitzer in den entsprechenden Gremien und Berufsverbänden maßgeblich die Politik bestimmen, (vgl. 207, S. 99 ff.) die größten Vorteile bringt, wird von ihnen auch am wenigsten eine alternative Agrarpolitik verlangt. Sie fordern deshalb lediglich "die Verwirklichung von Stabilisierungsmaßnahmen" auf den Agrarmärkten und eine Verbesserung der "bisherigen Marktorganisationen in ihrer Wirksamkeit für die Einkommenssicherung der Erzeuger" (221 v. 22.3.1977, S. 17). Echte Alternativen, die den bestehenden systemkonformen Mechanismus grundlegend ändern würden, werden deshalb auch fast ausschließlich von kleineren oppositionellen landwirtschaftlichen Gruppen und Verbänden entwickelt.

7.2.2. Gegensätzliche Interessen hinsichtlich der Zielsetzung alternativer Agrarpolitik

Außer der Tatsache, daß von den relevantesten Institutionen, Verbänden und politischen Organisationen eine deutliche Mehrheit für eine Beibehaltung des gegenwärtigen agrarpolitischen Systems in ihren wesentlichen Bestandteilen plädiert (vgl. z.B. Heeremann, 42, Nr. 11/1975, S. 339 und Scheper, zitiert nach 154, Dokumentation 51/52/1978, S. 1 ff.), gibt es auch noch bei den Befürwortern einer "grundsätzlichen Änderung" erhebliche Meinungsverschiedenheiten.

So wird z.B. von der sozialistischen Fraktion im Europäischen Parlament in einem Arbeitspapier "Eine Überprüfung, eine Neubestimmung der gemeinsamen Agrarpolitik ... als dringend erforderlich" gehalten (127, S. 6). Es wird auch festgestellt, daß zur Bewältigung der anstehenden Probleme "Die Marktmechanismen ... nicht aus-(reichen)" (127, S. 9). Entgegen der im ersten Teil dieser Arbeit herausgestellten Realität, daß es nämlich keine gemeinsame Markt- und Preispolitik mehr gibt (vgl. auch Willgerodt, 151, S. 5 ff.), die diesen Namen verdient, wird in diesem Arbeitspapier davon ausgegangen, daß die "Einheit der Märkte ... eine Grundregel" der gemeinsamen Agrarpolitik darstellt. Diese "schließt unterschiedliche regionale und nationale Preise aus und verbietet Kontingentierungen" (127, S. 21).

Unter Hinweis auf die Doppelfunktion der Marktmeachnismen der gemeinsamen Agrarpolitik, die, wie oben bereits ausgeführt, vom gegenwärtigen System nicht leistbar ist, nämlich einerseits die Produktivität zu erhöhen und andererseits ein ausreichendes Einkommen zu garantieren, wird eine modulierte Einkommenssicherung gefordert. Allein dadurch lassen sich nach Ansicht der Verfasser dieses Papiers "die sozialpolitischen Zielsetzungen ... verwirklichen" (127, S. 21).

In den auf dieser Feststellung aufbauenden weiteren Ausführungen kommen die Änderungsvorschläge dem vorgestellten Produktionskostenkonzept sehr nahe. So wird beispielsweise auch "ein System stufenweiser degressiver Preise unter Berücksichtigung der von jedem einzelnen Betrieb erzeugten Mengen" gefordert, wodurch "den Familienbetrieben, die es zu begünstigen gilt ... ein einträglicher Grundpreis bezahlt (würde)" (127, S. 22). Dies soll "den einzelnen Landwirten eine Garantie geben, bei der, wie es legitim ist, der Realität ihrer Einkommen, aber auch ihren Gestehungskosten Rechnung getragen wird" (127, S. 21).

Eine Kontingentierung wird jedoch nicht gefordert und ausdrücklich betont, daß es bei der Anwendung dieser Vorschläge nicht "zu einer Pervertierung der Wirtschaftsmechanismen kommt" (127, S. 21). Noch deutlicher unterstreicht ein Papier zur "Lösung der Probleme auf dem Milchmarkt" des Ausschusses für Ernährung und Landwirtschaft beim Parteivorstand der SPD, daß die Marktwirtschaftliche Ordnung nicht angetastet werden soll. Es wird die Absicht bekräftigt, daß die SPD versuchen wird, ihre Vorschläge "gegenüber anderen, die den bisher schon verhängnisvollen Dirigismus der Marktordnungen noch verstärken, durchzusetzen" (217, S. 3). Genau diese Feststellung markiert aber die grundsätzlichen Ideologie- und Interessengegensätze.

Mit den im Jahre 1970 von den Agrarökonomen Weinschenck und Henrichsmeyer veröffentlichten Vorschlägen für eine "... koordinierte Planung von Produktion, Verarbeitung und Absatz ..." (144, S. 9) wurde eine Diskussion ausgelöst, in der mit ungewöhnlicher und teilweise schon polemischer Schärfe die ideologischen Meinungsverschiedenheiten ausgetragen wurden.

Die hauptsächlich von Plate und Böckenhoff vertretene Gegenposition gipfelt in dem Vorwurf, daß die Realisierung solcher Vorschläge der Einführung einer "Zentralverwaltungswirtschaft" gleichkomme (vgl. hierzu 156, Nr. 3, 4 und 5, 1970).

In ähnlicher Weise wurden seither alle Vorschläge, die einen verstärkten administrativen Eingriff in die Marktabläufe zur Folge haben würden, von den politisch Verantwortlichen, aber auch von dem wesentlichsten Teil der agrarökonomischen Wissenschaftler abgelehnt. Die "entscheidenden Maßnahmen" müssen nach ihrer Überzeugung nicht nur "aus ordnungspolitischer Sicht" (Rohr, 114, S. 33), sondern auch im Interesse einer langfristigen Lösung der Markt- und Einkommensprobleme "am Markt ansetzen" (114, S. 32) und dürfen nicht "gegen das Prinzip der ökonomischen Entscheidungsfreiheit des Einzelnen (verstoßen)" (Henze/Zeddies, 47, S. 207).

Diese Argumente stützen andererseits aber auch genau die Interessen, deren Vertreter die stärkste Markt- bzw. Einkommensposition besitzen. Ihrem Einfluß ist es weitgehend zuzuschreiben, daß die bisherige Agrarpolitik so gestaltet wurde, daß sie "auf unannehmbare Art und Weise die reichsten Betriebe bevorzugt" (127, S. 12).

Da nicht zu erwarten ist, daß sich an diesen Machtstrukturen in absehbarer Zeit etwas ändern wird, sondern eher davon ausgegangen werden kann, daß die Machtkonzentration (aufgrund der im gegenwärtigen Wirtschaftssystem der westeuropäischen Länder angelegten Einkommens- und Kapitalkonzentration) noch weiter zunimmt, muß realistischerweise auf dieser Grundlage auch die Realisierungschance alternativer Konzeptionen diskutiert werden.

7.2.3. Beurteilung der Realisierungschancen

Ausgehend von der vorangegangenen Darstellung müssen die vorgestellten Alternativen hinsichtlich ihrer Funktionsweise dahingehend geprüft werden, inwieweit sie der "freien Entfaltung des Einzelnen", und d.h. hier vorwiegend, inwieweit sie der Produktionsentscheidung und damit der Produktionsausweitung und Einkommenskonzentration der "modern geführten Betriebe" förderlich oder hinderlich sind.

Eine Unterteilung alternativer Konzepte nach diesen Kriterien entspricht exakt der bereits unter 7.1.1. und 7.1.2. vorgenommenen Einteilung in systemkonforme und systemwidersprechende Alternativen. Demnach hätten Alternativkonzepte in der Form,wie sie von Koester/Tangermann vorgestellt wurden, aber auch handelbare Kontingente, am ehesten Aussicht auf Verwirklichung. Dagegen sind personengebundene bzw. betriebsgebundene Kontingentierungen und Produktionskostenkonzepte kaum zu verwirklichen.

Die besonders von der niederländischen W e r k g r o e p , als Verfechter des vorgestellten Produktionskostenkonzeptes, mehrfach geforderte Solidarität der Landwirte als Voraussetzung zur Durchsetzung ihres Modells, zeigt bereits die Schwierigkeiten auf, die einer Realisierung systemwidersprechender Konzepte entgegenstehen. Es sind dies die Interessengegensätze innerhalb der Landwirte, die von den Bauernverbänden überwiegend durch Maximalforderungen an den Staat überdeckt werden können, die aber bei einer Durchsetzung solcher grundsätzlicher Änderungsvorschläge voll zur Wirkung kommen würden. Wie bereits unter 4.1.3. geschildert, schätzen sich jeweils mehr Landwirte als ü b e r l e b e n s f ä h i g ein, als dies objektiv der Fall ist. Dies würde aber bei einer Forderung nach einer Lenkung und Begrenzung des betrieblichen Wachstums und der damit verbundenen Einschränkung der Gewinnmaximierung der oberen Einkommensgruppen in der Landwirtschaft dazu führen, daß die Argumente dieser T o p - Landwirte ebenfalls von einem wesentlich größeren Teil ihrer Berufskollegen unterstützt würden als tatsächlich Vorteile daraus ziehen könnten.

Doch dürften die Widerstände nicht allein bei der Gruppe der begünstigten Landwirte und auch nicht bei den politischen Entscheidungsträgern gesucht werden. Wie oben angeführt, sind auch andere Wirtschaftsbereiche aufgrund der ihnen vom gegenwärtigen Markt- und Preissystem gebotenen Vorteile wenig an einer Änderung interessiert.

Ein sicheres Indiz dafür, daß einer grundsätzlichen Änderung des agrarpolitischen Systems mächtige Interessen entgegenstehen, ist die Tatsache, daß die bisher gemachten Vorschläge und Gutachten kaum Widerhall in der öffentlichen Diskussion gefunden haben. Und dies ungeachtet dessen, daß von führenden EG- und Agrarpolitikern bereits mehrfach auf die Unmöglichkeit einer Fortführung der gegenwärtigen Agrarpolitik hingewiesen wurde. 1978 wurde z.B. vom Kommissionspräsidenten Roy Jenkins die Auffassung vertreten - die auch vom BML-Staatssekretär Rohr unterstützt wurde -, daß "die gemeinsame Agrarpolitik, insbesondere wegen der Entwicklung auf dem Milchmarkt 'mit dem Rücken zur Wand steht' und unter ihr eine 'Zeitbombe tickt', die nur mit energischen Maßnahmen entschärft werden könnte" (zitiert nach Rohr, 114, S. 34 f.). Diese "energischen Maßnahmen" wurden aber trotz der seinerzeitigen Feststellung, daß die "finanziellen Quellen der Gemeinschaft schon 1981 nicht mehr aus-(reichen), um die EG-Politik zu finanzieren" (Rohr, 114, S. 35) bis heute nicht eingeleitet.

Dies läßt nur den Schluß zu, daß diese "grundsätzliche Änderung", die nach den behandelten Alternativkonzepten nur in zwei fundamental unterschiedlichen Richtungen für möglich gehalten wird, sich bei den gegebenen Interessengegensätzen nicht verwirklichen lassen:

(1) Die eine Richtung, die eine Lösung der Probleme durch "mehr Markt" erreichen möchte, - was nach Auffassung ihrer Verfechter über drastische Preissenkungen zu erfolgen hätte - "hält politisch niemand durch" (Schnieders, 122, S. 6, vgl. auch 183, Nr. 1/80, S. 17), vor allem dann nicht, wenn für die dadurch verstärkt zur Aufgabe ihrer Betriebe gezwungenen Landwirte keine alternativen Arbeitsplätze vorhanden sind.

(2) Die andere Richtung, nach der eine Lösung nur durch eine wesentliche Einschränkung des Marktes und Ausweitung der staatlichen Lenkung möglich ist, wird wegen ihrer Systeminkonformität an den herrschenden politischen und ökonomischen Machtverhältnissen scheitern.

Es ist deshalb zu erwarten, daß trotz steigender finanzieller Belastungen des EG-Haushaltes auch weiterhin versucht wird, durch immer neue Ergänzungen und Änderungen des bisherigen agrarpolitischen Systems einer grundsätzlichen Entscheidung auszuweichen. Aus diesem Grund wird sich wohl auch auf absehbare Zeit an dem gewohnten Bild auf dem EG-Agrarmarkt mit seinen Marathonverhandlungen und Diskussionen über die "Angemessenheit" von Preisanhebungen und Fragen der Überschußbeseitigung wenig ändern.

Der Anpassungsprozeß, d.h. die Konzentration und Zentralisation auf dem Agrarsektor, wird indes weitergehen. Wobei die Agrarpolitik, je nach Artikulationsfähigkeit der von den Nachteilen betroffenen Landwirte, mehr oder weniger gezwungen sein wird, "der Landwirtschaft diesen unausweichlichen Anpassungsprozeß zu erleichtern und die dabei auftretenden sozialen Härten zu mildern" (BML, 12, S. 40), wie es das BML bereits 1968 formulierte.

8. Zusammenfassung

(1) Entgegen einer weitverbreiteten Auffassung hatte die Integration des Agrarsektors in den Gemeinsamen Markt keine Primärfunktion, sondern sie war eine notwendige Ergänzung und Folge der in anderen Sektoren bereits weiter fortgeschrittenen Vereinheitlichung der Märkte (vgl. S. 3 ff.).

Die heutige Situation auf dem Agrarsektor der EG entspricht in wesentlichen Teilbereichen nicht den im EWGV festgelegten Zielen und Grundsätzen.

Nur in einem Bruchteil der landwirtschaftlichen Betriebe werden Einkommen erwirtschaftet, die denen vergleichbarer Berufe entsprechen bzw. sogar erheblich übersteigen. In den einzelnen Mitgliedsländern der EG schwankt der Anteil dieser Betriebe zwischen rd. 12 % in der BRD und knapp 30 % in Frankreich (vgl. Tabelle 1, Seite 19). Werden nur die Vollerwerbsbetriebe berücksichtigt, so erreichen von diesen in der BRD in den Wirtschaftsjahren 1976/77 und 1977/78 nur knapp 22 % das Vergleichseinkommen (vgl. S. 23). Für die Gruppe der Marktfruchtbetriebe der BRD ergab sich für das Wirtschaftsjahr 1977/78 ein Verhältnis von 1 : 34 zwischen den durchschnittlichen Einkommen des unteren und oberen Einkommensviertels (vgl. Seite 22). Es kommt noch hinzu, daß sich die intrasektoralen Einkommensdiskrepanzen der Landwirtschaft langfristig weiter verschärfen. Dies vor allem dann, wenn globale Förderungsmaßnahmen der EG oder der Einzelstaaten angewandt werden. Es ist deshalb auch ungerechtfertigt, wenn von einer "durchschnittlichen" Einkommenssituation oder -entwicklung ausgehend Preis- und Einkommensforderungen gestellt werden bzw. die L a g e d e r L a n d w i r t s c h a f t beschrieben wird.

Das Problem der Marktungleichgewichte in der EG besteht vor allem bei den Produkten, bei denen die staatlichen Interventionskäufe zu Marktordnungspreisen für zusätzliche Nachfrage sorgen. Dies ist ausschließlich bei lagerfähigen Produkten der Weiterverarbeitungsunternehmen, insbesondere bei Milchpulver und Butter der Milchwerke und Molkereien der Fall. Für einen ganz überwiegenden Teil der Erzeugnisse der Landwirte bestehen keine Interventionsverpflichtungen. Produkte, für die auf dem Weltmarkt relativ einfach Absatz gefunden werden kann (z.B. Getreide) bereiten hinsichtlich der Marktregulierung weniger Schwierigkeiten.

Die jährlichen Preisverhandlungen über die Festsetzung gemeinsamer Marktpreise haben zum einen für die landwirtschaftlichen Erzeugerpreise nur eine sehr begrenzte Wirkung, da sie ausschließlich nur die Ankaufspreise der staatlichen Interventionsstellen festlegen. Sie finden auch nur dann

Anwendung, wenn Interventionskäufe erfolgen. Zum anderen sind diese Preise Richt- bzw. Orientierungspreise, deren Unterschreitung durch Abschöpfung bei Einfuhren und durch Interventionen auf dem Binnenmarkt verhindert werden soll. Die reale Preissituation stellt sich für den landwirtschaftlichen Erzeuger in der EG jedoch wesentlich anders dar: Erstens werden diese Richt- und Orientierungspreise ständig unterschritten (vgl. Schaubilder 10 und 11 und Tabellen 18 und 19). Zweitens haben sie wegen der enormen Diskrepanzen in den Produktionsbedingungen der einzelnen Mitgliedsländer für die gemeinsame Einkommenspolitik nur eine untergeordnete Bedeutung (vgl. Tabellen 20 und 21 auf Seiten 86 und 87). Drittens kann wegen der permanten einzelstaatlichen Veränderungen der sogenannten grünen Paritäten nicht mehr von einer gemeinsamen Preis- und Marktpolitik gesprochen werden (vgl. Seite 82 ff.).

Das bereits gegen Ende der 1960er Jahre evident werdende Dilemma der gemeinsamen Markt- und Preispolitik, vor allem hinsichtlich der Einkommenssituation, führte ab etwa 1970 zu einer Forcierung der Sturkturpolitik (vgl. Seite 94 ff.). Die damit verbundene Einteilung in förderungswürdige und nicht förderungswürdige Betriebe stellt nicht nur ein technisches, sondern auch ein soziales Problem für die als "nicht förderungswürdig" eingestuften Landwirte dar. Das Ziel einer beschleunigten Strukturveränderung wird nur begrenzt erreicht. Die Ergänzung der Strukturrichtlinien durch regionale Maßnahmen zeigt besonders deutlich die Schwierigkeiten, aber auch die Ungerechtigkeiten, die sich aus einer Förderung bestimmter Betriebsgrößen ergeben (vgl. Seite 96 ff.). Es kommt hinzu, daß einerseits zwar größere Produktionseinheiten geschaffen werden, andererseits aber - und vor allem bei abgeschwächter Konjunktur - nicht in gleichem Ausmaß Betriebe und damit Arbeitskräfte aus der landwirtschaftlichen Produktion ausscheiden (vgl. Seite 90 f.). Die damit gekoppelte Produktionssteigerung wird noch dadurch gestärkt, daß die wachsenden Betriebe pro zusätzlicher Produktionseinheit einen überproportionalen Produktionszuwachs erreichen (vgl. Seite 88 ff.).

(2) Eine längerfristige Betrachtung der Entwicklungen auf dem Agrarsektor läßt erkennen, daß die Ursachen für das Dilemma auf dem Agrarsektor weniger in den agrarpolitischen Maßnahmen als vielmehr in den systemimmanenten Gesetzmäßigkeiten einer marktwirtschaftlich orientierten Wirtschaftsentwicklung begründet sind. Die agrarpolitischen Maßnahmen führten lediglich dazu, die im System bereits angelegten Entwicklungen zu beschleunigen, ohne die negativen Auswirkungen verhindern zu können. Die Eigenart der

Agrarproduktion gegenüber anderen Wirtschaftssektoren, daß nämlich der jeweilige Produzent gleichzeitig auch Eigentüner seiner Produktionsmittel ist, und seine Produktion auch bei sinkendem Einkommen und verschlechterten Produktionsbedingungen erst nach einer langen Phase des Eigenkapitalverlustes aufgibt, ist eine weitere Begründung für die aufgezeigten Probleme auf dem Agrarsektor.

Die ebenfalls gegenüber anderen Wirtschaftsbereichen wesentlich differenzierteren Produktionsvoraussetzungen (Klima, Boden, Struktur etc.) sind nicht nur für die gegenwärtig bereits vorhandenen, wesentlich stärkeren intrasektoralen Einkommensdifferenzen verantwortlich, sondern sie sind auch die Basis für eine Beschleunigung der Einkommensdifferenzierung und damit für eine zunehmende Konzentration und Zentralisation auf dem Agrarsektor. Sämtliche globalen Förderungsmaßnahmen führen dazu, daß sich diese Diskrepanzen zwischen Betrieben verschiedener Größenordnung und sonstiger unterschiedlicher Produktionsvoraussetzungen weiter verschärfen. Diese Wirkung geht auch von den neuerlich zur Beseitigung von Überschüssen eingeführten Mitverantwortungsabgaben aus. Sie treffen am wenigsten die Betriebe, die am stärksten zur Entstehung von zusätzlicher Produktion beigetragen haben, da diese am ehesten (wegen ihres ohnehin höheren Deckungsbeitrages) eine für alle Betriebe gleichmäßige Kostenbelastung der Produktionsmenge verkraften können.

Andererseits bewirkt eine Verschlechterung der Produktions- und Einkommenssituation in den unteren Einkommensgruppen nicht auch gleichzeitig eine Einschränkung der Produktion, sondern eher eine Ausweitung (vgl. S. 89 f.).

Die Versuche einer Beeinflussung der Entwicklungsprozesse auf dem Agrarsektor setzen keineswegs marktwirtschaftliche Gesetzmäßigkeiten außer Kraft, wie vielfach angenommen wird. Fast alle agrarpolitischen Maßnahmen unterstützen die system-inhärenten Entwicklungstendenzen. Erst wenn diese zu unerträglichen Ergebnissen führen, werden vereinzelt Maßnahmen beschlossen, die die Auswirkungen dieser Entwicklungen für die Betroffenen abmildern. Als Beispiel sei hier die Förderung von benachteiligten Regionen genannt (vgl. S. 97 und 100).

(3) Der größte Teil der bisher vorgelegten Alternativkonzepte baut auf den gleichen Prinzipien wie die gegenwärtige Agrarpolitik auf. Es handelt sich entweder um Vorschläge, die den staatlichen Interventionismus zugunsten einer ungehinderten Wirkungsweise der Marktkräfte einschränken wollen oder um Konzepte, die eine weitergehendere Reglementierung des Marktmechanismus

befürworten. Zur ersten Gruppe alternativer Vorschläge gehören Überlegungen einer Angleichung der Erzeugerpreise an die Weltmarktpreise. Zur Überwindung der gegenwärtigen Situation wird eine Phase zwischengeschaltet, in der eine Trennung der Marktregulierungs- und Einkommensfunktion des Preises erfolgt. Für eine Übergangszeit von 15 - 20 Jahren erhalten die im Ausgangsjahr selber wirtschaftenden Landwirte für den durch eine Preissenkung entstehenden Einkommensausfall direkte staatliche Einkommenszahlungen. Für diese Zahlungen wird eine Strukturabgabe von den Verbrauchern in Höhe der Preissenkungen erhoben, so daß sich zunächst für die Verbraucherpreise nichts ändert.

Bezugsgrundlage für die Einkommenszahlungen ist das Einkommen bzw. die Produktionsleistung im Basisjahr. Dadurch, daß die Landwirte, die nach der Einführung dieses Systems einen landwirtschaftlichen Betrieb übernehmen, keine Einkommensübertragungen mehr erhalten, soll sowohl ein beschleunigter Strukturwandel als auch eine Produktionsminderung erreicht werden.

Das Problem bei diesem, am ausführlichsten von Koester/Tangermann (60) dargelegten Konzept ist die Verwendung des Weltmarktpreises als Zielgröße. Abgesehen davon, daß sich bei der Preisdeterminierung für die vorgesehene sukzessive Erzeugerpreissenkung die gleichen Schwierigkeiten ergeben werden, wie bei der heutigen Festsetzung der Marktordnungspreise (vgl. S. 69 ff.), bietet dieses System lediglich Gewähr dafür, daß sich die staatlichen Aufwendungen für den Agrarsektor vermindern und wohl auch der Strukturwandel beschleunigt wird. Hinsichtlich der Beseitigung von Marktungleichgewichten und Einkommensdifferenzen dürfte sich aber gegenüber dem bisherigen System kaum etwas ändern, da die Ursachen hierfür nicht beseitigt sind (vgl. S. 90 ff.).

Zur zweiten Gruppe alternativer Vorschläge zählen Maßnahmen einer stärkeren Reglementierung des Marktes. Dies soll über Kontingentierungen geschehen, die den Wettbewerb nicht ausschalten. Die mögliche Wirkung solcher Kontingentierungen wurde am ausführlichsten von Henze/Zeddies (47) untersucht. Sie schlagen eine EG-weite Transferierbarkeit von Kontingentsrechten vor, womit das ungehinderte Größenwachstum der erfolgreichsten Betriebe gewährleistet werden soll. Die wegen des notwendigen Kaufpreises für handelbare Kontingentsrechte bei ankaufwilligen Betrieben evtl. entstehenden finanziellen Schwierigkeiten sollen gegebenenfalls noch durch Ankaufsbeihilfen gemildert werden. Der Vorteil gegenüber dem bisherigen System besteht bei diesem Alternativvorschlag lediglich darin, daß sich damit relativ kurzfristig und auch zuverlässig eine Produktionsmengenregulierung erreichen läßt (vgl. 6.3.3.2.). Alle übrigen Nachteile lassen sich aber auch bei einer Anwendung dieses Modells nicht ausräumen.

Eine dritte Gruppe wendet sich völlig von der bisher praktizierten und auch von den bisher vorgeschlagenen Alternativkonzepten ab. Sie geht nicht mehr von einer zuvor aus gesamtwirtschaftlicher Sicht entwickelten Vorstellung über die kostengünstigste Faktorallokation der landwirtschaftlichen Produktion aus.

Grundlage dieses Modells sind vielmehr die Produktionskosten eines mit einem durchschnittlichen Arbeitsaufwand zu bewirtschaftenden landwirtschaftlichen Betriebes. Ausgehend von diesen Produktionskosten werden die Erzeugerpreise bestimmt, die für eine angemessene Entlohnung der Arbeitskräfte erforderlich sind. Dieses Konzept wird am ausführlichsten von einer niederländischen Arbeitsgruppe (148) dargestellt. In verschiedenen Variationen wird es aber auch von anderen, zumeist kleineren oppositionellen Arbeitskreisen von Landwirten und Berufsverbänden vertreten (vgl. S.151).

Es ist im übrigen auch weniger staatlich anwendbar als vielmehr eine Konzeption zur Selbstorganisation der landwirtschaftlichen Einkommensinteressen, für die jedoch die staatlichen Rahmenbedingungen geschaffen werden müßten. Für die einzelnen Regionen sind nach dieser Konzeption bzw. zur Vervollständigung der vorgelegten Ansätze von den Landwirten bzw. ihren Organisationen die jeweils - nach den herrschenden Produktionsvoraussetzungen - mittleren Betriebe als Richtbetriebe festzulegen. Die Produktionskosten dieser Betriebe bilden dann gleichzeitig die Grundlage für die Berechnung der notwendigen Erzeugerpreise. Da diese Berechnung und die entsprechende Erzeugerpreisforderung von den Landwirten und ihren Organisationen erfolgt, erhalten sie die Form gewerkschaftlicher Lohnforderungen.

Die regional unterschiedlichen Produktionsvoraussetzungen erfordern bei einheitlichen Marktpreisen allerdings den Produktionskostenberechnungen entsprechend Zu- bzw. Abschläge zu bzw. von den tatsächlich erzielten Preisen.

Zur Vermeidung von überschüssiger Produktion ist eine Kontingentierung in der Weise vorgesehen, daß die von einer VAK mit normalem Arbeitsaufwand zu erstellende Produktionsmenge der Kontingentsmenge entspricht.

Dieses Konzept kommt einer gerechten Arbeitszeitvergütung sicherlich am nächsten und bietet außerdem durch die vorgesehene Kontingentierung noch die Gewähr für eine wirksame Marktregulierung. Andererseits wird aber eines der bisherigen Hauptziele der Agrarpolitik, der Strukturwandel, erheblich beeinträchtigt.

Die Ausschaltung der Konkurrenz bietet demgegenüber den Landwirten eine hohe Existenzsicherheit und auch noch die Möglichkeit arbeitserleichternder und arbeitssparender Investitionen, vor allem bei gemeinschaftlicher Bewirtschaftung ihrer Betriebe. Gleichzeitig wird durch das Entfallen der Konkurrenz auch der Einsatz gesundheits- und umweltgefährdender produktionssteigernder Investitionsmittel reduziert.

(4) Aufgrund der Vorteile, die das bisherige agrarpolitische System gerade den größten Betrieben und obersten Einkommensgruppen sowie den nachgelagerten Verarbeitungs- und Handelsunternehmen bietet (vgl. S. 74 ff.), erscheint eine grundsätzliche Änderung der gegenwärtigen EG-Agrarpolitik unwahrscheinlich. Aus mehreren Äußerungen führender Vertreter landwirtschaftlicher Berufsverbände, die im wesentlichen die Interessen der Großbetriebe vertreten (vgl. 207, S. 99 ff.), geht hervor, daß alle Maßnahmen zur Problemlösung auf dem Agrarsektor nur dann akzeptiert werden, wenn sie "am Markt ansetzen" (Rohr, 114, S. 32).

Dies können aber nur Maßnahmen sein, die von den jeweils schwächsten Marktteilnehmern zu tragen sind und vor allem die mittleren und kleineren Betriebe bzw. die unteren Einkommensgruppen belasten.

Literaturverzeichnis

(1) Bücher, Aufsätze, Beiträge

1 Abel, W.: Agrarkrisen und Agrarkonjunktur, Hamburg/Berlin 1966

2 Albers, W./Trauelsen, S./Willms, F.: Das Dilemma des EWG-Milchmarktes, Hamburg/Berlin 1970

3 Amberg, H: Milchmarkt auch 1978 vor großen Schwierigkeiten; in: Deutsche Bauern-Korrespondenz Nr. 1/1978 v. 15. Jan. 1978

4 Amt für amtliche Veröffentlichungen der EG: Verträge zur Gründung der Europäischen Gemeinschaften - Verträge zur Änderung dieser Verträge - Dokumente betreffend den Beitritt, Luxembourg 1973 (mit Ergänzung vom 26. Nov. 1974)

5 Baade, F./ Fendt, F.:Die deutsche Landwirtschaft im Ringen um den Agrarmarkt Europas, Baden - Baden 1971

6 Baumgärtner, U.: Zur Diskussion der Agrarfrage in Frankreich; in: Leviathan, Sonderheft 2/1979

7 Becker, J.: Vermögens- und Einzelkapitalbildung im landwirtschaftlichen Einzelbetrieb; in: Konzentration und Spezialisierung im Agrarbereich, Schriften der Gesellschaft für Wirtschafts- und Sozialwissenschaften des Landbaues e.V., Band 16, Münster-Hiltrup 1979

8 Besch, M./Eisele, K.:Die französische Marktstrukturpolitik - Vorbild für Europa?; in: Agrarwirtschaft Nr. 9/1978, S. 261 - 264

9 Besters, H. (Hrsg.): Zwischenbilanz Europa , Baden-Baden 1979

10 BML (Hrsg.): Arbeitsprogramm für die Agrarpolitk der Bundesregierung (Agrarprogramm); in: Landwirtschaft - Angewandte Wissenschaft, Heft 134, Münster-Hiltrup 1968

11 BML (Hrsg.): Berichte der OECD, Vorschätzung der Situation auf dem Milch- und Rindfleischsektor 1979 - 1982, ohne Jg.

12 BML (Hrsg.): Der Mansholt-Plan, Kritik und Alternativen, Münster-Hiltrup 1969

13 BML (Hrsg.): Einzelbetriebliches Förderungs- und soziales Ergänzungsprogramm für die Land- und Forstwirtschaft; in: Landwirtschaft - Angewandte Wissenschaft, Heft 150, Münster-Hiltrup 1970

14 BML: Stellungnahme des Verbraucherausschusses beim BML zur Studie "Alternativen der Agrarpolitik" von Koester/Tangermann; Anlage zur Stellungnahme der Planungsgruppe des BML vom 19. Dez. 1975

15 BML (Hrsg.): US-Agrarpolitik 1976 - Berichte der OECD, Bonn 1976

16 BML (Hrsg.): Zur Reform der Agrarpolitik der EWG; in: Landwirtschaft - Angewandte Wissenschaft, Heft 166, Münster-Hiltrup 1973

17 Bonnen, J.T.: The Distribution of Benefits from Selected US Farm Programs; in: Rural Poverty in the United States, A Report of the President's National Advisory Commission on Rural Poverty, Washington DC 1968, S. 461 - 505

18 Brandes, W.: Zur Konzentration der Agrarproduktion in der Bundesrepublik Deutschland aus betriebswirtschaftlicher Sicht; in: Agrarwirtschaft, Nr. 1/1978

19 Braun, G.: Die Rolle der Wirtschaftsverbände im agrarpolitischen Entscheidungsprozeß der EWG, Berlin 1972

20 Dierkes, M./Glaeser, B./Hartje, V.: Produktionsunabhängige Transferzahlungen an die Landwirtschaft - ein Instrument zur Reduzierung der Umweltbelastung im Agrarbereich; in: Internationale Grüne Woche Berlin, Heft 14, 1977

21 Dobler, C.: Die Landwirtschaft in einer veränderten Umwelt; zitiert in: Plenarprotokoll des deutschen Bundestages 8/144, v. 15. März 1979, S. 11410

22 Elsner, W.: Die Beeinflussung der Sozialökonomischen Lage durch die Westeuropäische Integration, Dissertation an der Universität Bielefeld, 1977

23 Engel, E./Fendt, F.: Agrarpolitik im Rahmen der drei großen Reformprogramme Höcherl - Schiller - Mansholt, Deutscher Sparkassenverlag GmbH, Stuttgart 1969

24 Engel, E./Fendt, F.: Die deutsche Agrarpolitik im Zeichen des Gemeinsamen Marktes, Deutscher Sparkassenverlag GmbH, Stuttgart 1968

25 Ernst, H.: Die Grüne Front, Wien 1965

26 Ertl, J.: Ordnungspolitische Ziele der EG-Agrarpolitik; in: Presse- und Informationsdienst der Bundesregierung (Hrsg.), Bulletin Nr. 5, v. 13. Jan. 1978

27 Everling, U.: 14 Leitsätze zur gegenwärtigen Lage der Europäischen Gemeinschaft; in: Besters, H. (Hrsg.), Zwischenbilanz Europa, Baden-Baden 1979

28 Franzmeyer, F./Seidel, B.: Wirtschaftspolitische Prioritätsunterschiede in der EG als Hindernis für die Errichtung der Wirtschafts- und Währungsunion und Instrumente zu ihrer Überwindung; in: DIW-Sonderheft 96/1973

29 Frenz, K.: Zur Entwicklung der agrarhandelspolitischen Beziehungen zwischen der EWG und den USA; Arbeitsbericht des Instituts für landwirtschaftliche Marktforschung, Braunschweig-Völkenrode 1976

30 Freisberg, E.: Zuviel des Guten; in: EG-Magazin Nr. 10/1979

31 Funk, A.: Abschied von der Provinz; in: Plakat - Bauernverlag, Offenbach/Stuttgart, Heft 8/1977

32 Gach, A.: Die staatlichen Marktsteuerungsinstrumente und die Unternehmertätigkeit der Molkereien; in: Die Molkereizeitung - Welt der Milch, Nr. 41, v. 13. Okt. 1978

33 Galbraith, J.K.: Die moderne Industriegesellschaft, München 1967

34 Galbraith, J.K.: Wirtschaft für Staat und Gesellschaft, München/Zürich 1976

35 Goemann, D./Padberg, K.: Milcherzeuger vor Marktproblemen; in: DLG-Mitteilungen, Heft 13/1977

36 Grosskopf, W.: Tendenzen, Ursachen und Wirkungen der Konzentration im Ernährungssektor; in: Konzentration und Spezialisierung im Agrarbereich, Schriften der Gesellschaft für Wirtschafts- und Sozialwissenschaften des Landbaus e.V., Band 16, Münster-Hiltrup 1979

37 Grünewald, L./Klemm, H.: Die Vieh- und Fleischvermarktung in den Ländern der EG; in: Ifo-Schnelldienst, Heft 20, München 1973

38 Grüneisen, G.: Zur Fortentwicklung der Agrarpolitik; in: Innere Kolonisation, 26. Jg. (1977), Heft 3

39 Hampicke, U.: Zur Kritik der bürgerlichen Agrarökonomie; in: Plakat-Bauernverlag Heft 6, Offenbach/Stuttgart 1974

40 Harbrecht, W.: Die Europäische Gemeinschaft, Stuttgart/New York 1978

41 Hasenpflug, H.: Die EG-Außenbeziehungen, Hamburg 1979

42 Heeremann, C. Freiherr: Wir schweigen nicht wie Trappisten; in: Deutsche Bauern-Korrespondenz, Nr. 11/1975, v. 15. Nov. 1975

43 Heidhues, T.: Weniger Schematismus und mehr Flexibilität. Gedanken über eine bessere EG-Marktordnungspolitik; in: Die Molkerei-Zeitung/Welt der Milch, 30. Jg. (1976), Heft 26, Seite 769 - 773

44 Henrichsmeyer, W.: Wachstum und struktureller Wandel der westdeutschen Landwirtschaft, Habilitationsschrift, Stuttgart-Hohenheim 1970

45 Henze, A.: Milchkontingentierung im internationalen Vergleich - Ausgestaltung und ökonomische Beurteilung;
in: Der Tierzüchter,
30. Jg. (1978)
Heft 10, S. 422 - 425

46 Henze, A./Zeddies, J.: Für und Wider von Kontingentierungsmaßnahmen auf dem Milchmarkt der EG;
in: Agrarwirtschaft,
Heft 8/1979

47 Henze, A./Zeddies, J.: Nutzen-Kosten-Untersuchung über Angebotskontingentierung in der Landwirtschaft, dargestellt am Beispiel des Milchmarktes;
in: Landwirtschaft - Angewandte Wissenschaft,
Heft 217,
Münster-Hiltrup 1979

48 Hesse, A.: Der Agraraussenhandel der BR-Deutschland unter dem Einfluß der Marktkräfte und agrarpolitischer Maßnahmen,
Dissertation an der Universität Göttingen,
1974

49 Heuss, E.: Klassischer Freihandel oder Integration?;
in: Ordo, Jahrbuch für die Ordnung von Wirtschaft und Gesellschaft,
Band XI,
1959

50 Höcherl, H.: Einbringungsrede zum Agrarbericht 1967 vom 15.3.1967;
in: Schwerpunktprogramm für die Agrarpolitik,
Sonderdruck aus:
Bulletin des Presse-und Informationsamtes der Bundesregierung
Nr. 28/67

51 Holthus, M./Winkler, D.: EG - USA, Probleme der atlantischen Partnerschaft;
in: Hasenpflug, H. (Hrsg.),
Die EG-Außenbeziehungen,
Hamburg 1979

52 Hrubesch, P.: Regionale Einkommensdifferenzierung in der Landwirtschaft der Europäischen Gemeinschaft;
in: Vierteljahreshefte zur Wirtschaftsforschung,
Heft 4/1977

53 Hülsen, R./Sakowsky, D.: Investitionsverhalten von Landwirten;
in: Materialsammlung der Agrarsozialen Gesellschaft (ASG),
Nr. 134, 1975

54 Huffschmid, J.: Monopolisierung in der Krise, Entwicklung und Wirkungen von Konzentration und Zentralisation in der BRD; in: Huffschmid/Schui (Hrsg.), Gesellschaft im Konkurs? Köln 1976

55 Irion, H./Rosskamp, R.: Wie haben die Erzeuger auf Milchpreisänderungen reagiert?; in: Berichte über Landwirtschaft, Jg. 1971, Hamburg/Berlin, S. 380 - 392

56 Josling, T.E./Hamway, D.: Distribution of Costs and Benefits of Farm Policy; in: Burdens and Benefits of Farm Support Policies, Agricultural Trade Papers No. 1, London 1972, S. 50 - 85

57 Kelbling, G.: Die Zielsetzung der Agrarpolitik in der Bundesrepublik Deutschland; in: Landwirtschaft - Angewandte Wissenschaft, Heft 142, Münster-Hiltrup 1969

58 Kelley, W.P., Jr.: The 1962 Trade Legislation; in: D.D. Humphrey, The United States and the Common Market, New York 1963

59 Koester, U.: EG-Agrarpolitik in der Sackgasse, Baden-Baden 1977

60 Koester, U./Tangermann, S.: Alternativen der Agrarpolitik; in: Landwirtschaft - Angewandte Wissenschaft, Heft 182, Münster-Hiltrup 1976

61 Kommission der EG, Abteilung Agrarinformationen (Hrsg.): Memorandum Landwirtschaft 1973 - 1978, Brüssel 1973

62 Kommission der EG (Hrsg.): Agrarpolitik in der Europäischen Gemeinschaft, Brüssel 1975

63 Kommission der EG (Hrsg.): Bedeutung und Arbeitsweise - Europäischer Ausrichtungs- und Garantiefonds für die Landwirtschaft (EAGFL), Brüssel - Luxemburg 1978

64 Kommission der EG: Bericht der Kommission an den Rat, vom 9. März 1978

65 Kommission der EG (Hrsg.): Vorschlag der Kommission vom 12. Feb. 1979, Teil IV

66 Kommission der EG: Vorschläge zur Agrarstrukturpolitik, KOM (79) 122 endg., Brüssel 1979

67 Kommission der EG: Vorschläge der Kommission vom 31. Jan. 1979, KOM (79) 10 endg. Teil I

68 Kommission der EG: Vorschläge der Kommission vom 2. Feb. 1979, KOM (79) 10 endg. Teil II

69 Kommission der EG: Vorschlag der Kommission, KOM (80) 10 endg. Teil I, Brüssel 1980

70 Kommission der EG: Vorschläge der Kommission (Preisvorschläge), KOM (80) 10 endg. Teil II Brüssel 1980

71 Kroll, J.: Vereinfachung der Agrarmarktregelungen; in: Agrarrecht, 6. Jg. (1976), Heft 4, S. 94 - 96

72 Langer, H.G.: Determinanten der Importnachfrage, Bonn 1972

73 Lauschmann, E.: Grundlagen einer Theorie der Regionalpolitik, Hannover 1973

74 Lefèvre, D.: Staatliche Ausfuhrförderung und das Angebot wettbewerbsverfälschender Beihilfen im EWG-Vertrag, Baden-Baden 1977

75 Leitholf, A.: Das Einwirken der Wirtschaftsverbände auf die Agrarmarktorganisation der EWG, Baden-Baden 1971

76 Lücker, H.A.: Agrarpolitik im europäischen Integrationsprozeß; in: v. Urff (Hrsg.), Der Agrarsektor im Integrationsprozeß, Baden-Baden 1975

77 Mansholt, S.: Die Krise - Europa und die Grenzen des Wachstums, Reinbek bei Hamburg, 1974

78 Marsh, J./Riton, C.: Agricultural Policy and the Common Market, London 1971

79 Marx, K.: Das Kapital,
Erster Band,
Frankfurt am Main
1972

80 Mc Kee, V.C/Day, L.M.: Measuring the Effects of Agricultural Programs on Income Distribution;
in: Rural Poverty in the United States,
A Report by the Presidents National Advisory Commission on Rural Poverty,
Washington DC 1968, S. 506 - 520

81 Meinunger, B./Mohr, E.: Entwicklung des EG-Agrarmarktes ...
in: ifo-studien zur agrarwirtschaft Nr. 17,
München 1979

82 Meier, H.-D.: Der Konkurrenzkampf auf dem Weltmarkt,
Frankfurt/New York 1977

83 Mottek, E.: Wirtschaftsgeschichte Deutschlands,
Band II,
Berlin (DDR),
2. Auflage 1973

84 Müller-Armack, A.: Die Dauerkrise der europäischen Agrarpolitik;
in: Aus Politik und Zeitgeschehen,
Beilage zur Wochenzeitung
"Das Parlament",
Nr. B 17/1970

85 Müller, H.E.: Zur Theorie der internationalen Wirtschaftsbeziehungen in der modernen französischen Wirtschaftswissenschaft,
Goldach 1971

86 Nass, K./.: Das Vereinigte Königreich und die gemeinsame Agrarpolitik;
in: v. Urff (Hrsg.),
Der Agrarsektor im Integrationsprozeß,
Baden-Baden 1975

87 Naumann, H.P.: Marktwirtschaft und Dirigismus am Beispiel des Milchmarktes;
in: v. Urff (Hrsg.),
Der Agrarsektor im Integrationsprozeß,
Baden-Baden 1975

88 Nederlands Agrarisch Jongeren Kontakt (Hrsg.):
Boer Blijven,
Den Haag, o.Jg.

89 Niehaus, H.: Den Agrarpolitikern in's Gedächtnis,
Bonn 1976

90 Niehaus, H.: Das Bauerntum in Wirtschaft und Gesellschaft; in: Agrarpolitik in der sozialen Marktwirtschaft, 5. Arbeitstagung der Aktionsgemeinschaft Soziale Marktwirtschaft am 13. März 1956 in Bad Godesberg, Ludwigsburg 1956

91 Niehaus, H.: Schlußbetrachtung - zur öffentlichen Anhörung des Ausschusses für Ernährung, Landwirtschaft und Forsten; in: Zur Sache, Nr. 2/1971

92 Niehaus, A.: EG-Milchüberschüsse - Ursachen, Folgen Lösungen; in: Deutsche Molkerei-Zeitung, Sonderheft, Nr. 25/1978, v. 22. Juni 1978

93 O'Connor, R.: An Analysis of Recent Policies for Beef and Milk; Vortrag, gehalten vor der "Statistical and Social Inquiry Society of Ireland", Dublin 1970

94 OECD (Hrsg.): Agricultural Policy of the European Economic Community, Paris 1974

95 OECD (Hrsg.): Review of Agricultural Policies, Paris 1975

96 Otzen, H.P.: Möglichkeiten und Grenzen der nationalen Zusammenarbeit auf dem Weltmarkt für Getreide, Kiel 1970

97 Peters (Poppenbüttel): Redebeitrag zur Beratung des Agrarberichtes 1979; in: Plenarprotokoll des deutschen Bundestages 8/144, vom 15. März 1979, S. 11415 ff.

98 Peters, W.: Ausmaß und Bestimmungsgründe der internationalen Einkommensverteilung in der Landwirtschaft der Bundesrepublik Deutschland; in: Agrarwirtschaft, Sonderheft 62, Hannover 1975

99 Plate, R.: Agrarmarktpolitik, Band 1, Grundlagen, zweite Auflage, München 1975

100 Plate, R.: Agrarmarktpolitik,
Band 2,
Die Agrarmärkte Deutschlands und der EWG,
München 1970

101 Plate, R.: Die Rolle der Strukturpolitik und der Marktpolitik bei der Bekämpfung der Disparität der Agrareinkommen;
in: v. Urff (Hrsg.)
Der Agrarsektor im Integrationsprozeß,
Baden-Baden 1975

102 Plate, R./Böckenhoff, E.: Landwirtschaft bis 1980 und die Angebotskontingentierung;
in: Agrarwirtschaft
Heft 3/1970

103 Plate, R./Neidlinger, G.: Agrarmärkte im Strukturwandel der 70-er Jahre,
Münster-Hiltrup 1971

104 Plate, R./Woermann, E./Grupe, D.: Landwirtschaft im Strukturwandel der Volkswirtschaft;
in: Agrarwirtschaft,
Sonderheft 14,
Hannover 1962

105 Poppinga, O.: Bauern und Politik,
Frankfurt am Main/Köln
1975

106 Poppinga, O.: Zur Situation der Landwirtschaft in der Bundesrepublik Deutschland;
in: Leviathan,
Sonderheft 2/1979

107 Priebe, H.: Problembereiche des europäischen Marktes;
in: Besters (Hrsg.).
Zwischenbilanz Europa,
Baden-Baden 1979

108 Priebe, H.: Zur Wandlung der agrarpolitischen Problemstellungen;
in: v. Urff (Hrsg.),
Der Agrarsektor im Integrationsprozeß,
Baden-Baden 1975

109 Pütz, T.: Grundlagen der tehoretischen Wirtschaftspolitik,
3. Auflage,
Stuttgart 1975

110 Rechtziegler, E.: Westdeutsche Landwirtschaft im Spätkapitalismus;
in: Plakat-Bauernverlag,
Heft 2,
Offenbach/Stuttgart,
ohne Jg.

111 Reichert, J.: Teilaspekt - Markt - ,
Vortrag auf der Mitgliederversammlung
des Milchindustrie-Verbandes
am 20. Okt. 1978
in Bremen;
in: Agra-Europe Nr. 46/1978,
Dokumentation

112 Robinson, K.L.: The Impact of Government Price and Income
Programs on Income Distribution
in Agriculture;
in: Journal of Farm Economics,
Vol. 47 (1965),
S. 1225 - 1234

113 Rodemer, H./Röckseisen, A.: Die Kontingentierung als Instrument
der administrativen Regulierung
des Milchangebotes;
in: Agrarwirtschaft
Heft 4/1969

114 Rohr, H.-J.: Politischer Aspekt - Milchmarktordnung - ;
in: Agra-Europe,
Nr. 46/1978

115 Saekel, R.: Plädoyer für eine Kurskorrektur in der
Agrarpolitik;
in: Innere Kolonisation -
Land und Gemeinde,
Heft 1/1977

116 Schmidt (Gellersen), M.: Redebeitrag zur Beratung des
Agrarberichtes 1979;
in: Plenarprotokoll des deutschen Bundestages
8/144,
vom 15. März 1979, S. 11410 ff.

117 Schmitt, G.: Angebotskontingentierung: Ein Instrument
zur Lösung des Agrarproblems?
Einige grundsätzliche Anmerkungen zum
Problem der administrativen Angebotskontrolle;
in: Agrarwirtschaft
Heft 1/1970

118 Schmitt, G.: Das Dilemma der Agrarpolitik;
in: 25 Jahre Marktwirtschaft,
G. Fischer-Verlag,
Stuttgart 1972

119 Schmitt, G.: Grenzen und Möglichkeiten der
landwirtschaftlichen Einkommenspolitik
unter veränderten gesamtwirtschaftlichen
Rahmenbedingungen;
in: Agrarwirtschaft,
Heft 6/1978

120 Schmitt, G.: Die Landwirtschaft in der volkswirtschaftlichen Entwicklung der Bundesrepublik, der EWG und der erweiterten EWG; in: Zur Sache Nr. 2/1971

121 Schmitz, P.M.: Die "objektive" Methode in der Agrarpolitik; in: Betriebswirtschaftliche Mitteilungen der Landwirtschaftskammer Schleswig-Holstein, Nr. 289/ April 1979

122 Schnieders, R.: Teilaspekt - Milch - , Vortrag auf der Mitgliederversammlung des Milchindustrie-Verbandes am 20. Okt. 1978 in Bremen; in: Agra-Europe Nr. 46/1978, Dokumentation

123 Schultze, C.: The Distribution of Farm Subsidies; in: Boulding, K./Pfaff, M. (Hrsg.), Redistribution to the Rich and the Poor, Belmont 1972, S. 94 - 116

124 Schürmann, A.: Die agrarpolitische Opposition 1947 - 1971, Berlin 1978

125 Sichtermann, S./Fendt, F.: Das Marktstrukturgesetz, Deutscher Sparkassenverlag GmbH, Stuttgart 1969

126 Siebels, F./Lenke, H.: Kapitalistische Vergesellschaftung der Landwirtschaft und "Gemeinsamer Agrarmarkt" in der EWG; in: Deppe, F. (Hrsg.), Europäische Wirtschaftsgemeinschaft (EWG), Reinbek bei Hamburg, 1975

127 Sozialistische Franktion im Europäischen Parlament: Arbeitspapier zur gemeinsamen Agrarpolitik, ohne Jg.

128 Stamer, H.: Reicht unsere Marktpolitik aus?; in: Archiv der DLG, Nr. 56, Frankfurt/M., 1975

129 Stamer, H.: Zur Preispolitik der EG 1978/79; in: Agrarwirtschaft Heft 9/1978

130 Stamer, H.: Zur Reform der Milchpreispolitik;
in: Zukunftsfragen der westdeutschen Landwirtschaft,
Betriebs- und Arbeitswirtschaft in der Praxis,
Nr. 21, 1976

131 Strothe, A.: Unternehmen zwischen Markt und Marktordnung;
ein Beitrag in: Ernährungsdienst
Nr. 52/77,
vom 7. Mai 1977

132 Tangermann, S.: Gemeinsame Agrarpolitik und nationale Wirtschaftspolitik in der EWG,
Tübingen 1974

133 Tangermann, S.: Landwirtschaft im Wirtschaftswachstum,
Hannover 1975

134 Thiede, G.: Auslandsfutter in der EG - Bedeutung und Umfang;
in: Agrarwirtschaft
Heft 1/1980

135 Urff, W.v.: Gedanken zur gemeinsamen Agrarstrukturpolitik;
in: Agrarwirtschaft
Heft 9/1978

136 Verschuer, H., Freiherrr v.: EG-Konzeptionen vor dem Hintergrund nationaler Interessen und äußerer Forderungen;
in: Archiv der DLG, Band 54,
Frankfurt am Main 1974

137 Wagner, O.: Die Preisdifferenzierende Wirkung von Außenhandelsinstrumenten - Abschöpfungen, Zölle und Kontingente im Agraraußenhandel der EWG;
in: Agrarmarktstudien aus dem Institut für Agrarpolitik und Marktlehre der Universität Kiel,
Hrsg.: Stamer, H.,
Hamburg/Berlin 1968,
Heft 6

138 Waltermann, F.: Die Agrarpolitik aus der Sicht der Industrie
in: v. Urff (Hrsg.):
Der Agrarsektor im Integrationsprozeß,
Baden-Baden 1975

139 Weinschenck, G.: Agrarpolitik in diesem Jahrzehnt;
in: Zur Sache,
Nr. 2/1971

140 Weinschenck, G.: Investitionen und Überschüsse in der Landwirtschaft;
in: Agra-Europe,
Nr. 43/1978,
Sonderbeilage

141 Weinschenck, G.: Ist eine Neuorientierung der einzelbetrieblichen Förderung notwendig?; in: Innere Kolonisation - Land und Gemeinde, Heft 3, Mai/Juni 1978

142 Weinschenck, G.: Probleme direkter Einkommensübertragungen; in: Grenzen und Möglichkeiten einzelstaatlicher Agrarpolitik, Schriften der Gesellschaft für Wirtschafts- und Sozialwissenschaften des Landbaues e.V., Band I, München/Basel/Wien 1964

143 Weinschenck, G.: Tendenzen der Milcherzeugungs-Struktur; in: Agra-Europe, Nr. 51/1975, Sonderbeilage

144 Weinschenck, G./Henrichsmeyer, W.: Landwirtschaft bis 1980; in Agrarwirtschaft Heft 1/1970

145 Weinschenck, G./Henrichtsmeyer, W.: Landwirtschaft bis 1980 - zur vorstehenden Kritik von Plate/Böckenhoff; in: Agrarwirtschaft Heft 3/1970

146 Weinschenck, G./Meinhold, K.: Landwirtschaft im nächsten Jahrzehnt, Stuttgart 1969

147 Werkgroep Beter Zuivelbeleid (Hrsg.): Beter Zuivelbeleid, Wageningen, ohne Jg.

148 Wille, M.: Formen, Möglichkeiten und Wirkungen direkter Einkommensübertragungen an die Landwirtschaft; Dissertation an der Universität Göttingen, Göttingen 1974

149 Willer, H./Hase, F.: Der landwirtschaftliche Anpassungsprozeß unter veränderten Bedingungen, Münster-Hiltrup 1978

150 Willgerodt, H.: Zur Lage der Landwirtschaft; in: DLG-Mitteilungen, Frankfurt am Main, Nr. 1, vom 8. Jan. 1976

151 Willgerodt, H.: Der "Gemeinsame Agrarmarkt der EWG", Tübingen 1974

152 Witzke, H.v.: Personelle Einkommensverteilung
in der Landwirtschaft und Agrarpreise;
in: Volkswirtschaftliche Schriften,
Heft 281,
Berlin 1979

153- Witzke, H.v.: Zur Aussagefähigkeit inter- und
intrasektoraler Einkommensvergleiche
in den Agrarberichten;
in: Agrarwirtschaft
Heft 7/1975

(2) Zeitungen, Zeitschriften und sonstige Veröffentlichungen

154 Agra-Europe; Verlag: Agra-Europe, Bonn

155 Agrarbericht, Text und Materialband; Hrsg.: BML

156 Agrarwirtschaft; Strothe-Verlag Hannover

157 Agrarwirtschaft, Sonderhefte; Strothe-Verlag Hannover

158 Agricultural Policy Reports; Hrsg.: OECD, Paris

159 Agricultural Trade Papers; Trade Policy Research Centre, London

160 Agrilexikon; Hrsg.: IMA, Hannover 1976

161 AID (Broschüren); Hrsg.: Auswertungs- und Informationsdienst
für Ernährung, Landwirtschaft und Forsten e.V.
(AID), Bonn

162 Amtsblatt der Europäischen Gemeinschaften; Hrsg.:
Amt für amtliche Veröffentlichungen, Luxemburg

163 Aus Politik und Zeitgeschehen, Beilage zur Wochenzeitung
"Das Parlament"

164 Bauernblatt; Hrsg.: Arbeitskreis Junger Landwirte, Bondorf

165 Berichte über die Agrarpolitik in den OECD-Mitgliedstaaten; Hrsg.: BML

166 Berichte über Landwirtschaft, Zeitschrift für Agrarpolitik und Landwirtschaft; Hrsg. BML

167 Betriebswirtschaftliche Mitteilungen der Landwirtschaftskammer
Schleswig-Holstein, Kiel

168 Bulletin der Europäischen Gemeinschaften; Hrsg.: Kommission der EG

169 Bulletin der Bundesregierung; Hrsg.: Presse- und Informationsamt der
Bundesregierung, Bonn

170 Das Landvolk, Mitteilungsblatt des Verbandes des niedersächsischen Landvolkes, Hannover

171 Das Argument, Argument-Sonderbände; Hrsg.: Argument-Verlag GmbH, Berlin

172 de nieuwsbrief (ab Nr. 1/1980: Landbouwmaand); Hrsg.: Boerengroep, Postbus 265, 6700 AG Wageningen

173 Der Spiegel, Wochenzeitung, Hamburg

174 Deutsche Bauern-Korrespondenz, Monatsschrift des Deutschen Bauern-Verbandes e.V., Bonn

175 Deutsche Milchwirtschaft; Hrsg.: Verlag Th. Mann KG und Zentralverband Deutscher Milchwirtschaftler e.V., Gelsenkirchen-Buer

176 Deutsche Molkerei-Zeitung; Hrsg.: Volkswirtschaftlicher Verlag GmbH, Kempten/Allgäu

177 Die Bergbauern, Alternativen für den Bergraum, Organ der Österreichischen Bergbauernvereinigung

178 Die Molkereizeitung - Welt der Milch, Hildesheim

179 DIW-Sonderheft 96; Hrsg.: Deutsches Institut für Wirtschaftsforschung, Berlin

180 DIW-Wochenbericht; Hrsg.: Deutsches Institut für Wirtschaftsforschung, Berlin

181 DLG-Mitteilungen, Frankfurt am Main

182 EG-Bericht, Die Lage der Landwirtschaft in der Gemeinschaft (jährliche Berichte); Hrsg.: Kommission der EG, Brüssel

183 EG-Magazin; Hrsg.: Kommission der EG, Presse- und Informationsbüro, Bonn

184 EG-NGG-Stellungnahme zum Dokument KOM (79) 710 endg. der Kommission der EG vom 17.12.1979

185 Ernährungsdienst - Deutsche Getreidezeitung; Hrsg.: Strothe-Verlag Hannover

186 Europäische Dokumentation; Hrsg.: Amt für amtliche Veröffentlichungen der EG, Luxemburg, Heft 2 1979

187 eurostat, Agrarstatistisches Jahrbuch; Hrsg.: Statistisches Amt der Europäischen Gemeinschaften, Luxembourg 1979

188 eurostat, Agrarstruktur 1950 - 1976; Hrsg.: Statistisches Amt der Europäischen Gemeinschaften, Luxembourg 1977

189 Finanzierung & Entwicklung; Hrsg.: Internationaler Währungsfonds und Weltbank, in Zusammenarbeit mit dem HWWA-Institut für Wirtschaftsforschung, Verlag Weltarchiv GmbH, Hamburg

190 Geschäftsberichte des Beratungsringes Rhade e.V., Landberatung Niedersachsen

191 Grünes Europa-Kurzinformationen; Hrsg.: Kommission der EG, Brüssel

192 Gutachten des wissenschaftlichen Beirates beim BML, August 1977; abgedruckt in: Ernährungsdienst Nr. 3/1978, Strothe-Verlag Hannover

193 Handelsblatt, Tageszeitung, Düsseldorf

194 ifo-Schnelldienst; Hrsg.: Institut für Wirtschaftsforschung e.V., München

195 ifo - studien zur agrarwirtschaft, Hrsg.: ifo-Institut für Wirtschaftsforschung e.V., München

196 Innere Kolonisation - Land und Gemeinde; Hrsg.: Gesellschaft zur Förderung der inneren Kolonisation (GFK) e.V., Landschriften-Verlag GmbH, Bonn

197 Journal of Agricultural Economics; published by the Agricultural Exonomics Society, Agricultural Economics Division, School of Agriculture, Aberdeen

198 IPW - Berichte; Hrsg.: Institut für Internationale Politik und Wirtschaft der DDR, Berlin (DDR)

199 Kraftfutter, Monatszeitschrift; Hrsg.: Strothe-Verlag Hannover

200 Land- und Forstwirtschaftliche Zeitung, Mitteilungsblatt der Landwirtschaftskammer Hannover, Wochenzeitung, Hannover

201 Land und Garten, Wochenzeitung, Hannover

202 Le Monde (französische Tageszeitung), Paris

203 Leviathan, Zeitschrift für Sozialwissenschaft, Sonderheft, Westdeutscher Verlag, Opladen

204 Mitteilungen über Landwirtschaft; Hrsg.: Kommission der EG, Brüssel

205 Ordo, Jahrbuch für die Ordnung von Wirtschaft und Gesellschaft

206 Plakat-Bauernverlag (Hefte); Hrsg.: Plakat-Bauern-Verlag, Offenbach/Stuttgart

207 Plakat-Bauernverlag (Materialien), Die ökonomische Lage der Landwirtschaft in der BRD und die Interessenvertretung durch den Deutschen Bauernverband (DBV) unter besonderer Berücksichtigung der Jahre 1969-1973, Stuttgart, ohne Jg.

208 Planungsgruppe des BML, Stellungnahme zur Untersuchung "Kosten und Nutzen alternativer agrarpolitischer Systeme", Bonn (BML) 19.12.1975

209 Plenarprotokoll des deutschen Bundestages 8/144

210 Review of the Agricultural Situation in Europe; United Nations publication, Economic Commission for Europe, Genf

211 Richtlinien Grüner Plan; Hrsg.: AID, Bonn

212 Rundbrief - Agrarsoziale Gesellschaft e.V. (ASG), Göttingen

213 Rundbrief - Arbeitsbereich Landwirtschaft, Göttingen

214 Schriften der Gesellschaft für Wirtschafts- und Sozialwissenschaften des Landbaues e.V.

215 Sozialstatistik, Verdienste in der Landwirtschaft; Hrsg.: Statistisches Amt der Europäischen Gemeinschaften, Luxembourg

216 Spaak-Bericht, Bericht der Delegationsleiter an die Außenminister, Bruxelles, 21.4.1956

217 SPD-Stellungnahme: Zur Lösung der Probleme auf dem Milchmarkt; Hrsg.: Ausschuß für Ernährung und Landwirtschaft beim Parteivorstand der SPD ohne Jg.

218 Statistisches Bundesamt - Fachserie D und M, Reihe 1, 6 und 8

219 Statistisches Jahrbuch für die Bundesrepublik Deutschland; Hrsg. Statistisches Bundesamt Wiesbaden

220 Statistisches Jahrbuch über Ernährung, Landwirtschaft und Forsten; Hrsg. BML

221 Süddeutsche Zeitung, Tageszeitung, München

222 The Economist, Wochenzeitung, London

223 top - agrar, Das Magazin für moderne Landwirtschaft (Monatszeitschrift), Münster-Hiltrup

224 Vierteljahreshefte zur Wirtschaftsforschung

225 Volkswirtschaftliche Schriften; Hrsg.: J. Broermann, Berlin

226 Weizen als Waffe, Eine Studie des North American Congress on Latin America (NACLA), Veröffentlicht im Rowohlt-Taschenbuch-Verlag, Reinbek bei Hamburg, 1976

227 Wirtschaft und Statistik; Hrsg.: Statistisches Bundesamt, Wiesbaden

228 Zeitschrift für Agrargeschichte und Agrarsoziologie; Hrsg.: Winkel, H./Planck, U., in Verbindung mit der Gesellschaft für Agrargeschichte und der Deutschen Landwirtschafts-Gesellschaft, DLG-Verlag, Frankfurt/Main

229 Zeitschrift für Nationalökonomie, Springer-Verlag, Wien/New York

230 Zur Sache; Hrsg.: Presse und Informationszentrum des Deutschen Bundestages

Tabellenanhang

Tabelle I

Entwicklung des Nutzflächenumfangs in landwirtschaftlichen Betrieben der BRD mit 50 ha LN (LF) und mehr

Jahr	Gesamtfläche über 1 ha bzw. 0,5 ha (in 1.000) x)	ha LN (LF) in Betrieben mit 50 ha und mehr (in 1.000)	in % der Gesamtfläche
1965	12.981,8	1.399,8	10,8
1967	12.910,9	1.416,4	11,0
1969	12.853,8	1.455,1	11,3
1969	12.722,2 x)	1.455,1	11,4
1974	12.507,6	2.000,9	16,0
1975	12.462,1	2.083,8	16,6
1977	12.346,4	2.239,5	18,1

x) ab 1969 nur Betriebsflächen mit mehr als 1 ha LF (vorher alle Betriebsflächen über 0,5 ha je Betrieb)

Quelle: Eigene Zusammenstellung aus den Agrarberichten und Materialbänden zu den Agrarberichten der BRD, mehrere Jahrgänge ab 1966

Tabelle II (Ergänzung zu Schaubild 6 auf Seite 46)

Milchviehbetriebe mit ... Milchkühen

	1 - 2	3 - 10	11 - 20	21 - 50	51 und mehr
1949	733.020	761.680	41.131	5.827	596
1959	422.952	748.057	66.247	9.889	749
1963	304.594	681.760	89.117	13.973	831
1965	255.700	623.600	102.800	17.400	900
1967	214.900	579.200	114.200	20.300	900
1969	172.900	465.400	171.400	26.000	1.000
1973	108.200	306.500	161.700	52.100	1.600
1975	91.600	274.482	153.300	59.600	2.100
1977	73.900	228.009	146.300	68.200	3.100

Quelle: Statistisches Jahrbuch über Ernährung Landwirtschaft und Forsten, mehrere Jahrgänge

Tabelle III

Entwicklung der Bestandsgrößen bei Milchkühen

Jahr	Gesamtbestand	Zahl der Kühe in Beständen mit ≥ 20 (21) Tieren	in % des Gesamtbestandes
1965	5.853.600	542.900	9,3
1967	5.865.100	616.100	10,5
1969	5.846.100	776.288	13,3
1971	5.480.415	1.012.658	18,5
1973	5.486.200	1.465.700	26,7
1975	5.394.900	1.710.035	31,7
1977	5.317.300	2.035.500	37,6

Quelle: Eigene Berechnungen aus Statistischem Jahrbuch über Ernährung, Landwirtschaft und Forsten, mehrere Jahrgänge

Tabelle IV

Entwicklung der Bestandsgrößen bei Mastschweinen in der BRD

Jahr	Gesamtbestand	Zahl der Tiere in Beständen mit ≥ 200 Tieren	in % des Gesamtbestandes
1965	17.735.000	1.105.000	6,2
1967	19.022.000	1.772.000	9,3
1969	19.324.300	2.541.200	13,2
1971	19.897.960	3.590.474	18,0
1973	20.394.000	4.739.200	23,2
1975	19.802.100	5.486.900	27,7
1977	21.384.700	7.289.800	34,1

Quelle: Eigene Berechnungen aus Statistischem Jahrbuch über Ernährung, Landwirtschaft und Forsten, mehrere Jahrgänge

Tabelle V

Flächenleistung und Erzeugerpreise in Marktfruchtbetrieben nach Größenklassen

I. Getreideerträge in dt/ha

Jahr	Betriebsgröße in ha/LF < 10	10 - 20	20 - 30	30 - 50	50
1975/76	-	42,9	44,2	43,5	43,6
1976/77	37,2	38,8	38,4	39,5	41,6
1977/78	-	44,1	45,3	44,7	47,3
1978/79	-	48,6	47,8	48,7	51,3

II. Getreidepreise DM/dt

1975/76	-	42,99	42,79	43,32	44,11
1976/77	45,73	47,09	46,56	47,04	47,73
1977/78	-	-	-	-	-
1978/79	-	-	-	-	-

Quelle: Materialband zum Agrarbericht der BRD, Jahrgänge 1977, 78, 79 und 80; Seiten jeweils 246, 230, 184 und 182

Tabelle VI

Milchleistung und Erzeugerpreise in Futterbaubetrieben nach Betriebsgrößenklassen (Größen nach ha/LF)

I. Milchleistung je Kuh in kg

Jahr	Betriebsgröße in ha/LF				
	< 10	10 - 20	20 - 30	30 - 50	50
1975/76	3.425	3.924	4.083	4.188	4.373
1976/77	3.653	4.012	4.196	4.366	4.501
1977/78	3.394	3.872	4.111	4.397	4.662
1978/79	3.605	3.969	4.198	4.235	4.633

II. Erzeugerpreise je kg in Dpf

1975/76	51,30	52,10	52,60	53,06	53,95
1976/77	53,77	54,65	54,84	55,64	55,96
1977/78	-,-	-,-	-,-	-,-	-,-
1978/79	-,-	-,-	-,-	-,-	-,-

Quelle: Materialband zum Agrarbericht 1977, Seite 248; 1978, S. 232, 1979, S. 184; 1980, S. 182

Tabelle VII

Milchleistung und Erzeugerpreise in Futterbaubetrieben nach Betriebsgrößenklassen (Größen nach StBE)

I. Milchleistung kg/Kuh

Jahr	Betriebsgröße in 1000 DM/StBE			
	6 - 14,8	14,8 - 20	20 - 50	≥50
1974/75	3.594	3.796	4.169	4.423
	ZE x)	< 20	20 - 50	≥50
1975/76	3.980	3.780	4.197	4.525
1976/77	3.989	3.819	4.236	4.596
		< 30	30 - 50	≥50
1977/78	3.948	3.818	4.274	4.651
1978/79	4.010	3.904	4.291	4.422

II. Erzeugerpreis Dpf/kg bzw. DM/100 kg

1974/75	-	-	-	-
	ZE x)	< 20	20 - 50	≥50
1975/76	52,43	51,91	53,16	54,30
1976/77	54,63	54,56	55,10	55,86
		< 30	30 - 50	≥50
1977/78	55,83	56,08	56,60	56,81
1978/79	57,14	57,75	57,87	57,24

x) ab 1975/76 unterteilt in Zuerwerbs- (ZE) und Haupterwerbsbetriebe (diese unterteilt nach der Höhe des StBE)

Quelle: Materialband zum Agrarbericht 1976, S. 219; 1977, S. 235; 1978, S. 219; 1979, S. 171; 1980, S. 169

GPSR Compliance

The European Union's (EU) General Product Safety Regulation (GPSR) is a set of rules that requires consumer products to be safe and our obligations to ensure this.

If you have any concerns about our products, you can contact us on ProductSafety@springernature.com

In case Publisher is established outside the EU, the EU authorized representative is:

Springer Nature Customer Service Center GmbH
Europaplatz 3
69115 Heidelberg, Germany

Batch number: 10809472

Printed by Printforce, the Netherlands